本书封面的油画由杨强教授创作，呈现的是在土星卫星上所见场景。暗夜里，土星带着标志性光环高悬，繁星洒落，下方是卫星的独特地貌。右侧藏着特殊"水印"——滑翔伞，这源于创作时杨强教授正学习滑翔伞并成功取得 A 级飞行员证书。将热爱融入宇宙奇景，让科学探索与艺术创作、个人热爱奇妙交织。

大模型前沿技术与应用丛书

AI模型水印

护航数据要素流通

范力欣　[马来] 陈志胜　杨强◎著
朱小虎◎译

电子工业出版社
Publishing House of Electronics Industry
北京·BEIJING

内 容 简 介

机器学习模型，尤其是大型预训练深度学习模型具有很高的经济价值，必须在知识产权方面得到妥善的保护。研究人员提出了模型水印方法，即将水印嵌入目标模型，当模型被盗时，模型所有者可以提取预定义的水印以主张所有权。模型水印方法对模型性能几乎没有影响，使它们能够适用各种环境。与此同时，嵌入模型的水印必须能够抵抗试图移除水印的各种对抗性攻击。模型水印方法的有效性在多种应用中得到展示，包括图像分类、图像生成、图像描述、自然语言处理和强化学习等。本书介绍如何使用数字水印验证机器学习模型的所有权，包括模型水印的相关技术、协议和应用。

本书适合对深度学习、联邦学习、图像处理和自然语言处理等感兴趣的读者阅读，也适合高等院校人工智能专业的学生，以及工业界的工程师和研究人员参考。

版权贸易合同登记号　图字：01-2025-3378

图书在版编目（CIP）数据

AI 模型水印：护航数据要素流通 / 范力欣，（马来）
陈志胜，杨强著；朱小虎译. --北京：电子工业出版
社, 2025. 7. --（大模型前沿技术与应用丛书）.
ISBN 978-7-121-50719-9

Ⅰ. TP309.7

中国国家版本馆 CIP 数据核字第 202535DR84 号

责任编辑：宋亚东　文字编辑：张晶
印　　刷：北京宝隆世纪印刷有限公司
装　　订：北京宝隆世纪印刷有限公司
出版发行：电子工业出版社
　　　　　北京市海淀区万寿路 173 信箱　　　邮编：100036
开　　本：720×1000　1/16　印张：12　字数：268.8 千字
版　　次：2025 年 7 月第 1 版
印　　次：2025 年 7 月第 1 次印刷
定　　价：98.00 元

凡所购买电子工业出版社图书有缺损问题，请向购买书店调换。若书店售缺，请与本社发行部联系，联系及邮购电话：（010）88254888，88258888。

质量投诉请发邮件至 zlts@phei.com.cn，盗版侵权举报请发邮件至 dbqq@phei.com.cn。

本书咨询联系方式：syd@phei.com.cn。

在现代数字经济中，我们关心数据可以产生的价值，这些价值的源头是大量的、多种形态的数据。价值生产的过程离不开各种各样的机器学习模型，尤其是近年来最为有效的工具——大模型。例如，使用健康检查数据，可以训练出一个能准确预测病人中风可能性的模型，辅助医生提高问诊效率；自动驾驶车辆中的计算机视觉模型，即使在雾天也能识别红绿灯的颜色；经济学模型可以解释为什么石油价格在特定时期会产生波动；能够流畅使用英文和中文等自然语言同时与亿万人类个体进行对话的大模型，更被认为具有将人类从繁复劳动中解放出来的潜力。如果将数据类比为煤炭和石油等原材料，那么机器学习模型就是为数字经济带来价值的机器和车辆。

与需要被跟踪、管理并受到法律保护的财务和商品类似，机器学习模型，尤其是大模型，在可预见的未来也需要被保护、管理和审计。具体来说，当我们使用从第三方购买的模型时，需要确保该模型来源合法。当我们在市场上交易模型时，需要有公正的方法来确定模型在特定商业环境中的价值。当模型行为不端时，例如一个中风预测模型未能预测到致命中风，我们需要有办法追溯责任方。当不同角色的用户（如监管者、工程师或终端用户）询问模型时，我们需要有办法审计模型的历史并公正地解释模型的性能。此外，当模型由多方数据构建时，我们需要能够筛选出可能窥探其他方数据的"半诚实"方。值得强调的是，本书提及的这些需求，不仅限于学术研究上的可能性，恰恰相反，随着大模型应用的迅速普及，不断发生的真实案例（参见本书第 1 章）凸显了对模型进行管理和保护的必要性。

为了能够跟踪和管理模型，一种典型的技术手段是在模型中嵌入被称为水印的签名。同时，应注意防止水印信息被篡改。对于包含数百万甚至数十亿个参数的复杂模型，从技术方面插入和管理水印是具有挑战性的。模型水印技术是本书的核心焦点，我们需要既能使水印免于被篡改，同时不影响模型训练，又能保证推理高效、有效。虽然用于图像数据的水印算法以及用于数字艺术的 NFT 技术可以确认图像的所有权，但模型的水印技术是新颖且更具挑战性的，部分原因是模型参与了整个软件产品的生命周期，包括训练过程和应用过程，存在与所有权验证、转移、模型修订、混合、合并、模型追踪、法律义务、责任、奖励和激励相关的问题。模型水印技术一旦被确立,就会成为未来数字经济的基石。尤其是对拥有上千亿个参数的生成式大模型来说,一方面,模型水印技术可以保护模型所有者花费巨额资金和大量心血打造的数字资产;另一方面,模型水印技术可以确保模型生成的文字、图片和视频等数字产品不会被别有用心者滥用。本书作者相信,书中介绍的模型水印技术能够被广泛应用于人工智能的各类实际场景中,并为数据要素流通保驾护航。

本书介绍的前沿研究成果,分为三部分,共 11 章:第一部分基础篇(第 1 ~ 2 章),指出了使用水印进行模型所有权验证的必要性和相关研究工作;第二部分技术篇(第 3 ~ 9 章),详细介绍了针对各种机器学习模型及其安全问题的技术;第三部分应用篇(第 10 ~ 11 章),讲解如何在联邦学习场景和模型审计用例中应用模型水印技术。

希望这本书能为读者展示一个新的数字化未来的人类社会视角,一个被现代社会普遍接受的人类价值观。同时,希望这本书能成为高等学校人工智能专业学生的参考书,以及产业界的工程师和研究人员的随身手册。据我们所知,这是第一本展示如何使用数字水印验证机器学习模型所有权的图书。然而,如果没有众多研究人员的友好帮助,这本书的各个章节是不可能完成的,作者在此对他们一并表示感谢。感谢本书译者朱小虎老师的细致翻译。感谢电子工业出版社博文视点编辑团队中的每个人。我们还要感谢作者的家人们一直以来的支持。

范力欣　陈志胜　杨强

2025 年 6 月于深圳

读者服务

微信扫码回复:50719

- 加入本书读者交流群,与更多读者互动。
- 获取【百场业界大咖直播合集】(持续更新),仅需 1 元。

目录
CONTENTS

第二部分 技术篇

第 9 章 使用嵌入密钥保护 RNN   119

第三部分   应用篇

第 10 章 FedIPR：联邦 DNN 模型的所有权验证   140

第一部分　基础篇

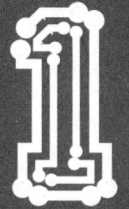

第 1 章
CHAPTER 1

概述

范力欣，陈志胜，杨强

机器学习模型需要数字水印以保护知识产权、追踪数据使用和确保责任归属。水印技术分为白盒（基于参数）和黑盒（基于触发样本）两种方式，能在不影响模型性能的前提下嵌入独特标识。水印的相关研究包括白盒方法、黑盒方法和 DNN 指纹方法，用于验证模型所有权并防止滥用。

1.1　为什么机器学习模型需要数字水印

如今，机器学习技术（如深度学习和联邦学习）的快速发展已经影响到每个人。一方面，机器学习模型被广泛应用于金融、医疗、公共交通等领域，以前所未有的方式深刻改变着人们的生活；另一方面，人们需要对这些模型进行适当管理，以确保其使用符合隐私、公平和福祉等方面的法律规则和伦理要求①。

我们认为，关于机器学习模型的创建、注册和部署有三个重要要求。首先，机器学习模型是宝贵的知识产权，应防止被非法复制或再分发。之所以提出这个要求，是因为从头开始创建机器学习模型需要昂贵的专用硬件和极长的训练时间，尤其对于那些具有数千亿个网络参数的深度神经网络（Deep Neural Network，DNN）模型。例如，训练 GPT-3 预训练自然语言模型花费了数百万美元 [1]，而 OpenAI 的明星产品 GPT-4 的训练及维护成本更是高达每年 30 亿美元。其次，创建先进的机器学习模型需要大量的训练数据，这些数据是需要保护的宝贵资产。为了提高模型性能，预训练 DNN 模型常常使用 TB 级别的数据。然而，收集和标注这些数据集的工作非常烦琐，且成本高昂，因此，数据集的所有者希望确保数据集不会被未经授权用于构建机器学习模型。最后，机器学习模型的输出需要接受审计和管理，以确保 AI 应用的可信度。深度伪造（deepfake）技术就证明了这种审计的必要性，该技术可以通过生成式对抗网络（Generative Adversarial Network，GAN）生成带有欺骗性的视觉和音频内容。在 2024 年发生的金融欺诈案件中，诈骗分子利用深度伪造技术成功地仿造了英国公司高层管理人员的形象和声音，在网络会议中冒充多名人士，骗取财务职员 2 亿港元。如果能够审计深度伪造模型的输出并追溯到部署这些模型的所有者和责任方，则有助于防止此类模型被滥用。

上述要求可以归结为需要验证特定机器学习模型的所有权。

本书的主题是如何验证特定机器学习模型是否属于声称是该模型的合法所有者的一方。如果声称的所有者或证明者（可以是组织或个人）的一方能够提供无可争辩的证据来让另一方或验证者以足够的信心信服，那么该模型的所有权就得到了确认。这种允许验证者检查机器学习模型是否属于证明者的过程被定义为模型所有权验证（Ownership Verification，OV）。模型所有权验证的输入包括有问题的模型、证明者提交的证据和验证声明所有权的协议。模型所有权验证的结果是确定该声明是真或假。

有许多种方法可以创建支持所有权验证的证据。例如，当机器学习模型参数已经确定时，模型所有者可以选择使用哈希或其他区块链技术创建证据[2]。然而，这种方式提供的证据并非无可争辩，因为模型窃取者也可以使用相同的哈希或区块链技术创建证据，甚至可能在合法所有者注册其所有权证据之前就注册虚假的所有权证据。因此，模型所有者最好尽早创建证据，如在模型参数尚未确定时。在本书中，我们只考虑后一种类型的证据，这种证据与有问题的机器学习模型（例如其参数或行为）紧耦

---

① 如《人工智能负责任发展蒙特利尔宣言》。

合，被称为模型的水印、签名或指纹①。

从本质上讲，在模型的学习阶段，所有者选择的指定水印首先被嵌入模型，这些水印可以被可靠地检测出来，以证明模型的所有权。

这种基于水印的模型所有权验证有特殊意义，因为它允许所有者在创建相关模型的早期阶段就证明他们的贡献。将所有权与模型学习过程耦合在一起的独特特性对于许多应用场景至关重要，使基于水印的所有权验证在所有解决方案中占据有利地位。

1.2 如何将数字水印应用于机器学习模型

机器学习模型数字水印的整体框架包括三个方面：为给定的机器学习模型创建和验证水印的技术、确保支持所有权验证的证据无可争辩的协议，以及各种基于水印的所有权验证的应用场景。

1.2.1 技术

数字水印是一种传统技术，允许将特定的数字标记嵌入音频、图像或视频等多媒体内容中。数字水印的目的是验证载体的多媒体内容的真实性或显示其身份[3]。虽然数字水印技术已经发展了 20 多年，但它在机器学习模型中的应用相对较晚。

机器学习模型（尤其是 DNN 模型）的数字水印技术的发展始于 2017 年[4]。将水印嵌入 DNN 模型最初是以一种相当直接的方式实现的，即在原始学习任务中添加一个正则化项，以强制 DNN 模型参数展示特定的特征。这些特定的特征被称为水印，被从模型中提取出来以证明模型的所有权。所有权验证过程的基本原理在于，在没有使用专门设计的正则化项的模型中不太可能存在嵌入的特征。

采用这种方式设计的所有权验证过程必须满足某些要求，其中最重要的是确保嵌入水印不会影响或显著降低模型在原始学习任务中的性能。这种功能保留能力确保模型既能完成某些任务，又具有商业价值。

模型水印的说服力取决于从模型中检测到指定水印的可靠性。在某些形式的移除攻击（如模型微调或剪枝）下，必须对这种可靠性进行验证。

说服力还取决于从模型中检测出伪造水印的可能性。因此，嵌入水印必须具有独特性和稳健性，以抵抗模糊攻击将伪造水印插入已训练的模型中。

从模型中提取数字水印进行验证有两种不同的方法——白盒方法和黑盒方法。白盒方法指直接访问模型参数以提取特定水印或特征，也被称为基于特征的水印。但是，直接访问模型参数并不方便，特别是窃取者可能故意将复制的模型隐藏在远程调用 API 之后，从而提供机器学习服务。因此，黑盒方法被提出来，它允许通过远程调用 API 收集证据，通过在机器学习模型训练期间使用对抗样本来完成，利用 API 提

---

① 在本书中，除非讨论和比较它们的细微差别（如第 5 章），否则水印、签名和指纹等术语可以互换。

交指定的对抗样本并将返回的结果与指定的输出进行比较来收集证据，这个过程又被称为基于后门的所有权验证。

1.2.2　协议

机器学习模型数字水印的协议是一组确保所有权以无可争辩的证据得到验证的安全要求。这种协议通常包含以下几个决定性因素：水印的生成、嵌入和验证过程；水印的持久性；保留原始机器学习模型的功能。如下所示的 DNN 模型的所有权验证协议规定了这些决定性因素的最低安全要求，以各种测量指标（如水印检测准确性）进行量化。读者可以在本书中找到这些决定性因素。第 1 章总结了更多的协议示例。

定义 1.1　给定模型 $\mathbb{N}()$ 的 DNN 模型所有权验证方案被定义为包含以下过程的元组 $\{\mathcal{G}, \mathcal{E}, \mathcal{V}_{\mathrm{B}}, \mathcal{V}_{\mathrm{W}}\}$。

- 水印生成过程 $\mathcal{G}()$ 生成具有提取参数 θ 的白盒水印 S_{W} 和具有触发器 $\boldsymbol{T}$ 的黑盒水印 S_{B}：

$$\mathcal{G}() \to (S_{\mathrm{W}}, \theta; S_{\mathrm{B}}, \boldsymbol{T}). \tag{1.1}$$

- 水印嵌入过程 $\mathcal{E}()$ 将黑盒水印 S_{B} 和白盒水印 S_{W} 嵌入模型 $\mathbb{N}()$ 中：

$$\mathcal{E}\big(\mathbb{N}()|(S_{\mathrm{W}}, \theta; S_{\mathrm{B}}, \boldsymbol{T})\big) \to \mathbb{N}(). \tag{1.2}$$

- 黑盒验证过程 $\mathcal{V}_{\mathrm{B}}()$ 检查模型 $\mathbb{N}()$ 是否对触发器 $\boldsymbol{T}$ 进行特定的推断：

$$\mathcal{V}_{\mathrm{B}}(\mathbb{N}, S_{\mathrm{B}}|\boldsymbol{T}). \tag{1.3}$$

- 白盒验证过程 $\mathcal{V}_{\mathrm{W}}()$ 访问模型参数 $\boldsymbol{W}$ 以提取白盒水印 $\tilde{S}_{\mathrm{W}}$，并将 $\tilde{S}_{\mathrm{W}}$ 与 S_{W} 进行比较：

$$\mathcal{V}_{\mathrm{W}}(\boldsymbol{W}, S_{\mathrm{W}}|\theta). \tag{1.4}$$

1.2.3　应用

正如本书后续章节所示，数字水印可应用在多种场景中，简要总结如下。

1. 保护模型知识产权

要训练一个实用的机器学习模型，无论是所需的训练数据还是计算成本都是非常可观的。例如，训练用于自然语言处理（Natural Language Processing，NLP）的大型预训练 DNN 模型可能需要花费数百万美元和数周时间 [1]。构建这种具有竞争力的 DNN 模型的高昂成本使窃取者不惜冒险进行非法复制、再分发或滥用。数字水印允许模型所有者声明其所有权并保护相应知识产权（Intellectual Property Right，IPR），本书第 3～9 章展示了数字水印的应用案例。

2. 追踪数据使用

现代机器学习算法数据需求量大，开发大型机器学习模型（例如用于自然语言处理的预训练 DNN 模型）通常需要数万亿字节的数据。然而，大数据的使用必须确保数据隐私安全并遵守 GDPR①等法规。识别嵌入机器学习模型中的独特水印有助于追踪用于开发有问题模型的训练数据。本书第 11 章展示了这种模型水印的应用案例。

3. 识别模型责任

深度学习模型难以预测，在对抗样本存在的情况下可能表现不佳。此外，生成模型可能被非法滥用，例如 deepfake。为了便于问责，需要将生成模型的结果与原始模型及其所有者关联起来。本书第 10 章展示了这种模型水印的应用案例。

1.3 相关研究工作

总体而言，深度学习模型的知识产权可以通过水印嵌入方法来保护，这些方法大致可分为三类：（1）白盒方法 [4–8]；（2）黑盒方法 [9–13]；（3）DNN 指纹方法[14, 15]。

1.3.1 白盒方法

第一类研究[4–6, 8] 将水印嵌入 DNN 的静态内容（即权重矩阵）中，模型所有者通过白盒方式访问所有模型参数来验证所有权。

Uchida 等人[4] 首次在 DNN 中使用水印技术进行白盒保护的研究，他们成功地将水印嵌入 DNN 中且不降低主机的网络性能。有些研究[5, 6] 提出了基于护照的验证方案，以提高模型抵抗模糊攻击的稳健性，与基于水印的方法有本质区别。Ong 等人[7] 通过在生成器中嵌入所有权信息来为 GAN 提供知识产权保护，这种方式既适用于黑盒方法也适用于白盒方法。此外，为了抵抗模型窃取攻击，Li 等人[8] 提出了使用外部特征的方法。

1.3.2 黑盒方法

白盒方法的局限性在于需要访问所有网络权重或输出才能提取嵌入的水印，为了解决这个问题，Merrer 等人[55] 提出将水印嵌入对抗样本（触发器）的分类标签中，通过远程调用 API 提取水印，而无须访问网络的内部权重参数。随后，Adi 等人[9] 证明了在网络输出（分类标签）中嵌入水印是一种有意的后门。针对循环神经网络（Recurrent Neural Network，RNN）的保护，Lim 等人[11] 提出了由两种不同嵌入方案组成的新型嵌入框架，可将唯一的密钥嵌入 RNN 单元中，以保护图像描述模型的知识产权。对于强化学习，Chen 等人[12] 提出了一种时间方法，并将其应用于深度强化学习模型的知识产权保护。文献 [10, 13] 提出了用于图像去噪和恢复任务的图像处理网络。

① GDPR 自 2018 年 5 月 25 日起在所有欧洲成员国适用，以协调欧洲的数据隐私法律。

1.3.3 DNN 指纹方法

有人提出将 DNN 指纹方法[14, 15] 作为水印技术的非侵入式替代方法，与水印技术不同，DNN 指纹嵌入不需要在训练阶段添加额外的正则化项。相反，DNN 指纹方法从所有者模型中提取一组特征，用以区别其他模型。如果所有者模型的相同特征集（标识符）与可疑模型的特征集（标识符）匹配，则可以认定模型的所有权。由于指纹与水印密切相关，因此本书将指纹视为一种特殊类型的水印，并在第 5 章中讨论指纹在保护机器学习模型中的应用方法。

第 2 章

DNN 水印的
所有权验证协议

李方圻，王士林

为了保护作为知识产权的 DNN，必须准确地识别其作者或注册所有者。以水印为代表的许多技术被提出来，用于建立 DNN 与其所有者之间的联系。然而，只有当这种联系被证明是明确无误且无法伪造的时，才能将其用于知识产权保护。所有权证明只有在多方（所有者、对手和所有者希望向其提交证明的第三方）按照协议操作后才可行。在设计所有权验证协议时，需要更仔细地洞察参与者的知识和隐私问题，在此过程中会产生一些额外的安全风险。本章将简要回顾 DNN 水印方法中的常规安全要求，提出在基本协议下关于所有权证明的若干额外要求，并提出分析和规范所有权验证程序的必要性。

2.1 引言

深度学习作为现代人工智能的一个先驱分支，正在推动 DNN 在工业领域的应用。在学习了大量数据后，从传统信号处理到复杂的游戏策略制定，DNN 在各个领域中的表现都优于传统模型。然而，训练这种模型的成本是极高的，为了完成特定任务，必须手动收集、处理和标记足够多的与领域相关的数据，设计 DNN 架构和调整参数也需要大量的专业知识和人力成本。因此，越来越多的人呼吁将 DNN 作为其所有者的知识产权加以管理。

DNN 知识产权管理的先决条件是通过所有权验证来识别合法所有者。主流的 DNN 知识产权保护方法包括 DNN 指纹和 DNN 水印。DNN 指纹从 DNN 中提取特定特征作为标识符，并使用它来探测潜在的侵权行为，且无须修改 DNN[17]。因此，指纹与模型所有者身份之间的相关性难以确定。DNN 水印将所有者相关的水印嵌入 DNN，日后可以通过水印证明所有权的真实性。根据与可疑 DNN 进行交互的级别，DNN 水印可以分为白盒方法和黑盒方法。在白盒方法中，模型所有者或第三方公证人可以完全访问被侵权的 DNN，水印可以被编码到模型的参数[18]或特定输入的中间输出中[19]，模型所有者还可以将额外的模块插入 DNN 的中间层作为通行证[6]。在黑盒方法中，被窃取的模型只能作为接口进行交互，这种情况下的水印方法通常通过后门[20-22]实现，即触发输入的最终输出。

如图 2.1 所示，一个 DNN 水印方法 WM 由两个模块组成，$\text{WM} = \{\mathcal{G}, \mathcal{E}\}$，$\mathcal{G}$ 表示身份信息或水印生成模块，$\mathcal{E}$ 表示水印嵌入模块。为了将水印嵌入 DNN $\mathbb{N}$ 中，模型所有者首先运行 $\mathcal{G}$ 产生水印或标识符 S：

$$S \leftarrow \mathcal{G}(N), \tag{2.1}$$

式中，N 表示确定所有权保护级别的安全参数；$\leftarrow$ 表示一个随机生成过程。在获得 S 后，模型所有者通过运行 $\mathcal{E}$ 将其嵌入 DNN 产品中：

$$\{\mathcal{V}, \mathbb{N}_{\text{WM}}\} \leftarrow \mathcal{E}(\mathbb{N}, S), \tag{2.2}$$

式中，$\mathbb{N}_{\text{WM}}$ 表示添加了水印的 DNN；$\mathcal{V}$ 表示一个验证器，可以正确识别所有权：

$$\mathcal{V}(\mathbb{N}_{\text{WM}}, S) = \text{Pass}, \tag{2.3}$$

大多数水印方法可以归结为式（2.1）～式（2.3）。此公式中的自由度包括：① 合法水印空间的多样化定义，也有一些零位方案，不会数字化编码所有者的身份[23]；② $\mathcal{E}$ 是否涉及额外的知识，如训练数据集；③ $\mathcal{V}$ 是否为运行 $\mathcal{E}$ 的产物，或者只依赖于 WM；④ $\mathcal{V}$ 是否从水印的 DNN 中检索 S，或者将 S 作为其输入。

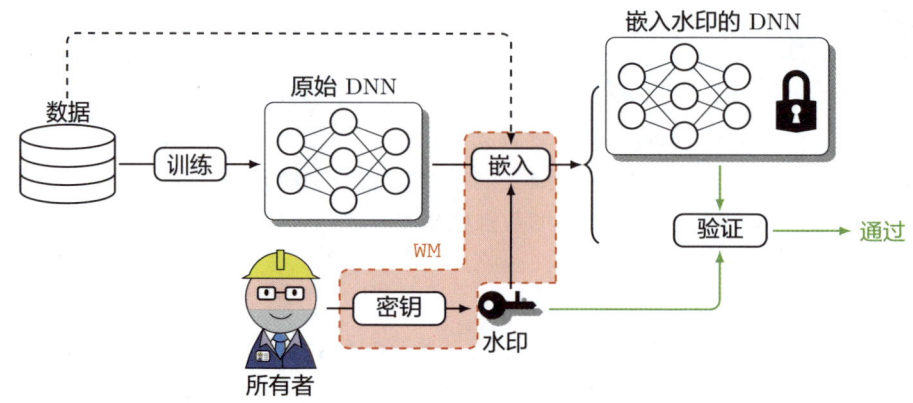

图 2.1　DNN 水印和所有权验证框架

例 2.1　Uchida 方法。作为白盒方法的先驱，Uchida[18] 提出将所有权信息直接嵌入 DNN 的参数，其组件如下。

- $\mathcal{G}$: 从 $\mathbb{N}$ 中选择 N 个参数位置 $\theta = (p_n)_{n=1}^{N}$，并生成 N 个实数 $(r_n)_{n=1}^{N}$，返回 $S = \left\{ \theta, (r_n)_{n=1}^{N} \right\}$。

- $\mathcal{E}$: 对于 $n = 1, 2, \cdots, N$，将位置 p_n 的参数设置为 r_n。

- $\mathcal{V}$: 从 S 中检索 $(p_n)_{n=1}^{N}$ 和 $(r_n)_{n=1}^{N}$，如果 $\mathbb{N}_{\text{WM}}$ 中 p_n 的参数等于 r_n，$n = 1, 2, \cdots, N$，则返回 Pass。

在这个公式中，$\mathcal{V}$ 与 S 独立。Uchida 提出的定义可以通过移入 θ，使不同的用户获得不同的验证器。

例 2.2　随机触发器[20]。作为图像分类 DNN 中一个典型的黑盒水印，随机触发方案将数字身份信息编码到触发器及其标签中，其组件如下。

- $\mathcal{G}$: 生成 N 个随机实数向量 $\boldsymbol{S} = \{s_1, s_2, \cdots, s_N\}$。第 n 个触发器是 $\boldsymbol{T}_n = T(s_n)$，其标签是 $l_n = l(s_n)$。$T(\cdot)$ 是一个图像生成器，用于将实数向量转换成图像（如像素映射），而 $l(\cdot)$ 是一个将实数向量映射到分类任务合法标签的伪随机函数。返回 $S = \{\boldsymbol{S}, T(\cdot), l(\cdot)\}$。

- $\mathcal{E}$: 在标记的触发器和正常的训练数据集上训练 $\mathbb{N}$。

- $\mathcal{V}$: 如果 $\mathbb{N}_{\text{WM}}$ 在触发器上的准确率高于预定义的阈值（如 90%），则从 S 中重建 N 个触发器及其标签，然后返回 Pass。

在这种设置中，初始向量 $\boldsymbol{S}$ 可以设置为所有者的数字签名，映射 $T(\cdot)$ 和函数 $l(\cdot)$ 可以固定为 $\mathcal{G}$ 的一部分（因此也是 WM 的一部分），所以从 S 转换为 $\boldsymbol{S}$。请注意，基于后门的 DNN 水印方法通常需要在 $\mathcal{E}$ 期间训练数据集以保持模型的功能性，干净的模型 $\mathbb{N}$ 可能永远不存在。

本节首先回顾 DNN 水印的基本安全要求。然后讨论在所有权验证协议下所有者向第三方证明其所有权的情况，对于新的威胁和安全要求，从计算形式上进行分析，并强调它们在设计可证明的安全且实用的 DNN 水印方法中的必要性。最后提出一系列挑战，要求为 DNN 的实用所有权验证协议寻找解决方案。

安全性形式化

2.2.1　功能保留

作为一种安全机制，水印不应牺牲 DNN 的性能。尽管当前的 DNN 水印方法已经对这方面进行了经验性研究，但对其功能与安全性的权衡还缺乏形式化和普遍的分析。

添加水印后，DNN 性能预期的下降幅度 $\Delta(\mathrm{WM}, N)$ 取决于水印方法和安全参数。Δ 对 WM 的依赖是难以追踪的，除了单调性，我们没有关于 Δ 与 N 相关性的结果。对于白盒方法，如果修改的 DNN 参数过多，则 DNN 的功能可能会严重受损。修改参数对 DNN 的分类准确率的影响类似于图 2.2 中的神经元剪枝。

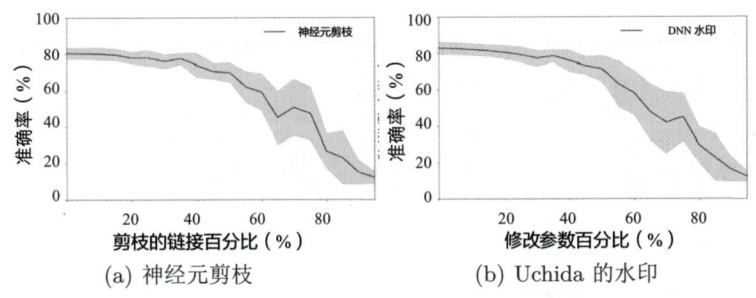

图 2.2　修改参数对 ResNet-50 在 CIFAR-10 上的分类准确率的影响

黑盒方法注入了后门（其分布与正常样本的标记触发器集合不同）作为所有权证据，同样存在功能保护问题。在不参考原始训练数据集的情况下，对触发器进行 DNN 调优几乎总是会破坏其功能，图 2.3 给出了一个示例，N 表示触发器的数量，虚线表示触发器的准确率。遗憾的是，在许多工业场景中，运行黑盒方法的智能体可以完全访问训练数据集的假设是不成立的。例如，合作中的知识产权管理者可能对训练过程一无所知，而不了解数据的 DNN 产品购买者也需要将其标识符注入 DNN 中。

总之，对模型所有者来说，选择合适的安全参数仍然是一项非同小可的任务，特别是当所有者没有足够的证据来证明 DNN 的性能时。一些研究工作提议采用正则化器来保持注入水印期间 DNN 的性能，并指出当 N 较小时 Δ 也很小，但它们对任意 DNN 架构和非常大的 N 的普适性是值得怀疑的。

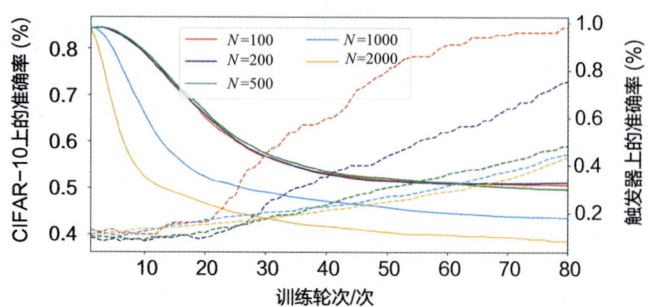

图 2.3 训练轮数对 ResNet-50 在 CIFAR-10 上的分类准确率的影响

2.2.2 准确性和无歧义性

所有权验证的完整性依赖水印方法验证器的准确性。为了正式对其进行量化，通常将式（2.3）转换为以下形式:

$$\Pr\{\mathcal{V}(\mathbb{N}_{\mathrm{WM}}, S) = \text{Pass}\} \geqslant 1 - \epsilon(N), \tag{2.4}$$

式中，$\Pr\{\cdot\}$ 整合了计算 $\mathcal{V}$ 的随机性; $\epsilon(N)$ 表示 N 中的一个正的可忽略项，即其下降速度取决于 N 中任何有限多项式的倒数。

同时，对身份信息的随机猜测不得通过验证器，否则，一个廉价的模糊攻击可能会在 $\mathcal{V}$ 被提交为证据或 $\mathcal{V}$ 与 S 独立时造成混淆。无歧义性属性被表述为

$$\Pr\{\mathcal{V}(\mathbb{N}_{\mathrm{WM}}, S') = \text{Pass}\} \leqslant \epsilon(N), \tag{2.5}$$

式中，$S' \leftarrow \mathcal{G}(N)$ 是一段随机生成的身份信息。

如果式（2.4）和式（2.5）成立，则所有者可以选择适当的 N 以达到所需的安全级别。人们也可能考虑无歧义性的另一种版本来减少误报率:

$$\Pr\{\mathcal{V}'(\mathbb{N}'_{\mathrm{WM}}, S) = \text{Pass}\} \leqslant \epsilon(N), \tag{2.6}$$

式中，$\mathcal{V}'$ 和 $\mathbb{N}'_{\mathrm{WM}}$ 属于无关方。注意式（2.6）在交换两个所有者的位置后正是式（2.5）。

近年来，关于 DNN 水印的讨论主要集中在准确性和无歧义性上，产生了许多理论结果，构成了可证明和可呈现所有权的数学基础，相应的水印方法比它们的零位竞争者更有希望。

例 2.3 MTL-Sign[24]。MTL-Sign 水印方法将所有权验证建模为受保护 DNN 的额外任务。如图 2.4 所示，水印任务具有独立的分类后端，$\mathcal{T}_{\mathrm{primary}}$ 表示最初的主要任务，其对应的正常样本记为 D_{primary}，分类层记为 c_{p}; $\mathcal{T}_{\mathrm{WM}}$ 表示编码所有者身份的水印任务，其对应的输入样本记为 $D_{\mathrm{WM}}^{\mathrm{Key}}$、分类层记为 c_{WM}。所有 N 个输入图像及对应的水印任务标签均通过伪随机映射（如 QR 码）从 S 派生。实践证明，如果可选触发器域的大小大于 $\log_2(N^3)$，则该方案满足式（2.5）定义的无歧义性条件。证明是切尔诺夫定理的直接应用。

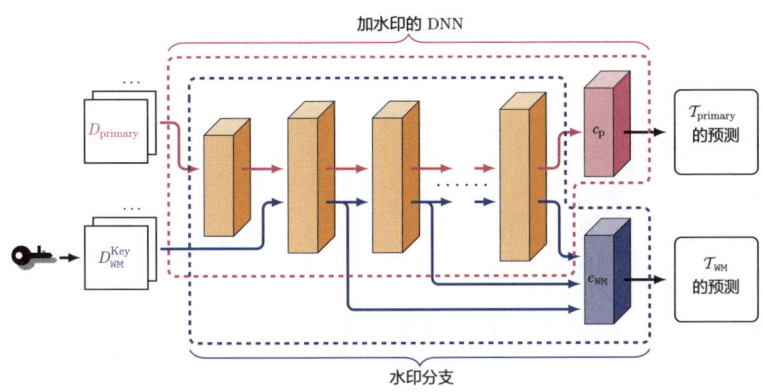

图 2.4　MTL-Sign

例 2.4　重新审视随机触发器。如果例 2.3 中的标签映射 $l(\cdot)$ 被修改为所有触发器的唯一标签，即 $\forall n, n' \in \{1, 2, \cdots, N\}, l(s_n) = l(s_{n'})$，那么该方案的无歧义性将受到威胁。所有触发器都是由编码器 $T(\cdot)$ 生成的，DNN 水印可能会捕捉到 $T(\cdot)$ 的统计特性，由其他向量衍生的触发器可能会引发相同的预测。因此，对手成功进行无歧义性攻击的复杂度是 $O(1)$。

2.2.3　持久性

DNN 本质上对调优具有稳健性，因此注入的水印也必须对此类修改具有稳健性，这种属性被称为 DNN 水印的持久性。持久性是根据特定类型的 DNN 调优定义的[25, 26]，水印设计者一直专注于三个层次的调优方法。

- **盲调优**[27–29]：对手不知道水印。简单的精调、神经元剪枝、精细剪枝[30]、输入重建[31]、模型提取和压缩可以在保留 DNN 功能的同时，使弱水印失效。除非对手对训练数据集有全面的了解，否则大多数成熟的水印方法能够抵抗盲调优。而即便对手对训练数据集有全面的了解，也必须冒着 DNN 性能下降的风险进行窃取（如通过模型蒸馏）。

- **半知识调优**：模型所有者面对一个了解水印方法的对手，对手可以生成自己的水印并将其嵌入被窃取的 DNN。这种覆写会导致知识产权混淆，并破坏将身份信息存储在 DNN 中独特位置形成的水印。

- **知识调优**：对手获取了水印方法和身份信息 S。当模型所有者通过不安全的渠道提交其所有权证明或所有权审查员背叛模型所有者时，几乎所有的水印方法都将失效。对于黑盒方法，对手可以独立地重现触发器并防止它们进入被窃取的 DNN[31]；对于白盒方法，对手可以修改嵌入身份信息的参数并尽量避免对 DNN 整体性能造成影响。

关于盲调优和半知识调优的持久性，已有大量实证研究可以通过算法 2-1 来形式化。

算法 2-1 调优攻击实验，$\text{Exp}^{\text{tuning}}(\mathbb{N}, \text{WM}, \mathcal{A}, \delta)$。

输入： 干净的 DNN $\mathbb{N}$、水印方法 WM（带有安全参数 N）、对手 $\mathcal{A}$，以及功能下降的容忍度 δ。

输出： 对手是否获胜。

1: $S \leftarrow \mathcal{G}(N)$;
2: $(\mathbb{N}_{\text{WM}}, \mathcal{V}) \leftarrow \mathcal{E}(\mathbb{N}, S)$;
3: 一个盲目的 $\mathcal{A}$ 得到 $\mathbb{N}_{\text{WM}}$;
4: 一个半知识的 $\mathcal{A}$ 得到 $\mathbb{N}_{\text{WM}}$ 和 WM;
5: 一个知识的 $\mathcal{A}$ 得到 $\mathbb{N}_{\text{WM}}$、WM、S 和 $\mathcal{V}$;
6: $\mathcal{A}$ 返回 $\hat{\mathbb{N}}$;
7: **if** $\mathcal{V}(\hat{\mathbb{N}}, S) \neq$ Pass 且 $\hat{\mathbb{N}}$ 的性能相比 $\mathbb{N}_{\text{WM}}$ 下降少于 δ **then**
8:     返回 获胜;
9: **else**
10:     返回 失败;
11: **end if**

从形式上看，在 WM 的持久性上，没有任何有效的盲调优、半知识调优、知识调优对手 $\mathcal{A}$ 能在任意神经网络模型 $\mathbb{M}$ 和一个小 δ 的情况下赢得 $\text{Exp}^{\text{tuning}}(\mathbb{N}, \text{WM}, \mathcal{A}, \delta)$。目前的研究尚未通过安全性还原确定算法 2-1 的理论持久性，该算法在面对未知对手时的安全性仍然不可靠。

例 2.5 标签解释。针对例 2.2 中提到的随机触发器方案的一个简单攻击是重新解释分类标签（如使用它们的下义词），以致 $l(\cdot)$ 引入的映射可能无法维持。为了解决这个问题，我们让 $l(\cdot)$ 的语义位于特定向量之间的身份内。具体来说，$\mathcal{V}$ 的工作原理如下。

- 从 $S = \{s_n\}_{n=1}^{N}$ 中重建 N 个触发器。
- 对于每对 $n, n' \in \{1, 2, \cdots, N\}$，$l(s_n) = l(s_{n'})$，检查 $\mathbb{N}(T(s_n))$ 与 $\mathbb{M}(T(s_{n'}))$ 是否相等。
- 如果准确性高于预定义阈值，则返回 Pass。

在此设置下，$l(\cdot)$ 的范围可以远小于原始任务的范围。

例 2.6 神经元置换[32]。已知注入水印的层或神经元，对手可以置换该层内的同质神经元，使白盒方法失效，如图 2.5 所示。尽管可以对齐神经元，但与神经元置换相比，其成本相对较高。这种攻击不会影响 DNN 的整体性能。

2.2.4 其他安全要求

在特殊情况下，额外的安全要求可能很重要。例如，**效率**要求水印注入的时间消耗很小[26]；**隐蔽性**要求任何知道 WM 的第三方都不能区分带水印的 DNN 和干净的 DNN[33]。隐蔽性通过算法 2-2 中的实验正式定义。当且仅当没有任何有效的对手能以明显高于 1/2 的概率赢得 $\text{Exp}^{\text{covertness}}(\mathbb{N}, \text{WM}, \mathcal{A})$ 时，说明 WM 具有隐蔽性。与隐蔽性对应的是为每个 DNN 水印方法附加一个程序，任何一方都可以通过该程序检查 DNN 是否已被添加水印，我们将这种属性命名为**存在性**[34]。只有在引入更复杂的 DNN 商业化场景和协议后，这个额外属性的必要性才会显现出来。

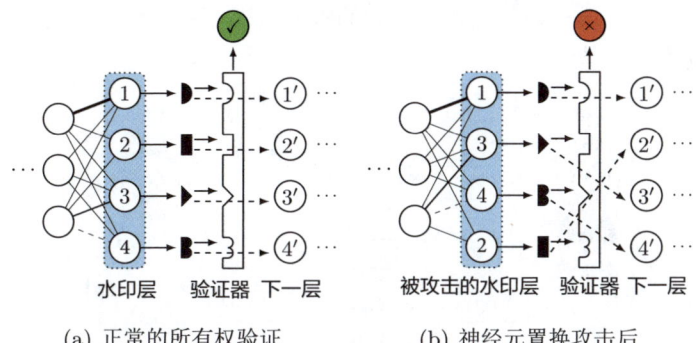

(a) 正常的所有权验证　　　　(b) 神经元置换攻击后

图 2.5　神经元置换攻击

算法 2-2　隐蔽性实验，$\mathrm{Exp}^{\mathrm{covertness}}(\mathbb{N}, \mathtt{WM}, \mathcal{A})$。

输入：　干净的 DNN $\mathbb{N}$、水印方法 $\mathtt{WM}$（带有安全参数 N）及对手 $\mathcal{A}$。

输出：　对手是否获胜。

1: $S \leftarrow \mathcal{G}(N)$;
2: $(\mathbb{N}_{\mathtt{WM}}, \mathcal{V}) \leftarrow \mathcal{E}(\mathbb{N}, S)$;
3: 设 $\mathbb{N}_0 = \mathbb{N}$, $\mathbb{N}_1 = \mathbb{N}_{\mathtt{WM}}$;
4: $b \leftarrow \{0, 1\}$;
5: $\mathcal{A}$ 被给予 $\mathbb{N}_b$ 和 $\mathtt{WM}$;
6: $\mathcal{A}$ 返回 $\hat{b}$;
7: **if** $b = \hat{b}$ **then**
8:　　返回 获胜;
9: **else**
10:　　返回 失败;
11: **end if**

2.3　DNN 的所有权验证协议

　　所有权验证涉及所有者、对手和仲裁者。其中，对手已经获得了所有者的 DNN，并将其作为自己的产品上传或作为商业服务部署，仲裁者是权威机构或分布式社区，所有者向仲裁者呈现所有权证明。可以通过以下步骤获得所有权证明。

　　①模型所有者指明对手，并向仲裁者提交包括 S 和 $\mathcal{V}$ 的证据。

　　②仲裁者访问对手的 $\mathbb{N}$，并通过计算 $\mathcal{V}(\mathbb{N}, S)$ 检查是否能检索到模型所有者的身份。

　　③仲裁者宣布验证结果。

　　所有权验证过程如图 2.6 所示。只有当一个公正的仲裁者独立访问可疑的 DNN 并运行验证器时，所有权证明才有效。专注于评估两个 DNN 是否同源的方案很难形成所有权证明[35]。一些方案涉及将访问控制纳入知识产权管理，它们向不同级别的用户分发不同的触发器，借此从同一个 DNN 中唤起不同级别的性能。然而，触发器与客户的密钥（服务器通过该密钥识别他们的服务级别）共享相同级别的机密性，并不会带来额外的安全优势。

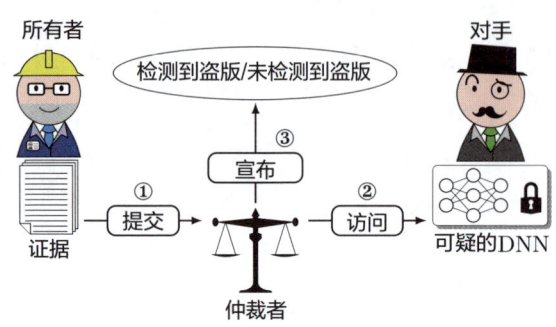

图 2.6 所有权验证过程

2.3.1 抵制攻击及相应的安全性

在 OV 协议下，DNN 窃取并非唯一的威胁。相反，一个对手可能会滥用 OV 协议来挑战合法服务。当对手成功伪造了可以"欺骗"验证器的证据时，就可以利用 OV 协议来抵制正常服务，我们将其称为**抵制攻击**（Boycotting Attack）。从形式上讲，抵制攻击的安全性可以通过算法 2-3 实现。如果对于任何 DNN 模型 $\mathbb{N}$ 和任何有效的对手 $\mathcal{A}$（该对手返回结果所需的时间复杂度不高于某种以 N 为参数的多项式），$\mathrm{Exp}^{\mathrm{boycott}}(\mathbb{N}, \mathrm{WM}, \mathcal{A})$ 返回 Win 的概率在 N 中可以忽略不计，则水印方法 WM 在抵制攻击面前是安全的。注意，抵制攻击的安全性不同于由式（2.5）定义的无歧义性攻击。现在，对手可以逆向伪造证据，而不是随机挑选一个证据。因此，证明抵制攻击的安全性更加困难，通常依赖额外的假设和密码学原语。在某些文献中，抵制攻击被称为非所有权窃取[26]。

算法 2-3 抵制攻击实验，$\mathrm{Exp}^{\mathrm{boycott}}(\mathbb{N}, \mathrm{WM}, \mathcal{A})$。

输入： 目标 DNN $\mathbb{N}$、水印方法 WM（带有安全参数 N）及对手 $\mathcal{A}$。
输出： 对手是否获胜。
1: $\mathcal{A}$ 得到 $\mathbb{N}$ 和 WM;
2: $\mathcal{A}$ 返回伪造的证据 $\hat{S}$ 和 $\hat{\mathcal{V}}$;
3: **if** $\hat{\mathcal{V}}(\mathbb{N}, \hat{S}) = $ Pass **then**
4:    返回 获胜;
5: **else**
6:    返回 失败;
7: **end if**

例 2.7 连锁随机触发器[21]。例 2.2 中的随机触发器方案可以安全地抵抗模棱两

可的攻击，但无法安全地抵抗抵制攻击。由于触发器的标签可以被视为随机猜测，因此找到满足 $M(T(s)) = l(s)$ 的向量 s 的预期次数最多与类别数 C 成线性关系。对手可以在不超过 $O(C \cdot N)$ 的时间复杂度内伪造 S。为了缓解这种威胁，我们将触发器串联起来。具体来说，设 $S = s_1$，对于 $n = 2, 3, \cdots, N$，我们设置 $s_n = h(s_{n-1})$，其中 $h(\cdot)$ 是一个单向哈希函数。因为抵制对手最多也只能进行随机猜测，所以对手成功伪造正确水印的概率大约是 C^{-N}。这是 Zhu 等人提出的方案的原型。随机触发器方案与连锁随机触发器方案的对比如图 2.7 所示。

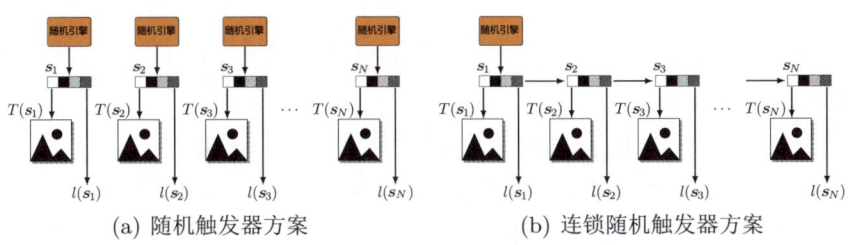

(a) 随机触发器方案　　　　　　　　(b) 连锁随机触发器方案

图 2.7　随机触发器方案与连锁随机触发器方案的对比

2.3.2　覆写攻击及相应的安全性

除了抵制合法服务，对手还可以下载 DNN，将自己的水印嵌入其中。所有者和对手都可以向仲裁者证明其所有权，从而引发混淆，并可能使所有者被指控。大多数成立的 DNN 水印方法无法防止对手进行简单的覆写，因此有必要将水印证据与授权时间戳关联，鼓励所有者将证据的哈希值存储在不可伪造的存储器中来注册其所有权，例如通过区块链技术维护的分布式账本。

只有在对手无法注册证据、无法下载 DNN 并使之适应已注册证据的情况下，这种解决方案才是可靠的。覆写攻击时间线如图 2.8 所示，由于注册时间满足 $t_1 < t_2$，因此 DNN 将被判定为参与方 A 所有。

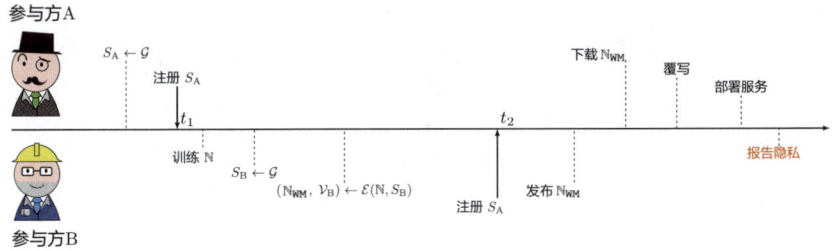

图 2.8　覆写攻击时间线

我们通过算法 2-4 来形式化这种攻击下的安全性。当且仅当没有有效的对手能在任何 $\mathbb{N}$ 和单向 $h(\cdot)$ 的情况下，以非微不足道的概率赢得 $\mathrm{Exp}^{\mathrm{overwrite}}(\mathbb{N}, \mathrm{WM}, \mathcal{A}, h, \delta)$

时, 水印方法 WM 被定义为在覆写攻击下安全。覆写攻击有时也被称为所有权窃取。分析上述安全性的难点是水印与性能之间的权衡不明确。大多数水印方法在设计时考虑了注入水印对 DNN 性能的影响, 即对于所有 $S \leftarrow \mathcal{G}(N)$, $\Delta(\text{WM}, S) \leqslant \delta$。因此, 如果 $\mathcal{V}$ 与 S 和待添加水印的 DNN 无关, 则对手可以轻易赢得 $\text{Exp}^{\text{overwrite}}$。具体地, 对手的工作流程如下。

- $\hat{S} \leftarrow \mathcal{G}(N)$;
- 返回 $H = h(\hat{S})$;
- 接收 $\mathbb{N}$;
- $(\hat{\mathbb{N}}, \mathcal{V}) \leftarrow \mathcal{E}(\mathbb{N}, \hat{S})$;
- 返回 $\hat{\mathbb{N}}$、$\hat{S}$ 和 $\mathcal{V}$。

因此, 防止覆写攻击的一个必要条件是 $\mathcal{V}$ 依赖于 S 和添加水印的 DNN。如果没有 DNN 就无法构建 $\mathcal{V}$, 那么对手就无法计算其哈希值 H。否则, 对手可以通过伪造的时间戳击败真正的所有者。正如例 2.1 中讨论的, 对于大多数白盒方法, 无须改变算法即可实现 $\mathcal{V}$ 与 WM 的分离。对于黑盒方法, 从仲裁者的角度无法检验 $\mathcal{V}$ 与已添加水印 DNN 的依赖性, 因此完全防御覆写攻击是不成立的。有人可能会提出, 通过要求所有用户将其 DNN 的哈希值注册为证据, 来消除黑盒方法中存在的覆写攻击安全隐患。然而, 在黑盒环境中, 通常假定对手不会提供其 DNN 的白盒访问权限, 更不用说哈希值了。要解决这个问题, 必须依赖隐私保护或零知识证明方法, 但目前还没有针对 DNN 设计的这种证明。

算法 2-4 覆写攻击实验, $\text{Exp}^{\text{overwrite}}(\mathbb{N}, \text{WM}, \mathcal{A}, h, \delta)$。

输入: 目标 DNN $\mathbb{N}$、水印方法 WM (带有安全参数 N)、对手 $\mathcal{A}$, 以及固定的单向哈希函数 $h(\cdot)$。
输出: 对手是否获胜。
1: $\mathcal{A}$ 被给予 WM;
2: $\mathcal{A}$ 返回哈希值 H;
3: $\mathcal{A}$ 被给予 $\mathbb{N}$;
4: $\mathcal{A}$ 返回 $\hat{\mathbb{N}}$ 和证据 $\hat{S}$, $\hat{\mathcal{V}}$;
5: **if** $\hat{\mathcal{V}}(\hat{\mathbb{N}}, \hat{S}) = \text{Pass}$ **and** $h(\hat{S}, \hat{\mathcal{V}}) = H$ **and** $\hat{\mathbb{N}}$ 的性能相比 $\mathbb{N}$ 下降少于 δ **then**
6: 　　返回 获胜;
7: **else**
8: 　　返回 失败;
9: **end if**

对抗覆写攻击的另一种方法是将水印嵌入过程建立在所有者的特征知识上。例如, 如果 $\mathcal{E}$ 隐式依赖训练数据集, 则对手很难实施覆写攻击。但这种设置与水印方法的可用性矛盾, 且仍难以推断出对抗智能对手覆写行为时的性能下限。

值得注意的是, 尽管注册的代价高昂, 但它可以防御抵制攻击, 因此在此协议下采用的 DNN 水印方法无须考虑相应的安全性。在抵制攻击下的安全性并不比在覆写攻击下的安全性更强，因为 $\text{Exp}^{\text{overwrite}}(\mathbb{N}, \text{WM}, \mathcal{A}, h, \delta)$ 中的对手可以改变 DNN，而 $\text{Exp}^{\text{boycott}}(\mathbb{N}, \text{WM}, \mathcal{A})$ 中的对手不能改变 DNN。在抵制攻击与覆写攻击下的安全性对比如图 2.9 所示。

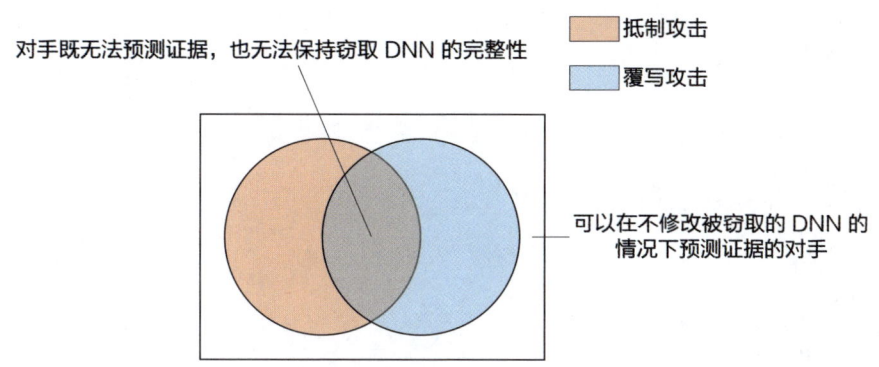

图 2.9　在抵制攻击与覆写攻击下的安全性对比

2.3.3　证据暴露及相应的安全性

在抵制攻击和覆写攻击下的安全性确保了对半知识对手（即了解水印方法和 OV 协议的对手）的所有权的持久性。一旦所有者和仲裁者完成了所有权证明，就会出现额外的威胁，因为对手可能已经变得知识渊博。在以下情况中，证据可能会暴露给对手：①对手或其同谋窃听了所有者和仲裁者的通信；②仲裁者出卖了所有者。

到目前为止，还没有任何 DNN 水印方法被证明可以防御这种攻击。因此，每当需要证明所有权时，现有方案只能提供一次性验证。

解决这个问题的一种自然的方案是在要保护的 DNN 中插入多个水印。这种方案最终会得到水印和验证器的集合，因此破坏一对 $(S, \mathcal{V})$ 不会损害整体知识产权。要将此方案付诸实践，必须满足以下两个要求[34]。

（1）**大容量**。可以注入大量不同的 S 的水印，并且可以从 DNN 中正确检索这些水印，而不会显著损害其功能。

（2）**独立性**。针对一个水印的知识攻击不能使未暴露的水印失效。

大容量和独立性要求可以被视为精度和持久性在该领域的扩展。

目前，关于水印容量的实证结果寥寥无几，更不用说分析性的界限了。由于水印会降低 DNN 在正常输入上的性能，因此水印的积累不可避免地破坏了要保护的 DNN。增加水印数量通常可以减少安全参数 N，这就是当 N 非常大时我们对 $\Delta(\text{WM}, N)$ 感兴趣的原因。一般来说，对于任何正整数 a，有 $\Delta(\text{WM}, a \times N) \geqslant a \times \Delta(\text{WM}, N)$。

水印容量的下界 $\text{Cap}(\mathbb{N}, \text{WM}, \delta)$ 可以按照算法 2-5 计算。直观上，$\text{Cap}(\mathbb{N}, \text{WM}, \delta)$ 衡量的是可以在 $\mathbb{N}$ 中正确注入并检索的最大水印数量，由 WM 实现，且不会使性能降低 δ。由于可以采用更好的嵌入框架，而不是简单地重复，因此 $\text{Cap}(\mathbb{N}, \text{WM}, \delta)$ 只是一个下界。

算法 2-5 水印容量，$\mathrm{Cap}(\mathbb{N}, \mathrm{WM}, \delta)$。

输入: 干净的 DNN $\mathbb{N}$、水印方法 WM（带有安全参数 N），以及性能下界 δ。
输出: 水印容量。
 1: $\mathbb{N}_0 = \mathbb{N}$;
 2: $k = 0$;
 3: flag = True;
 4: **while** flag **do**
 5:    $++k$;
 6:    $S_k \leftarrow \mathcal{G}(N)$;
 7:    $(\mathbb{N}_k, \mathcal{V}_k) \leftarrow \mathcal{E}(\mathbb{N}_{k-1}, S_k)$
 8:    **if** 性能下降超过 δ **then**
 9:       flag = False;
10:    **end if**
11:    **for** $j = 1$ to k **do**
12:       **if** $\mathcal{V}_j(\mathbb{N}_k, S_j) = \mathtt{Fail}$ **then**
13:          flag = False
14:       **end if**
15:    **end for**
16: **end while**
17: 返回 $(k - 1)$

只有修正了对手的知识攻击方案，才能测量水印的独立性。算法 2-6 概述了一种原型评估方法。$\mathrm{Indep}(\mathbb{N}, \mathrm{WM}, \mathcal{A}, K, \hat{K})$ 估计在 K 个水印中有 $\hat{K}$ 个水印被对手暴露后，可以从 $\mathbb{N}$ 中正确检索的 WM 水印的百分比。算法 2-6 的实现只提供存活水印百分比的上界，因为实际的知识攻击对所有者或水印设计者来说是不可见的。从理论上讲，在暴露 K 个水印中的 $\hat{K}$ 个水印后的水印独立性如下。

算法 2-6 水印独立性，$\mathrm{Indep}(\mathbb{N}, \mathrm{WM}, \mathcal{A}, K, \hat{K})$。

输入: 干净的 DNN $\mathbb{N}$、水印方法 WM（带有安全参数 N）、对手 $\mathcal{A}$，以及水印数量 K。
输出: 水印独立性。
 1: $\mathbb{N}_0 = \mathbb{N}$;
 2: **for** $k = 1$ to K **do**
 3:    $S_k \leftarrow \mathcal{G}(N)$;
 4:    $(\mathbb{N}_k, \mathcal{V}_k) \leftarrow \mathcal{E}(\mathbb{N}_{k-1}, S_k)$
 5: **end for**
 6: 从 $\{1, 2, \cdots, K\}$ 中抽取大小为 $\hat{K}$ 的索引集 I；
 7: $\mathcal{A}$ 被给定 $\mathbb{N}_K$、WM 和 $\{S_i, \mathcal{V}_i\}_{i \in I}$；
 8: $\mathcal{A}$ 进行知识攻击并返回一个 DNN $\hat{\mathbb{N}}$;
 9: $a = 0$;
10: **for** $k \in \{1, 2, \cdots, K\}/I$ **do**
11:    **if** $\mathcal{V}_k(\hat{\mathbb{N}}, S_k) = \mathtt{Pass}$ **then**
12:       $++a$;
13:    **end if**
14:    返回 $\frac{a}{K - \hat{K}}$;
15: **end for**

$$\min_{\mathcal{A}}\{\text{Indep}(\mathbb{N}, \text{WM}, \mathcal{A}, K, \hat{K})\} \tag{2.7}$$

式中，$\mathcal{A}$ 取自所有有效的对手。表 2.1 列出了在三个数据集上几种水印方法的容量和独立性估计。对于 MNIST、CIFAR10 和 CIFAR100，底层 DNN 是 ResNet-50。性能下降的上界设定为原始分类错误率。对于独立性，对手将根据最小化 $\mathcal{V}$ 准确率的梯度调整 DNN。

表 2.1　DNN 水印的高级安全要求评估（$K = 50$ 和 $\hat{K} = 5$）

水印方法方案	MNIST		CIFAR10		CIFAR100	
	容量	独立性	容量	独立性	容量	独立性
Uchida's	$\geqslant 1000$	94.1%	$\geqslant 1000$	95.3%	$\geqslant 1000$	98.2%
随机触发器	111	30.2%	312	41.0%	412	21.2%
Wonder 滤波器	194	41.3%	473	36.1%	479	12.9%
MTL-Sign	$\geqslant 1000$	79.5%	$\geqslant 1000$	78.0%	$\geqslant 1000$	77.5%

表 2.2 总结了几种攻击及其在 OV 协议下的安全性。

表 2.2　不同攻击及其在 OV 协议下的安全性

攻击	知道 WM？	知道 S？	修改 $\mathbb{N}$？	目的	安全定义
歧义	✓	✗	✗	P	式（2.5）
盲目	✗	✗	✓	P	算法 2-1
半知识	✓	✗	✓	P	算法 2-1
知识	✓	✓	✓	P	算法 2-1、算法 2-5、算法 2-6
抵制	✓	—	✗	B	算法 2-3
覆写	✓	✗	✓	P	算法 2-4

注：P 表示模型窃取，B 表示抵制合法服务。

2.3.4　OV 协议的逻辑视角

可以为 DNN 知识产权管理制定 OV 协议，如算法 2-7 所示。所有者在受保护的模型中插入 K 个独立的水印，以抵抗潜在的知识攻击。在哈希过程中，K 对证据被组织成一棵默克尔树，因此所有者在 OV 过程中不必向仲裁者展示所有 K 个水印和验证器[36]。具体地，算法 2-7 的第 6 行中的 Info_k 包含重建 $h(\{S_k, \mathcal{V}_k\}_{k=1}^K)$ 所需的最少信息，前提是已知 S_k 和 $\mathcal{V}_k$，如图 2.10 所示。

该协议的设计是为了确保在注册完成时，仲裁者确信 $h(\{S_k, \mathcal{V}_k\}_{k=1}^K)$ 的完整性。当所有者声明所有权时，仲裁者相信所有者在注册时已经拥有 S_k 和 $\mathcal{V}_k$。那么，对抗覆写攻击的安全性意味着真实的所有权。为了正式确立这两个命题，必须借助逻辑框架，该框架被用来分析加密协议的安全性。

算法 2-7   面向所有者和仲裁者的 DNN 知识产权管理 OV 协议。

输入: DNN 水印方法 WM、所有者和仲裁者之间的通信密钥 Key。

1: 所有者用 $\{S_k, \mathcal{V}_k\}_{k=1}^{K}$ 完成 DNN 的训练并添加水印;

2: 所有者向仲裁者提交注册声明;

3: 仲裁者向所有者返回一个由 Key 加密的令牌 n_0, $\langle n_0 \rangle_{\text{Key}}$;

4: 所有者向仲裁者发送 $\langle n_0, H = h(\{S_k, \mathcal{V}_k\}_{k=1}^{K}) \rangle_{\text{Key}}$;

5: 为了声明对 $\mathbb{N}$ 的所有权, 所有者向仲裁者发送 $\langle \mathbb{N}, S_k, \mathcal{V}_k, \text{Info}_k \rangle_{\text{Key}}$;

6: 仲裁者用 $h(\{S_k, \mathcal{V}_k\}_{k=1}^{K})$ 检查 S_k、$\mathcal{V}_k$ 和 Info_k, 并返回 $\mathcal{V}_k(\mathbb{N}, S_k)$。

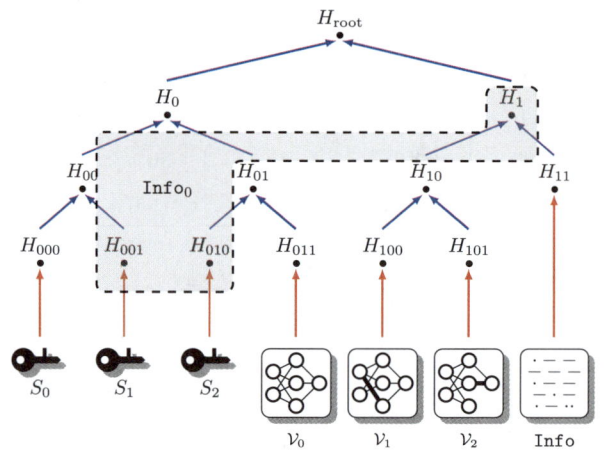

图 2.10   OV 协议中的默克尔树

逻辑框架是信念逻辑的一种变体, 描述了协议中每个参与方的信念。逻辑系统由信念逻辑中的标准化简公理和额外规则组成, 这些规则规定了额外安全原语的计算难度, 例如哈希函数的单向性。我们将额外规则纳入加密分析普通的逻辑系统, 如 BAN 逻辑和 CS 逻辑。例如, 仲裁者相信所有者控制其证据

$$\text{仲裁者相信所有者控制 } H, \tag{2.8}$$

以及运行 $\mathcal{V}$ 的结果表明所有权

$$\text{仲裁者相信 } \mathcal{V}_k(\mathbb{N}, S_k) = \text{Pass},$$

$$\frac{\text{仲裁者相信所有者说 } S_k、\mathcal{V}_k \text{ 在 } \tau}{\text{仲裁者相信所有者拥有 } \mathbb{N} \text{ 在 } \tau} \tag{2.9}$$

当出现混淆时

$$\frac{\begin{array}{l}\text{仲裁者相信所有者拥有 } \mathbb{N} \text{ 在 } \tau, \\ \text{仲裁者相信所有者}' \text{ 拥有 } \mathbb{N} \text{ 在 } \tau', \\ \tau < \tau'\end{array}}{\begin{array}{l}\text{仲裁者相信所有者拥有 } \mathbb{N} \text{ 在 } \tau, \\ \text{仲裁者相信所有者}' \text{ 窃取 } \mathbb{N} \text{ 在 } (\tau, \tau').\end{array}} \tag{2.10}$$

式（2.8）结合普通的 BAN 化简规则足以推导出仲裁者相信 H 的完整性来自 n_0 的新鲜度。式（2.9）结合 CS 逻辑规则、WM 在式（2.4）中定义的准确性，以及 h 的单向性，完成了单一所有者的所有权证明，混淆由式（2.10）处理。

值得注意的是，式（2.9）背后的假设是在抵制攻击下的安全性，而式（2.10）是在覆写攻击下的安全性的结果（这里忽略了 DNN 功能的细微差异）。尽管逻辑框架为 DNN OV 协议的分析提供了正式的视角，但我们强调提出额外规则需要对 DNN 水印方法的基本安全性进行更正式的检验。我们期待 DNN 的 OV 协议的正式分析取得显著进展。

2.3.5 高级协议的备注

除了针对单一所有者的 OV 协议，DNN 领域的商业化还需要适用于复杂场景的协议。例如，在 DNN 的购买或知识产权转移过程中，卖方必须向买方证明产品不包含卖方的水印，否则卖方可以通过抵制买方的服务来侵害买方的利益。迄今为止，没有任何 DNN 水印方法附加了检查 DNN 是否已被添加水印的模块。我们认为，**存在性**对于 DNN 商业化是不可或缺的，并期待可证明的存在性 DNN 水印的出现。

联邦学习（Federated Learning，FL）[37, 38] 是与普通单一所有者情况大相径庭的场景，多个作者合作训练一个模型而不是共享数据。联邦学习中的主要问题是，恶意方可能参与训练过程并窃取中间 DNN，必须在每个训练周期对所有作者公开模型的完整验证信息。因此，聚合器必须在训练周期开始之前注册所有权证据，这要求水印方法非常高效。实证研究表明，这种注册不会影响联邦学习的收敛性，如图 2.11 所示。使用默克尔树可以降低注册成本。

关于联邦学习中的隐私问题，每个独立的作者都希望将身份信息嵌入本地模型，并期望在模型聚合后所有权证明仍然有效。从形式上看，适用于 L 个独立作者的**可聚合**水印方法 WM 满足 $\forall l \in \{1, 2, \cdots, L\}$：

$$\begin{aligned} S_l &\leftarrow \mathcal{G}(N) \\ (\mathbb{N}_l, \mathcal{V}_l) &\leftarrow \mathcal{E}(\mathbb{N}_0, S_l) \\ \mathbb{N} &\leftarrow \text{aggregate}(\mathbb{N}_1, \mathbb{N}_2, \cdots, \mathbb{N}_L) \end{aligned} \tag{2.11}$$

$$\Pr\{\mathcal{V}_l(\mathbb{N}, S_l) = \text{Pass}\} \geqslant 1 - \epsilon(N)$$

式中, L 位作者参与联邦学习; N_0 表示聚合器分发给每位作者的 DNN; 聚合器使用 aggregate() 操作更新 DNN。

尽管已有研究集中于联邦学习的 DNN 水印, 但仍缺乏对可聚合性质的形式分析, 这种属性对于完全的隐私保护机器学习合作是不可或缺的。

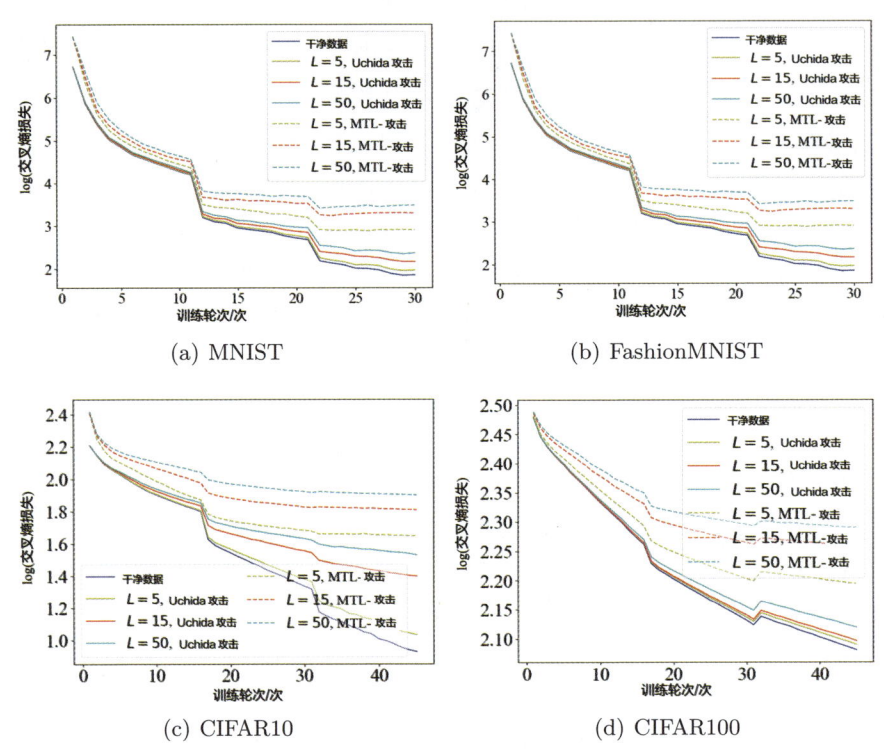

(a) MNIST

(b) FashionMNIST

(c) CIFAR10

(d) CIFAR100

图 2.11　联邦学习中的损失变化

2.4　小结

随着人们对 DNN 所有权验证的兴趣与日俱增, OV 协议已经受到了一些关注, 但其数量与此主题的重要性并不匹配。第三方是任何 DNN 水印方法中都不可或缺的角色。完整的 DNN 水印方法的设计者必须声明需要注册哪些证据以建立不可伪造的时间戳, 并证明其方案如何满足在抵制攻击和覆写攻击下的安全性要求, 并至少从经验上对容量和独立性进行详细的分析。此外, 第三方的假设、知识产权审查过程中的所有权暴露证据及隐私泄露风险, 以及对协议准确性及其是否可能被滥用以破坏合法服务的分析等课题, 此前一直未得到充分重视。显然, 对这些课题的研究将为设计更实用的 DNN 水印方法、制定领域内的标准知识产权规定和 DNN 产品商业化带来启示。

第二部分　技术篇

第 3 章

用于图像恢复的
DNN 的模型水印

，滕桓

近年来，人们对将深度学习应用于图像恢复越来越感兴趣，在底层视觉领域发布预训练的 DNN 模型已变得流行。因此，如何保护这些模型的所有者已成为一个迫在眉睫的问题。为了解决这个问题，本章介绍了作者开发的一个框架，用于对图像恢复 DNN 模型进行水印保护。图像恢复 DNN 模型与图像分类 DNN 模型在各方面都有很大的不同，这些差异给模型水印带来了挑战，但也为其提供了改进的机会。将图像去噪和图像超分辨率作为研究案例，我们提出了一种针对预训练模型的黑盒方法，该方法利用了图像恢复 DNN 的超参数化属性。此外，我们还引入了一种水印可视化方法，用于主观验证。

3.1 引言

随着深度学习的迅速发展，DNN 成为各种图像恢复问题的强大解决方案，被应用于图像去噪[39-42]、超分辨率[43-46]、去模糊[47-50]、去雨[51-54] 等多个领域。训练一个用于图像恢复的大型 DNN 模型可能需要大量的计算资源（如数百块昂贵的 GPU），并且需要花费大量时间来处理大量的训练数据（如数百万张图片）。因此，共享预训练 DNN 模型已成为社区的一种趋势。此外，公司和研究机构出于商业用途，对自己发布的预训练模型进行收费也成为一种趋势。

考虑到 DNN 训练在计算资源、人力和训练数据收集方面的成本，预训练 DNN 模型的所有者无疑对其拥有知识产权。为防止知识产权侵权，将水印嵌入 DNN 中的方法[18] 应运而生，这种方法将水印信息隐藏到目标中，被广泛应用于识别音频、图像和视频等数字媒体的知识产权。DNN 在结构和属性上与数字媒体差异较大，现有的数字媒体水印技术不适用于 DNN 模型。

近年来，DNN 的模型水印受到越来越多的关注，人们提出了黑盒和白盒两种方法，黑盒方法[20, 55-57] 比白盒方法[18, 58] 具有更高的实用性和更好的隐私性，因为黑盒方法中的水印提取器对可疑 DNN 的模型权重是盲的。现有的模型水印方法大多数聚焦于图像识别（如分类）DNN，图像恢复 DNN 则被忽视了。随着 DNN 在底层视觉的图像恢复任务中的应用越来越广泛，为图像恢复 DNN 开发模型水印方法（尤其是黑盒方法）具有重要价值。

不幸的是，现有的为图像识别 DNN 设计的黑盒方法不能直接应用于图像恢复 DNN，这是因为两种 DNN 存在根本差异。首先，图像识别 DNN 输出的是标签，而图像恢复 DNN 输出的是图像，图像包含的结构比标签向量丰富得多。其次，图像识别 DNN 编码了不同类别之间的决策边界，而图像恢复 DNN 编码了潜在（真实）图像的低维流形，常用于识别 DNN 的黑盒方法的决策边界周围的对抗样本无法迁移到图像恢复 DNN 的水印中。最后，由于图像恢复 DNN 的深度通常比图像识别 DNN 浅，因此图像恢复 DNN 的过度参数化程度通常比图像识别 DNN 低，这给水印处理带来了挑战。

本章将介绍一种用于图像恢复 DNN 模型水印的黑盒框架[13]。该框架涵盖了水印方法的所有主要元素，但由于各种图像恢复任务的特性不同，因此很难有一种适用于所有图像恢复任务的通用方法。我们将两种最常见的图像恢复任务——图像去噪和图像超分辨率——作为案例来展示该框架的使用方法。作为图像恢复中的核心技术，图像去噪在许多底层视觉任务中被广泛使用，例如，被图像恢复方法作为关键的内部过程调用[39, 40, 42, 59-61]。图像超分辨率也是一种被广泛应用的重要图像恢复任务，DNN 在此领域取得了巨大成功[44]。实际上，超分辨率是开发新的图像恢复 DNN 的试验场[43-45, 62, 63]。

本章介绍的是第一个研究图像到图像 DNN 的基本规则和原理的工作[13]，也是第一个通过黑盒方法解决这个问题的工作。它不仅能在图像恢复 DNN 上高效地嵌入水印，还能仅通过一个请求（即单个触发器）远程识别水印，无须访问模型权重。此外，它还引入了一个辅助知识产权可视化器，用于将水印数据（在案例中为随机图像）转换为具有视觉意义的知识产权图像，以便通过主观检查和客观视觉质量测量被进一步验证。

3.2 相关研究工作

当前，对 DNN 模型水印的研究不断增加，特别是在图像识别 DNN 领域[18, 55, 56, 58]，本节对相关研究进行回顾。根据提取水印时是否可以访问 DNN 模型的权重，现有方法可以分为白盒方法和黑盒方法。

3.2.1 白盒方法

白盒方法假设提取水印时可以访问模型的权重，适用于模型权重公开的情况（如开放项目），或者模型权重可以向可信第三方开放的情况。白盒方法的一个基本思想是直接将水印信息嵌入模型权重。

Uchida 等人[18] 所做的一项开创性工作是 DNN 模型的白盒方法，为模型水印制定了若干原则。他们提议将比特字符串编码的水印嵌入 DNN 某些层的权重，该过程通过调整预训练模型完成，使层权重可以在学习到的线性变换下映射到水印上。完成这一步后，水印提取就很简单了：先将学习到的线性变换应用于层权重，再通过阈值处理进行验证。这种方法有两个弱点：首先，水印大小受模型权重的限制，对于轻量级 DNN，可能效果有限；其次，通过在模型中写入另一个水印或改变模型的权重，嵌入的水印可能很容易被擦除。

Rouhani 等人[58] 提出了一种完全不同的方法。首先，从高斯混合中采样特定的触发器密钥，并生成一组随机比特字符串作为水印。然后，调整模型权重，使特定输入可以稳健地在模型的中间激活图的概率密度函数范围内触发水印。最后，向可疑模型输入触发器密钥来提取水印，通过检查模型激活的概率密度函数进行验证。这种方法中的水印被嵌入动态统计数据，而不是静态模型权重中，对水印覆写攻击的阻抗更高。此外，通过增加触发器密钥的数量，可以调节水印的大小。

3.2.2 黑盒方法

黑盒方法假设在水印提取过程中模型权重是可见的，这种特性使黑盒方法适用于模型权重被加密的隐私限制情况，以及 DNN 作为网络服务或 API 发布的远程验证情况。黑盒方法通常通过特定的模型输入和预期的模型输出来编码水印，嵌入是通过微调模型完成的，以将特定的触发器密钥映射到它们关联的水印中，然后验证是否存在预期的输入输出关系。

Merrer 等人[55] 提议将对抗样本作为触发器密钥，将类别标签作为水印，通过微调模型来正确分类对抗样本。通过仔细地调整决策边界，可以让模型很好地适应对抗样本。由于对抗样本在统计上不稳定，这种调整会使决策边界复杂化，出现波动，因此对简化和平滑决策边界的模型压缩来说，嵌入可能很脆弱。此外，由于对抗样本通常接近训练数据，嵌入的水印对于围绕训练样本恢复原始决策边界的模型微调并不稳健。

Adi 等人[56] 提出了解决上述问题的方法，通过彼此无关且与训练样本无关的抽象图像构建触发器密钥，并随机分配标签。根据经验，这种方法能更好地抵抗微调攻击，然而，抽象图像的空间可能非常大，以至于可以容易地找到与其他有意义的水印重合的另一组图像。为了解决这个问题，Guo 等人[57] 提出通过修改一些带有模型所有者签名的训练图像来生成触发器密钥。

Zhang 等人[20] 结合了几种不同的触发器密钥生成策略以提高水印验证的稳健性，包括将有意义的内容嵌入原始训练数据、使用无关类别的独立训练数据和注入预设噪声。水印被定义为根据触发器密钥预测出的错误标签或无关标签。

3.3 问题定义

3.3.1 符号和定义

$\mathbb{N}(\cdot; \boldsymbol{W})$ 表示由 $\boldsymbol{W}$ 参数化的某个图像恢复任务的 DNN 模型，它将输入的低视觉质量的退化图像映射到高视觉质量的恢复图像。

$\boldsymbol{W}_0$ 表示由一组图像 $\mathbb{X}$ 训练得到的 $\mathbb{N}$ 的参数，$\boldsymbol{W}^*$ 表示添加水印后的 $\mathbb{N}$ 的参数，$\mathbb{T}$ 表示所有可能的触发器密钥的空间，$\mu(\cdot)$ 表示某种图像的视觉质量测量，例如峰值信噪比（Peak Signal-to-Noise Ratio，PSNR）、加权 PSNR[64] 或结构相似性（Structural SIMilarity，SSIM）指数[65]。

黑盒方法主要包括三部分[13]。

- 水印生成：生成触发器密钥 $\bar{\boldsymbol{T}} \in \mathbb{T}$ 和水印 $\bar{\boldsymbol{S}}$。
- 水印嵌入：调整宿主 DNN 模型以携带水印，即寻找 $\boldsymbol{W}^*$，使 $\mathbb{N}(\bar{\boldsymbol{T}}; \boldsymbol{W}^*) = \bar{\boldsymbol{S}}$。
- 水印验证：检查在可疑模型 $\mathbb{N}' \in \mathbb{M}$ 上是否存在水印，即检查是否满足 $\mathbb{N}'(\bar{\boldsymbol{T}}) = \bar{\boldsymbol{S}}$。

3.3.2 图像恢复 DNN 模型水印的原则

以下是图像恢复 DNN 模型水印的原则[13]。

- 保真度。为了使水印具有意义，在嵌入水印后，宿主模型的恢复精度不应显著下降：

$$\mu(\mathbb{N}(\boldsymbol{X}; \boldsymbol{W}^*)) \approx \mu(\mathbb{N}(\boldsymbol{X}; \boldsymbol{W}_0)), \quad \text{s.t. } \forall \boldsymbol{X} \in \mathbb{X}. \tag{3.1}$$

- 唯一性。在没有相关知识的情况下，不太可能找到另一个同样任务的 DNN 模型能够将触发器密钥映射到水印：

$$\forall \boldsymbol{T} \in \mathbb{T}, \mathbb{N}'(\boldsymbol{T}; \boldsymbol{W}') = \mathbb{N}(\boldsymbol{T}; \boldsymbol{W}^*) \text{ iff } \mathbb{N}' = \mathbb{N} \text{ and } \boldsymbol{W}' = \boldsymbol{W}^*, \quad (3.2)$$

式中，$\boldsymbol{W}'$ 表示尚未根据 $(\boldsymbol{T}, \mathbb{N}(\boldsymbol{T}; \boldsymbol{W}'))$ 调整的参数。这种特性是为了避免攻击者提出虚假的所有权主张。

- **稳健性**。即使在中等强度的模型的攻击下，也能正确识别水印。即对于 $\boldsymbol{W}^*$ 的任意小的扰动 ε，有

$$\mathbb{N}(\boldsymbol{T}; \boldsymbol{W}^* + \varepsilon) \approx \mathbb{N}(\boldsymbol{T}; \boldsymbol{W}^*). \quad (3.3)$$

- **效率**。水印嵌入和水印验证的计算效率都很高。通常来说，在时间和计算资源方面，它们花费的成本应远低于训练原始模型。
- **容量**。在保真度约束下，模型水印算法应嵌入足够的（或尽可能多的）水印信息，以最大限度地提高验证的稳健性。

3.3.3 针对模型水印的模型导向攻击

模型导向攻击尝试通过修改宿主模型的权重来破坏水印。以下是现有研究中常考虑的三种模型导向攻击。

- **模型压缩**。攻击者可以通过减少模型参数来移除水印，这是因为水印嵌入通常依赖 DNN 的过度参数化满足保真度约束。模型压缩通常通过将小权重归零来实现，以避免涉及任何额外的训练过程。
- **模型微调**。攻击者可以在新的训练数据上调整水印模型的参数，以提高其在测试数据上的性能，这可能会严重破坏嵌入的水印。
- **水印覆写**。攻击者可以使用相同或类似的水印算法，在水印模型中写入一个或多个额外的水印，以破坏原始水印。

3.4 提出的方法

3.4.1 主要思路和框架

我们基于图像恢复和深度学习的基本机制提出了一种方法[13]。回想一下，数组形式的图像（或图像块）可以被视为高维向量空间中的一个点。在图像恢复中，通常假设待恢复的图像（或图像块）位于高维向量空间中的某些低维流形上，许多图像恢复任务会将输入图像（或图像块）投射到这样的流形上[60, 66-68]。对于基于深度学习的图像恢复任务，由于图像内容可能差异很大，因此不太可能收集到足够覆盖所有可能图像的重要方面的训练样本。图像恢复 DNN 只能学习到低维流形的部分视图，即至少接近一些训练数据点的流形区域，用 $\mathbb{B}$ 表示这些区域。当将训练好的 DNN 应用于处理未见过的图像时，如果这些图像位于区域 $\mathbb{B}$ 中，那么结果将不会太差。

给图像恢复 DNN 模型添加水印的基本思路是[13]，通过微调模型来操控模型在特定域 $\mathbb{D}$ 中的预测行为，使修改后的模型在特定域 $\mathbb{D}$ 的输出图像近似于预定义的结果，

如图 3.1 所示。实际上，特定域 $\mathbb{D}$ 构成了所有可能的触发器密钥的空间，预定义的结果则作为水印。相应地，水印验证可以通过检查触发器密钥是否导致可疑模型中的相应水印来完成。

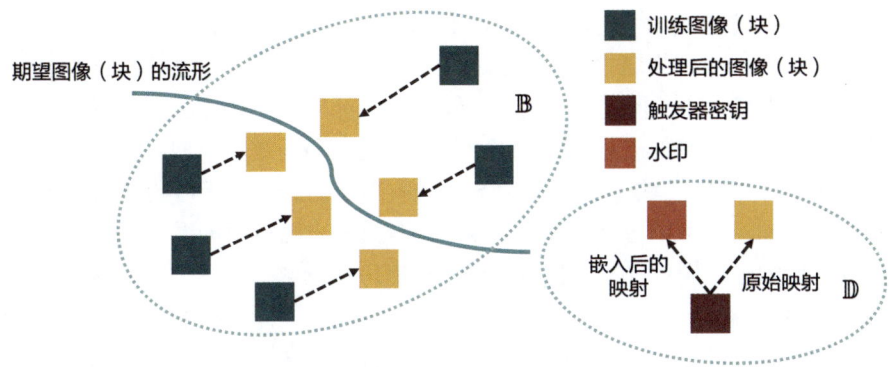

图例：
- 训练图像（块）
- 处理后的图像（块）
- 触发器密钥
- 水印

期望图像（块）的流形
$\mathbb{B}$
嵌入后的映射　原始映射　$\mathbb{D}$

图 3.1　基于图像恢复 DNN 的黑盒方法的基本思路[13]

根据上述思路，我们提出了用于图像恢复 DNN 的模型水印的黑盒框架，如图 3.2 所示。给定某个所有者的宿主 DNN 模型，首先生成一个触发图像（触发器密钥）和一个初始水印。在水印嵌入过程中，使用触发图像调整宿主模型的权重。然后将触发图像输入水印模型，并通过输出来更新水印，触发图像和水印由所有者保留。在水印验证过程中，验证者将所有者的触发图像输入可疑 DNN 模型中，并将模型的输出与所有者的水印进行比较，做出判断。

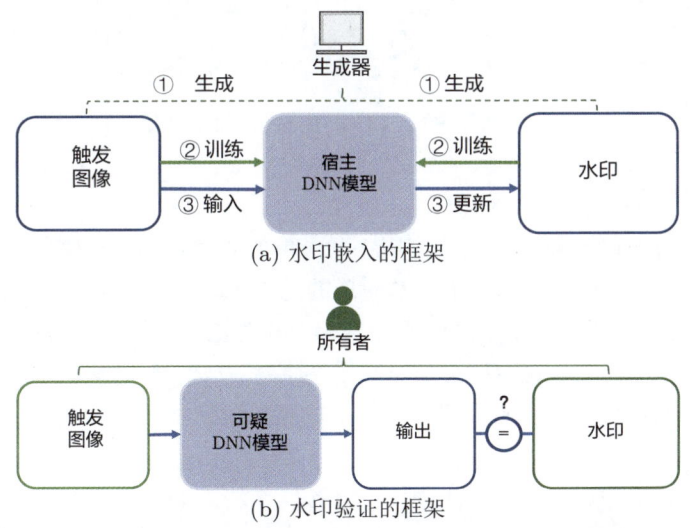

图 3.2　用于图像恢复 DNN 的模型水印的黑盒框架

3.4.2 触发器密钥生成

在上述方案中，需要解决两个关键问题：定义构建触发器密钥的特定域 $\mathbb{D}$、定义用于生成水印的预定义结果。

直观地说，特定域 $\mathbb{D}$ 应该远离区域 $\mathbb{B}$，因为在这种情况下，当处理靠近区域 $\mathbb{B}$ 的图像（块）时，对特定域 $\mathbb{D}$ 上模型的行为的操控很可能对模型行为的影响微乎其微，这有利于提高水印的保真度；反之亦然，水印嵌入对使用区域 $\mathbb{B}$ 上的数据（如原始训练图像或类似图像）进行模型微调不敏感，这有利于提高模型应对微调攻击的稳健性。特定域 $\mathbb{D}$ 远离区域 $\mathbb{B}$ 的要求意味着触发器密钥在统计上需要与训练图像和测试图像大不相同，这可以通过将随机图像（即具有完全随机值的图像）作为触发器密钥来实现，因为这种图像在图像恢复中极不可能出现。

$\mathcal{U}(a,b)$ 表示区间 $[a,b]$ 上的均匀分布，$\boldsymbol{T}$ 表示从独立同分布的均匀分布中采样的触发器密钥：

$$\boldsymbol{T}(i,j) \sim \mathcal{U}(0,1). \tag{3.4}$$

这种随机过程允许高效地将密钥分配给不同的所有者，而且假设 $\boldsymbol{T}$ 足够大，两个所有者被分配到非常相似的触发器密钥的可能性很小。

图 3.3 展示了一些由式 (3.4) 生成的触发器密钥，它们与常见应用中的图像大不相同。换句话说，水印嵌入的数据将不同于原始图像恢复任务和日常微调任务的数据。

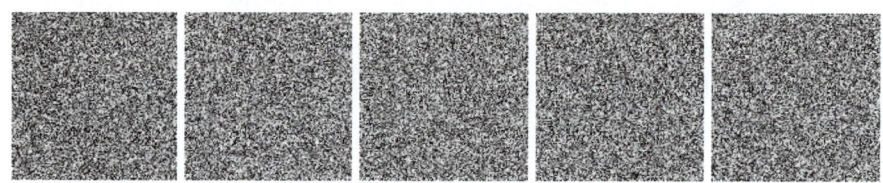

图 3.3　由式 (3.4) 生成的触发器密钥

3.4.3 水印生成

水印是通过对触发器密钥图像应用一些简单的非学习型图像恢复方法 $\mathcal{G}(\cdot)$ 来构建的。$\boldsymbol{S} = \mathcal{G}(\boldsymbol{T})$ 表示与触发器密钥 $\boldsymbol{T}$ 对应的期望水印。一方面，考虑到水印的保真度，$\mathcal{G}$ 应该被定义为执行与宿主 DNN 模型相似的功能。否则，水印嵌入会修改 DNN 模型，以包含新的功能，这可能会与原始任务冲突，从而显著降低模型的性能。另一方面，考虑到水印的可识别性和唯一性，$\mathcal{G}$ 的定义应使 $\boldsymbol{S}$ 和原始模型输出之间的差值最大化。

可以看出，$\mathcal{G}$ 的定义取决于任务，我们将图像去噪和图像超分辨率两个任务作为案例来研究。

对于图像去噪任务，$\mathcal{G}$ 被定义为一个简单的平滑操作符：

$$\mathcal{G}(\boldsymbol{T}) = \boldsymbol{T} - \nabla \boldsymbol{T}, \tag{3.5}$$

式中，∇ 表示梯度运算符。水印 S 是触发器密钥图像的简单平滑版本，平滑操作符减少了图像中的噪声，使用 S 的水印嵌入不会与图像去噪任务矛盾。因此，水印嵌入引起的性能损失预计会很小。此外，一个训练良好的去噪 DNN 应该是一种复杂的自适应平滑操作符，其性能远优于简单的平滑操作符 $\mathcal{G}$，并且它们在触发器密钥图像上的结果也大相径庭。这样一来，嵌入的水印就可以被区分出来了。

参考类似的方法，图像超分辨率 DNN 的水印生成建立在线性插值与梯度增强的基础上：

$$\mathcal{G}(T) = \widehat{T} + \nabla\widehat{T}, \tag{3.6}$$

式中，$\widehat{T}$ 是通过线性插值对 T 进行上采样得到的结果，这个操作可以提高数据的分辨率，但其结果与训练良好的超分辨率 DNN 生成的结果存在显著差异。因此，嵌入的水印能够被有效区分。

用于识别 DNN 水印的黑盒方法通常将触发器密钥映射到一个类标签，即每个触发器密钥嵌入一位水印。因此，应使用多个触发器密钥来嵌入足够的水印信息。与识别 DNN 不同，图像恢复 DNN 是图像到图像的映射。从本质上讲，这种 DNN 上的水印是嵌入图像块中的。因此，多个块形式的图像触发器密钥可以嵌入多位水印，为验证宿主 DNN 模型提供足够的水印信息。

此外，我们提出的方法使用多个触发器密钥，其原理类似于将这些触发器密钥图像堆叠为一个更大的图像。这种方式只需调用一次可疑模型即可完成水印验证（也称为一次性请求），在需要考虑效率的情况下尤为有用，例如远程验证。

3.4.4　水印嵌入

回顾一下，图像恢复 DNN 的宿主模型由 $\mathbb{N}(\cdot; W)$ 表示。水印嵌入利用触发器水印对 (T, S) 和原始训练数据的 (输入, 真实) 图像对 $\{(X_i, Y_i)\}_i$ 来微调模型权重 W，损失如下：

$$L(W) = \sum_i \|\mathbb{N}(X_i; W) - Y_i\|_2^2 + \lambda\|\mathbb{N}(T; W) - S\|_2^2, \tag{3.7}$$

式中，$\lambda \in \mathbb{R}^+$ 控制嵌入的强度。添加水印的模型的权重可以表示为

$$W^* = \arg\min_W L(W). \tag{3.8}$$

式 (3.7) 右侧的第一项是保真度损失，用来衡量模型性能的损失，第二项是嵌入损失，用来衡量嵌入水印的准确性。增加 λ 会降低模型性能，而性能的下降会削弱水印的稳健性。可以看出，水印嵌入不仅需要 $\mathbb{N}(T)$ 良好地近似期望水印 S，而且需要 $\mathbb{N}$ 在其原始训练数据上表现良好。

停止带有水印嵌入目的的模型微调，直至式 (3.7) 右侧第一项的值足够小。与原始模型训练的高成本相比，这种微调过程的计算成本是可以接受的。一旦 $\mathbb{N}$ 被训

练好，为了保持一致性，水印 S 会更新为 $\mathbb{N}(T; W^*)$。人们可能会担心，对于两个功能非常相似并使用不同密钥 T_1, T_2 的水印模型 $\mathbb{N}_1(\cdot; W_1^*), \mathbb{N}_2(\cdot; W_2^*)$，是否存在 $\mathbb{N}_1(T_1; W_1^*) \approx \mathbb{N}_2(T_2; W_2^*)$。幸运的是，通常不会出现这种情况，因为水印嵌入后，初始的 S 非常接近 $\mathbb{N}(T; W^*)$，且 (T_1, S_1) 和 (T_2, S_2) 之间的差异很大。

3.4.5 水印验证

对于一个模型 $\mathbb{N}$，可以通过给定所有者的 (触发器, 水印) 对 (T, S) 来验证其所有权。将触发器密钥 T 输入 $\mathbb{N}$，就可以得到图像 $S' = \mathbb{N}(T)$。这是通过模型的一次前向传递完成的，非常高效。如果 S' 与 S 的距离小于某个预定义的阈值 η，则能确认模型的所有权。具体来说，可以使用以下标准：

$$d(S, S') = \frac{1}{\#(S)} \| S' - S \|_2 \leqslant \eta, \tag{3.9}$$

式中，$\#(\cdot)$ 计算元素数量，且 S、S' 被归一化到 $[0, 1]$，使 $d(S, S') \in [0, 1]$。

阈值 η 是验证中可以忽略误差的界限，我们提供了以下方案[13] 来设定 η 的适当值。设 $E = S - S'$，假设对所有的 i, j，$E(i, j) \sim \mathcal{N}(0, (\frac{1}{4})^2)$，即 S 与 S' 的误差遵循独立同分布的零均值正态分布，标准差为 $1/4$，原因是被来自 $\mathcal{N}(0, (\frac{1}{4})^2)$ 采样的加性高斯白噪声污染的图像噪声很大，但仍可辨识，如图 3.4 的奇数列所示，其中偶数列为清晰图像。由于每个 $E(i, j)$ 的平方仍然是独立的并且服从相同的伽马分布 $\Gamma(1/16, 1/128)$，因此有 $Z = \sum_{i,j} [E(i, j)]^2 \sim \Gamma(\#(S)/2, 1/8)$。将 Z 视为一个随机变量，采用 p 值方法，并设定 $p < 0.05$ 来确定其值。换句话说，我们需要找到 β 使 $P[Z \leqslant \beta] < 0.05$，或等价地找到 η，使 $P[d(S, S') \leqslant \eta] < 0.05$，以便安全地拒绝 S 与 S' 相似的假设。通过直接计算，得到 $\eta = 6.07 \times 10^{-3}$。

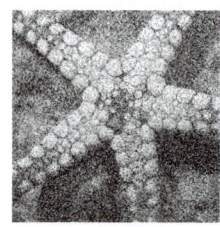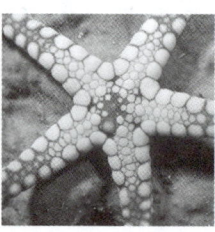

图 3.4　清晰图像与高斯噪声生成的损坏版本对比

3.4.6 辅助知识产权可视化器

迄今为止，水印都是以随机图像的形式存在的，在视觉上没有任何意义，只是用于验证的位字符串。如果能有一种方法生成具有视觉意义的水印，就可以进行主观验证。我们的研究[13] 提出了一种解决方案，即训练一个生成网络 $f : \mathbb{R}^{M_1 \times N_1} \to \mathbb{R}^{M_2 \times N_2}$，通过最小化输出与知识产权图像之间的 MSE 损失，将水印 S 映射到一个可识别的知识产权图像上。生成网络 f 充当知识产权可视化器，其网络结构[13] 如图 3.5 所示。这种辅助工具实际上是知识产权图像的存储器，可以通过水印 S 来唤起并输出相关的知识产权图像，而对于其他输入图像则不激活，只输出一个视觉上无意义的图像。在实际使用过程中，模型所有者或第三方会保存训练好的 f。在水印验证过程中，它可以用来检查可疑模型是否输出了所有者的知识产权图像。这种方法也可以应用于其他 DNN 模型水印。

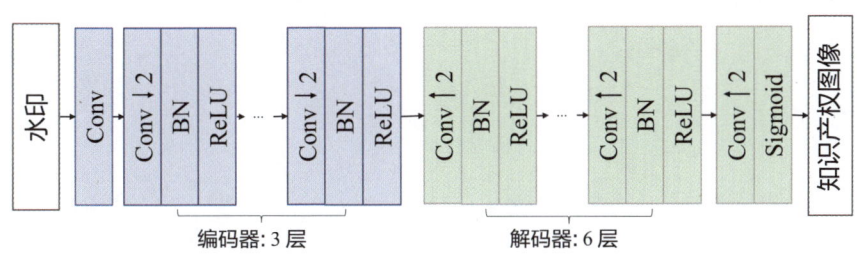

图 3.5　辅助可视化器的网络结构

作为一个简单的示例，图 3.6 显示了在模型压缩、模型微调和水印覆写等不同攻击下从模型中提取水印（定义为知识产权图像）的一些可视化结果。可以看到，提取的水印对这些攻击是稳健的。我们还使用将一个不相关的触发器密钥作为输入提取的水印，这种水印是一个无意义的图像。上述结果证明了所提方法具有很强的稳健性和独特性。

(a)原始知识产权图像　　(b)10% 剪枝的压缩　　(c)40% 剪枝的压缩

(d)在原始数据集上进行 10 轮微调　　(e)在原始数据集上进行 50 轮微调

(f)在纹理数据集上进行 10 轮微调　　(g)在纹理数据集上进行 50 轮微调

(h)使用新的触发器密钥覆写　　(i)使用无关的触发器密钥覆写

图 3.6　使用辅助可视化器在 DnCNN 模型[41] 上输出的水印数据（以图像形式）

3.5 小结

随着计算机视觉社区中 DNN 模型发布和共享的日益盛行，人们越来越需要采用模型水印技术来保护训练好的 DNN 模型的知识产权。本章介绍了在图像恢复 DNN 模型水印方面的研究工作，提出了一种有效的黑盒框架，同时展示了其在图像去噪和图像超分辨率方面的实际应用，引入了知识产权可视化器以进一步验证主观水印。该框架和知识产权可视化器是通用的，应用在其他图像处理任务中具有较大的潜力。

第 4 章
CHAPTER 4

稳健和无害的模型水印

李一鸣，朱玲晖，白杨，姜勇，夏树涛

　　获取性能良好的 DNN 通常需要进行数据收集和程序训练，成本高昂。因此，所有者对这些 DNN 拥有宝贵的知识产权。然而，相关文献表明，即使对手没有训练样本和关于受害者模型的信息，也可以通过获取功能类似的副本轻松 "盗用" 模型。本章将介绍一种基于假设检验的模型所有权验证方法，并设计一种稳健和无害的模型水印。特别是，我们的模型水印在复杂的盗用过程中持续存在，并且不引入额外的安全风险。具体来说，我们的防御包括三个主要阶段。首先，通过样式转移修改一些训练样本来对模型添加水印。然后，训练一个元分类器，根据模型梯度来确定一个可疑模型是不是盗用的。最后，通过假设检验来判断模型的所有权。在 CIFAR-10 和 ImageNet 数据集上的广泛实验验证了我们的方法在集中训练和联邦学习中的有效性。

4.1 引言

DNN 凭借出色的性能和效率, 被广泛应用于关键任务[69-71]。然而, 研究表明, 表现良好的 DNN 可以被轻松"盗用", 并在未经授权的情况下被使用。这种威胁被称为模型窃取 (Model Stealing)[72], 可能发生在已部署的模型上, 当盗用者能够访问源文件时, 他们可以直接复制并使用受害者的模型。因此, 模型窃取对模型所有者构成了现实的威胁。

本章将讨论如何基于所有权验证防御模型窃取。给定一个可疑模型, 判断它是不是从受害者模型中窃取的。现有的模型水印可能误判, 无法在复杂的窃取过程中生存, 甚至可能引入新的安全风险。根据对现有案例的分析, 我们提出了一种用于所有权验证的稳健和无害的模型水印方法, 该方法包括三个主要阶段: 嵌入外部特征的模型水印、训练所有权元分类器, 以及通过假设检验来验证模型所有权。首先, 通过样式转移修改一些训练样本, 嵌入外部特征来对模型进行水印处理。由于只更改了少数图像, 并没有重新分配它们的标签, 因此嵌入的外部特征对受害者模型的学习影响较小。然后, 训练一个元分类器, 根据受害者模型及其良性版本的梯度来判断可疑模型是不是窃取者。最后, 设计一种基于假设检验的方法, 进一步提高验证的置信度。经过广泛的实验, 验证了该方法在集中训练和联邦学习两种环境中的有效性。

本章内容基于会议论文[8], 将我们提出的方法推广到了联邦学习的场景, 并提供了更多的讨论和实验。

4.2 相关研究工作

4.2.1 模型窃取

模型窃取生成一个功能类似的模型替代品来"窃取"模型所有者的知识产权。目前, 根据对手的能力水平, 模型窃取方法可以分为以下三种类型。

- **数据集可访问攻击** ($\mathcal{A}_D$)。对手可以访问训练数据集, 但他们只能查询受害者模型。对手可以利用知识蒸馏[73] 获得一个替代模型。

- **模型可访问攻击** ($\mathcal{A}_M$)。对手可以完全访问受害者模型。例如, 当受害者模型被开源时, 这些攻击就可能发生。对手可以通过无数据知识蒸馏[74] 获得一个功能类似的副本, 或者根据少量的本地样本调整受害者模型。通常来说, 这些攻击可以为对手节省从头开始训练模型所需的大量资源。

- **仅查询攻击** ($\mathcal{A}_Q$)。对手只能查询模型。根据模型预测的类型不同, 这种攻击还包括标签查询攻击[75-77] 和对数查询攻击[72, 78] 两个子类别。具体来说, 前者使用受害者模型标注一些未标记的样本, 并基于此来训练模型。后者通过最小化预测的对数与受害者模型的对数之间的距离进行模型窃取。

4.2.2　针对模型窃取的防御

针对模型窃取的防御措施可以分为两类——非验证防御和验证防御（如数据集推理和基于后门的模型水印）。

1. 非验证防御

非验证防御通常通过修改受害者模型的结果来增加模型窃取的难度，以此降低被窃取的风险。例如，对概率向量四舍五入[72]、向模型预测中添加噪声[79] 或只返回最有信心的标签[78]。然而，这些防御措施可能会显著降低模型的性能，甚至可能被自适应攻击[80] 绕过。其他方法[81-83] 通过识别恶意查询来检测模型窃取，但只能检测某些特定的查询模式，而这些模式可能不会被使用。

2. 数据集推理

据我们所知，这是第一种也是唯一一种基于验证的方法，可以同时防御不同类型的模型窃取。一般来说，数据集推理旨在识别可疑模型是否包含受害者模型从其私有训练数据集中学习到的固有特征的知识。具体来说，给定一个 K 分类问题，对于每个样本 $(\boldsymbol{x}, y)$，首先计算出每个类 t 的最小距离 $\boldsymbol{\delta}_t$

$$\min_{\boldsymbol{\delta}_t} d(\boldsymbol{x}, \boldsymbol{x} + \boldsymbol{\delta}_t), \text{ s.t., } V(\boldsymbol{x} + \boldsymbol{\delta}_t) = t, \tag{4.1}$$

式中，$d(\cdot)$ 表示距离度量；每个类的距离 $\boldsymbol{\delta} = (\boldsymbol{\delta}_1, \boldsymbol{\delta}_2, \cdots, \boldsymbol{\delta}_K)$ 可以被视为样本 $(\boldsymbol{x}, y)$ 的特征嵌入。之后，随机选择一些位于私有数据集内部（标记为 "+1"）或外部（标记为 "−1"）的样本，并使用特征嵌入来训练一个二元元分类器 C。为了判断一个可疑模型是不是从受害者模型中窃取的，可以分别嵌入私有样本和公共样本生成的特征，并在此基础上通过元分类器 C 进行假设检验。然而，当用于训练可疑模型的样本与受害者模型使用的样本具有相似的潜在分布时，数据集推理容易出现误判。这主要是因为，如果不同的 DNN 的训练样本具有一些相似性，那么它们仍然可以学习到相似的特征，这种缺陷使数据集推理的结果不可靠。

3. 基于后门的模型水印

基于后门的模型水印的主要目的是检测模型窃取（如直接复制模型），而不是识别模型窃取。基于后门的模型水印与数据集推理有一些相似之处[20, 25, 84]，因此可以作为针对模型窃取的潜在防御手段。这些方法通过让水印模型错误地分类一些训练样本进行所有权验证。具体来说，先采用后门攻击[85-87] 为受害者模型添加水印，再验证模型所有权。一般来说，后门攻击可以通过三个核心特征来确定，包括触发模式 $\boldsymbol{t}$、攻击者预定义的毒化图像生成器 $G(\cdot)$，以及目标类 y_t。给定良性训练集 $\mathcal{D} = \{(\boldsymbol{x}_i, y_i)\}_{i=1}^{N}$，后门攻击者将从 $\mathcal{D}$ 中选择一个随机子集（如 $\mathcal{D}_s$）来生成其毒化版本 $\mathcal{D}_p = \{(\boldsymbol{x}', y_t) | \boldsymbol{x}' = G(\boldsymbol{x}; \boldsymbol{t}), (\boldsymbol{x}, y) \in \mathcal{D}_s\}$。不同的攻击可能会指定不同的 G，例如 BadNets[85] 中使用的是 $G(\boldsymbol{x}; \boldsymbol{t}) = (1 - \boldsymbol{\lambda}) \otimes \boldsymbol{x} + \boldsymbol{\lambda} \otimes \boldsymbol{t}$，而在文献 [88–90] 中，$G(\boldsymbol{x}; \boldsymbol{t})$ 被指定为依赖图像的生成器。

在获得 $\mathcal{D}_p$ 之后，$\mathcal{D}_p$ 和剩余的良性样本 $\mathcal{D}_b \overset{\mathrm{d}}{=} \mathcal{D} \backslash \mathcal{D}_s$ 将被用于训练模型

$$\min_{\boldsymbol{\theta}} \sum_{(\boldsymbol{x},y) \in \mathcal{D}_p \cup \mathcal{D}_b} L(f_{\boldsymbol{\theta}}(\boldsymbol{x}), y). \tag{4.2}$$

在所有权验证中，与数据集推理类似，防御者可以检查可疑模型在预测 y_t 时的行为。具体来说，如果毒化数据的预测概率显著高于其良性版本，则可以认为可疑模型具有特定的后门水印，因此是从受害者模型中窃取的。然而，这些方法在检测模型窃取方面的效果有限，尤其是对于那些窃取过程复杂的模型，这主要是因为窃取后隐藏的后门被修改了。

4.3 重审现有的模型所有权验证

数据集推理和基于后门的模型水印都存在一些有问题的假设，这可能导致实际结果不尽如人意，本节将进行验证。

4.3.1 数据集推理的局限性

1. 设置

本节以 CIFAR-10[91] 数据集为例，讨论 VGG[92] 和 ResNet[93]。具体来说，将原始训练集 $\mathcal{D}$ 随机分为两个大小相等的不相交子集 $\mathcal{D}_l$ 和 $\mathcal{D}_r$。然后，在 $\mathcal{D}_l$ 上训练一个 VGG 模型，在 $\mathcal{D}_r$ 上训练一个 ResNet 模型。同时，在 $\mathcal{D}_l$ 上训练一个加噪声的 VGG（$\mathcal{D}'_l \overset{\mathrm{d}}{=} \{(\boldsymbol{x}',y)|\boldsymbol{x}' = \boldsymbol{x} + \mathcal{N}(0,16), (\boldsymbol{x},y) \in \mathcal{D}_l\}$）模型作为参考。验证 VGG-$\mathcal{D}_l$ 和 VGG-$\mathcal{D}'_l$ 是不是从 ResNet-$\mathcal{D}_r$ 中窃取的，以及 ResNet-$\mathcal{D}_r$ 是不是从 VGG-$\mathcal{D}_l$ 中窃取的。此外，使用 p 值作为评估指标，这是现有模型所有权验证方法中的建议。p 值越大，数据集推理对可疑模型来自受害者模型的可信度越低。

2. 结果

如表 4.1 所示，即使训练样本的数量只有原始训练样本的一半，所有模型仍然具有很高的准确性。特别是，所有 p 值都远小于 0.01，即数据集推理认为这些模型都是从受害者模型中窃取的。在所有案例中，可疑模型不应被视为是从受害者模型中窃取的，因为受害者模型和可疑模型是在不同的样本上使用不同的模型结构训练出来的。结果表明，**数据集推理可能会做出错误判断**。此外，VGG-$\mathcal{D}_l$ 的 p 值小于 VGG-$\mathcal{D}'_l$ 的 p 值，这很可能是因为 $\mathcal{D}'_l$ 的潜在分布与 $\mathcal{D}_r$ 的分布（与 $\mathcal{D}_l$ 相比）有更大的差异，因此模型学习到了更不同的特征。这也揭示了误判主要是由于受害者模型和可疑模型使用的训练样本的分布相似造成的。

表 4.1　受害者模型的测试准确率和验证过程的 p 值

对比项目	模型		
	ResNet-$\mathcal{D}_r$	VGG-$\mathcal{D}_l$	VGG-$\mathcal{D}'_l$
测试准确率	88.0%	87.7%	85.0%
p 值	10^{-7}	10^{-5}	10^{-4}

4.3.2 基于后门的模型水印的局限性

直观地讲，后门攻击的推理过程类似于用钥匙开门[94]，因此，基于后门的模型水印只有在可疑模型包含的隐藏后门与受害者使用的触发模式匹配（如果它是从受害者模型中窃取的）时才有效，例如，可疑模型与受害者模型相同。然而，这种情况不是必然成立的，隐藏的后门可能在窃取的过程中被更改甚至移除，因此，这种方法可能无法有效地防御模型窃取。

1. 设置

我们以最具代表性的后门攻击（BadNets[85]）为例进行讨论。具体来说，先基于 BadNets 训练受害者模型，再基于受害者模型利用无数据蒸馏的模型[74] 获得可疑模型。我们使用攻击成功率（Attack Success Rate，ASR）[94] 和良性准确率（Benign Accuracy，BA）来评估窃取模型。通常来说，攻击成功率越小，检测到窃取行为的可能性就越小。

2. 结果

如表 4.2 所示，对窃取模型的攻击成功率明显低于对受害者模型的攻击成功率。这些结果表明，防御者采用的触发器已不再与被盗模型中的隐藏后门匹配。因此，基于后门的模型水印无法检测模型窃取。

表 4.2　不同模型的性能

模型类型 $\rightarrow$	模型性能 （%）		
	良性模型	受害者模型	窃取模型
BA	91.99	85.49	70.17
ASR	0.01	100.00	3.84

4.4 在集中式训练下提出的方法

4.4.1 威胁模型和方法流程

1. 威胁模型

根据现有研究[33, 95, 96]，考虑在白盒设置下防御模型窃取。假设防御者可以完全访问可疑模型，却没有任何有关窃取的信息。防御者打算根据可疑模型和受害者模型的预测来判断可疑模型是否来自受害者模型。

2. 方法流程

基于 4.3 节的讨论, 在所有权验证中嵌入**外部特征**而非固有特征。如图 4.1 所示, 防御的主要流程包括三个步骤: 嵌入外部特征、训练元分类器和验证所有权。在第一步中, 防御者进行风格迁移, 在不重新分配标签的情况下修改一些图像。此步骤用于在训练过程中向受害者模型嵌入外部特征。在第二步中, 防御者根据风格迁移后的图像的梯度训练元分类器, 判断可疑模型是否窃取自受害者模型。在第三步中, 防御者利用元分类器通过假设检验验证模型所有权[8]。

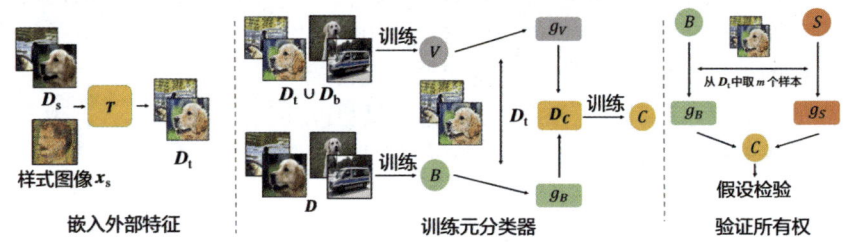

图 4.1　防御的主要流程

4.4.2　使用嵌入外部特征的模型水印

本节介绍如何使用外部特征对模型添加水印。在介绍技术细节之前, 首先提供一些必要的定义。

定义 4.1　固有特征和外部特征。当且仅当 $\forall(\boldsymbol{x},y)\in\mathcal{X}\times\mathcal{Y},(\boldsymbol{x},y)\in\mathcal{D}\Rightarrow(\boldsymbol{x},y)$ 包含特征 f 时, 特征 f 被称为数据集 $\mathcal{D}$ 的固有特征。类似地, 当且仅当 $\forall(\boldsymbol{x},y)\in\mathcal{X}\times\mathcal{Y},(\boldsymbol{x},y)$ 包含特征 $f\Rightarrow(\boldsymbol{x},y)\notin\mathcal{D}$ 时, f 被称为数据集 $\mathcal{D}$ 的外部特征。

例 4.1　如果一幅图像来自 MNIST[97], 那么它至少是灰度图像; 如果一幅图像是墨水类型的, 则它不是来自 ImageNet[98] 的, 因为 ImageNet 仅包含自然图像。

尽管我们可以轻松地定义外部特征, 但由于 DNN 的学习过程是一个黑箱, 而且特征的概念本身很复杂, 因此如何生成它们仍然是个难题。受一些文献的启发, 我们知道**图像风格**可以作为图像或视频识别中的一个特征。因此, 采用**风格迁移**[99-101] 的方法, 可根据防御者指定的风格图像来嵌入外部特征。

具体来说, 令 $\mathcal{D}=\{(\boldsymbol{x}_i,y_i)\}_{i=1}^N$ 表示未修改的训练数据集, $\boldsymbol{x}_{\mathrm{s}}$ 是给定的**风格图像**, $T:\mathcal{X}\times\mathcal{X}\to\mathcal{X}$ 是风格转换器。防御者从 $\mathcal{D}$ 中随机选择 $\gamma\%$ 的样本 ($\mathcal{D}_{\mathrm{s}}$) 生成转换后的数据集 $\mathcal{D}_{\mathrm{t}}=\{(\boldsymbol{x}',y)|\boldsymbol{x}'=T(\boldsymbol{x},\boldsymbol{x}_{\mathrm{s}}),(\boldsymbol{x},y)\in\mathcal{D}_{\mathrm{s}}\}$。受害者模型 $V_{\boldsymbol{\theta}}$ 可以在训练过程中学习风格图像中包含的外部特征:

$$\min_{\boldsymbol{\theta}}\sum_{(\boldsymbol{x},y)\in\mathcal{D}_{\mathrm{b}}\cup\mathcal{D}_{\mathrm{t}}}L(V_{\boldsymbol{\theta}}(\boldsymbol{x}),y),\tag{4.3}$$

式中, $\mathcal{D}_{\mathrm{b}}\stackrel{\mathrm{d}}{=}\mathcal{D}\backslash\mathcal{D}_{\mathrm{s}}$; $\mathcal{L}(\cdot)$ 表示损失函数。

特别地，我们只转换少量图像，且不修改它们的标签，因此，嵌入外部特征对受害者模型的准确性只产生微小的影响，并且不会引入后门风险。

4.4.3　训练所有权元分类器

嵌入外部特征对模型预测的影响较小，因此，不同于基于后门的模型水印和数据集推理，我们需要训练一个额外的元分类器来验证可疑模型是否包含外部特征的知识。

本节将模型梯度作为输入来训练元分类器 $C_{\boldsymbol{w}}: \mathbb{R}^{|\boldsymbol{\theta}|} \to \{-1, +1\}$。假设受害者模型 V 和可疑模型 S 具有相同的模型结构。这个假设很容易满足，因为防御者可以在带有水印的数据集上重新训练可疑模型，使其与受害者模型保持一致。一旦防御者获得了可疑模型，就可以在未修改的数据集 $\mathcal{D}$ 上训练其良性版本（B）。之后，可以通过以下方式获得元分类器 C 的训练集 $\mathcal{D}_C$：

$$\mathcal{D}_C = \{(g_V(\boldsymbol{x}'), +1) \,|\, (\boldsymbol{x}', y) \in \mathcal{D}_{\mathrm{t}}\} \cup \{(g_B(\boldsymbol{x}'), -1) \,|\, (\boldsymbol{x}', y) \in \mathcal{D}_{\mathrm{t}}\}, \qquad (4.4)$$

式中，$g_V(\boldsymbol{x}') = \mathrm{sgn}(\nabla_{\boldsymbol{\theta}} L(V(\boldsymbol{x}'), y))$，$g_B(\boldsymbol{x}') = \mathrm{sgn}(\nabla_{\boldsymbol{\theta}} L(B(\boldsymbol{x}'), y))$，其中 $\mathrm{sgn}(\cdot)$ 表示符号函数[102]。采用符号向量而非梯度本身来突出方向的影响，其有效性将在 4.6.5 节得到验证。

最终，元分类器 $C_{\boldsymbol{w}}$ 通过以下方式进行训练：

$$\min_{\boldsymbol{w}} \sum_{(\boldsymbol{s}, t) \in \mathcal{D}_C} L(C_{\boldsymbol{w}}(\boldsymbol{s}), t). \qquad (4.5)$$

4.4.4　基于假设检验的模型所有权验证

一旦训练好元分类器，防御者就可以通过给定一个变换后的图像 $\boldsymbol{x}'$ 及其标签 $yC(g_S(\boldsymbol{x}'))$ 来检查可疑模型，其中 $g_S(\boldsymbol{x}') = \mathrm{sgn}(\nabla_{\boldsymbol{\theta}} L(S(\boldsymbol{x}'), y))$。如果 $C(g_S(\boldsymbol{x}')) = 1$，则将可疑模型视为从受害者模型中窃取的。然而，这种方法的有效性可能会明显受到 $\boldsymbol{x}'$ 的影响，我们设计了一种基于假设检验的方法来缓解这个问题。

定义 4.2　设 $\boldsymbol{X}'$ 表示变换后图像的变量，μ_S 和 μ_B 分别表示事件 $C(g_S(\boldsymbol{X}')) = 1$ 和 $C(g_B(\boldsymbol{X}')) = 1$ 的后验概率。给定一个零假设 $H_0 : \mu_S = \mu_B$（$H_1 : \mu_S > \mu_B$），当且仅当 H_0 被拒绝时，认为可疑模型 S 是从受害者模型中窃取的。

在实践中，从数据集 $\mathcal{D}_{\mathrm{t}}$ 中随机抽取 m 张经过变换的图像进行单尾成对 T 检验[103]并计算其 p 值。当 p 值小于显著性水平 α 时，零假设 H_0 被拒绝。此外，类似于数据集推理，计算置信度得分 $\Delta\mu = \mu_S - \mu_B$ 表示验证的置信度。$\Delta\mu$ 越小，验证的置信度越低。

4.5　在联邦学习中的应用

本节探讨如何在联邦学习环境下进行防御。

4.5.1 问题阐述和威胁模型

1. 问题阐述

横向联邦学习（Horizontal Federated Learning，HFL）[37, 104, 105] 中的一个服务器在多个分散的边缘设备上训练 DNN，这些设备持有一些本地样本，且不交换样本。横向联邦学习旨在保护每个边缘设备中样本的隐私，与所有本地样本都被上传到服务器的传统集中式训练模式不同。实际上，边缘设备可能只允许服务器使用它们的样本训练一个特定的模型，然而，服务器可能会在未经授权的情况下使用边缘设备的梯度来训练多个模型达到不同目的，这可以被视为侵犯本地数据集的知识产权的行为。这种窃取过程是隐蔽的，因为边缘设备很难识别梯度在服务器中的具体用途。

2. 威胁模型

根据标准的横向联邦学习设置，每台边缘设备在每次迭代中都可以获得服务器下发的共享模型，根据共享模型和本地样本，边缘设备在每次迭代中计算并上传梯度，服务器对所有边缘设备上传的梯度进行简单平均聚合来更新模型。假设在每次迭代中，所有边缘设备都可以修改用于计算梯度的本地样本，并保存共享模型。

4.5.2 提出的方法

与集中式训练环境类似，边缘设备可以通过对模型添加水印来保护其数据知识产权。联邦学习环境下的防御机制包括两个主要的训练阶段：模型预热和嵌入外部特征。在模型预热阶段，边缘设备使用本地良性样本计算和更新梯度，该阶段结束时的模型可以作为良性模型。在嵌入外部特征阶段，边缘设备将根据风格迁移对所有本地样本添加水印，如 4.4.2 节所示。该阶段结束时的共享模型可以作为受害者模型。边缘设备也可以基于本地样本训练受害者模型。然而，由于本地样本通常有限，受害者模型可能具有相对较低的良性精度，导致基于它训练的元分类器性能较差。

一旦获得良性模型和受害者模型，边缘设备就可以根据 4.4.3 节介绍的方法训练元分类器，还可以根据 4.4.4 节介绍的方法验证给定的可疑模型是否在本地样本上训练过。

4.6 实验

4.6.1 实验设置

1. 数据集选择和模型结构

我们在 CIFAR-10[91] 和 ImageNet 的一个子集[98] 上进行了实验。根据文献 [106] 的建议，分别在 CIFAR-10 和 ImageNet 的子集上将 WideResNet[107] 和 ResNet[93] 作为受害者模型。

2. 评估指标

根据文献 [106] 的建议，使用置信度得分 $\Delta\mu$ 和 p 值进行评估。具体来说，随机选择 10 个样本计算 $\Delta\mu$ 和 p 值。一般来说，$\Delta\mu$ 越大且 p 值越小，防御效果越好。我们将所有防御中最佳的结果用粗体标出。

4.6.2　在集中式训练下的主要结果

1. 模型窃取设置

根据文献 [106] 的设置，通过 4.2.1 节介绍的模型窃取方法评估防御的有效性。此外，还提供了直接复制受害者模型（称为"源模型"）和未从受害者模型处窃取的可疑模型（称为"独立模型"）的结果，以供参考。

2. 防御设置

将我们的防御方法与数据集推理[106]、基于 BadNets[85] 的模型水印、梯度匹配[108] 和纠缠水印[80] 进行比较。对于所有防御方法，我们毒化了 10% 的良性样本，将一个白色方块作为 BadNets 方法的触发模式，并将油画风格的图像作为我们的方法的风格图像，其他设置与原始论文中使用的设置相同。不同防御方法使用的图像示例如图 4.2 所示。

(a) 良性图像　(b) BadNets中 的中毒图像　(c) 梯度匹配中 的中毒图像　(d) 纠缠水印中 的中毒图像　(e) 风格图像　(f) 变换图像

图 4.2　不同防御方法使用的图像示例[8]

3. 结果

如表 4.3 和表 4.4 所示，在 CIFAR-10 数据集上针对数据可访问和仅查询攻击的防御中，我们的方法的 p 值比使用纠缠水印方法小三个数量级。在直接复制的情况下，纠缠水印的防御方法具有一定优势，然而，在这种情况下，我们的方法仍然能够以高置信度提供正确的证明。此外，我们的方法对受害者模型的副作用很小。例如，在 CIFAR-10 数据集及其变换版本上训练的模型的良性准确率分别为 91.99% 和 91.79%。此外，与基于后门的模型水印不同，我们的方法不会引入新的安全威胁，这主要是因为我们在训练受害者模型时，没有更改图像的标签，并且只变换了少数图像。在这种情况下，风格迁移可以被视为一种特殊的数据增强，是无害的。

表 4.3 在集中式训练下 CIFAR-10 数据集的主要结果

模型窃取		BadNets		梯度匹配		纠缠水印		数据集推理		我们的方法	
		$\Delta\mu$	p 值	$\Delta\mu$	p 值	$\Delta\mu$	p 值	$\Delta\mu$	p 值	$\Delta\mu$	p 值
受害者模型	源模型	0.91	10^{-12}	0.88	10^{-12}	**0.99**	10^{-35}	—	10^{-4}	0.97	10^{-7}
A_D	蒸馏	-10^{-3}	0.32	10^{-7}	0.20	0.01	0.33	—	10^{-4}	**0.53**	**10^{-7}**
A_M	零样本	10^{-25}	0.22	10^{-24}	0.22	10^{-3}	10^{-3}	—	10^{-2}	**0.52**	**10^{-5}**
	微调	10^{-23}	0.28	10^{-27}	0.28	0.35	0.01	—	10^{-5}	**0.50**	**10^{-6}**
A_Q	标签查询	10^{-27}	0.20	10^{-30}	0.34	10^{-5}	0.62	—	10^{-3}	**0.52**	**10^{-4}**
	Logit 查询	10^{-27}	0.23	10^{-23}	0.33	10^{-6}	0.64	—	10^{-3}	**0.54**	**10^{-4}**
良性模型	独立模型	10^{-20}	0.33	10^{-12}	0.99	10^{-22}	0.68	—	**1.00**	**0.00**	**1.00**

表 4.4 在集中式训练下 ImageNet 数据集的主要结果

模型窃取		BadNets		梯度匹配		纠缠水印		数据集推理		我们的方法	
		$\Delta\mu$	p 值	$\Delta\mu$	p 值	$\Delta\mu$	p 值	$\Delta\mu$	p 值	$\Delta\mu$	p 值
受害者模型	源模型	0.87	10^{-10}	0.77	10^{-10}	**0.99**	10^{-25}	—	10^{-6}	0.90	10^{-5}
A_D	蒸馏	10^{-4}	0.43	10^{-12}	0.43	10^{-6}	0.19	—	10^{-3}	**0.61**	**10^{-5}**
A_M	零样本	10^{-12}	0.33	10^{-18}	0.43	10^{-3}	0.46	—	10^{-3}	**0.53**	**10^{-4}**
	微调	10^{-20}	0.20	10^{-12}	0.47	0.46	0.01	—	10^{-4}	**0.60**	**10^{-5}**
A_Q	标签查询	10^{-23}	0.29	10^{-22}	0.50	10^{-7}	0.45	—	**10^{-3}**	**0.55**	**10^{-3}**
	逻辑查询	10^{-23}	0.38	10^{-12}	0.22	10^{-6}	0.36	—	10^{-3}	**0.55**	**10^{-4}**
良性模型	独立模型	10^{-24}	0.38	10^{-23}	0.78	**10^{-30}**	0.55	—	0.98	10^{-5}	**0.99**

4.6.3 在联邦学习环境下的主要结果

1. 设置

我们假设有 m 个具有相同容量的不同边缘设备。将原始训练集分成 m 个不相交的子集，每个子集具有相同数量的样本，并假设每个边缘设备持有一个子集。考虑直接训练（称为"窃取模型"）和无窃取（称为"独立模型"）两种情况。其他设置与 4.6.2 节相同。

2. 结果

如表 4.5 所示，即使在联邦学习环境下，我们的方法仍然可以准确识别模型窃取。一个有趣的现象是，随着边缘设备数量的增加，验证效果不降反升。出现这种现象的主要原因是，当只有少数边缘设备时，对所有训练样本进行投毒将显著降低模型的良性准确率。我们将进一步探索如何设计适应性方法，以提高该方法在联邦学习下的防御性能。

表 4.5 在联邦学习下 CIFAR-10 数据集的主要结果

类型	$m=1$ （集中式）		$m=2$		$m=4$		$m=8$	
	$\Delta\mu$	p 值	$\Delta\mu$	p 值	$\Delta\mu$	p 值	$\Delta\mu$	p 值
源模型	0.97	10^{-7}	0.83	10^{-10}	0.94	10^{-22}	0.97	10^{-31}
独立模型	0.00	1.00	10^{-11}	0.99	10^{-9}	0.99	10^{-9}	0.99

4.6.4 关键超参数的影响

本节以 CIFAR-10 数据集为例，采用集中训练的方法。除非另有说明，所有设置均与 4.6.2 节相同。

1. 转换率 γ 的影响

通常来说，转换率 γ 越大，在受害者模型的训练过程中转换的训练样本就越多。如图 4.3 所示，在防御所有模型窃取的过程中，p 值随着转换率的增大而减小。这些结果表明，提高转换率可以获得更稳健的水印。特别需要注意的是，较大的转换率也可能导致受害者模型的良性准确率降低。在实际应用中，防御者应根据具体要求设定转换率。

2. 采样图像数量的影响

如 4.4.4 节所示，需要对一些变换后的样本进行采样，以验证所有权。一般来说，采样图像数量 M 的值越大，样本选择的随机性越小，因此验证的可信度越高。这就是图 4.3 中 p 值会随着采样图像数量增加而减小的原因。

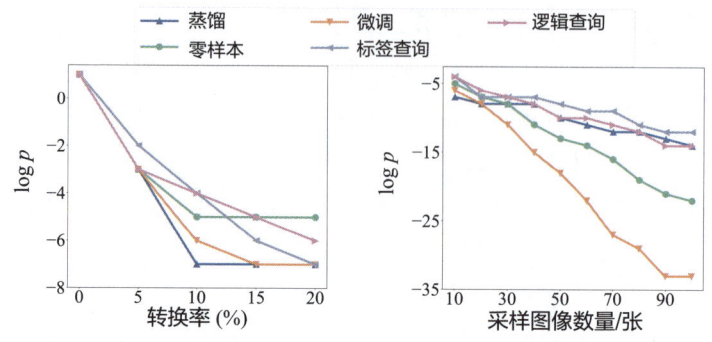

图 4.3　不同转换率和采样图像数量下的 $\log p$[8]

3. 风格图像的影响

使用不同的风格图像（见图 4.4），我们的方法仍然有效。如表 4.6 所示，所有情况下的 p 值都明显小于 0.01。换句话说，尽管在使用不同的风格图像时会有一些性能波动，但我们的方法仍然能够准确地识别窃取行为。

| (a) | (b) | (c) | (d) |

图 4.4　用于评估的风格图像[8]

表 4.6　我们的方法在 CIFAR-10 数据集上使用不同风格图像的结果

模型窃取		图 4.4（a）		图 4.4（b）		图 4.4（c）		图 4.4（d）	
		$\Delta\mu$	p 值	$\Delta\mu$	p 值	$\Delta\mu$	p 值	$\Delta\mu$	p 值
受害者模型	源模型	0.98	10^{-7}	0.97	10^{-7}	0.98	10^{-10}	0.98	10^{-12}
$\mathcal{A}_D$	蒸馏	0.68	10^{-7}	0.53	10^{-7}	0.72	10^{-8}	0.63	10^{-7}
$\mathcal{A}_M$	零样本	0.61	10^{-5}	0.52	10^{-5}	0.74	10^{-8}	0.67	10^{-7}
	微调	0.46	10^{-5}	0.50	10^{-6}	0.21	10^{-7}	0.50	10^{-9}
$\mathcal{A}_Q$	标签查询	0.64	10^{-5}	0.52	10^{-4}	0.68	10^{-8}	0.68	10^{-7}
	逻辑查询	0.65	10^{-4}	0.54	10^{-4}	0.62	10^{-6}	0.73	10^{-7}
良性模型	独立模型	0.00	1.00	0.00	1.00	0.00	1.00	10^{-9}	0.99

4.6.5　消融研究

本节验证风格迁移、元分类器、梯度符号在集中训练下的有效性。

1. 风格迁移的有效性

为了验证基于风格的水印在窃取过程中比基于补丁的水印更为稳健，将我们的方法与基于补丁的变体进行比较，该变体使用 BadNets 的触发模式生成转换后的图像。如表 4.7 所示，我们的方法优于基于补丁的变体。这主要是因为风格水印比补丁水印更大，且 DNN 更倾向于学习与纹理相关的信息[109]。

表 4.7　风格迁移和元分类器在 CIFAR-10 数据集上的结果（p 值）

模型窃取	风格迁移		元分类器	
	基于块	基于风格 （我们的方法）	没有	我们的方法
蒸馏	0.17	10^{-7}	0.32	10^{-3}
零样本	0.01	10^{-5}	0.22	10^{-61}
微调	10^{-3}	10^{-6}	0.28	10^{-5}
标签查询	10^{-3}	10^{-4}	0.20	10^{-50}
逻辑查询	10^{-3}	10^{-4}	0.23	10^{-3}

2. 元分类器的有效性

为了验证元分类器的有效性，将基于 BadNets 的模型水印与其变体进行比较。变体使用元分类器进行所有权验证，其中受害者模型是水印模型，变换后的图像是包含后门触发器的图像。如表 4.7 所示，使用元分类器显著降低了 p 值。这些结果也在一定程度上解释了为什么我们的防御方法是有效的。

3. 梯度符号的有效性

如表 4.8 所示，采用梯度符号比直接使用梯度要好得多，这可能是因为梯度的"方向"比其"大小"包含更多信息，这也验证了在训练元分类器时使用符号向量而不是梯度本身的有效性。

表 4.8　使用不同特征训练的元分类器在 CIFAR-10 和 ImageNet 数据集上的结果

模型窃取	CIFAR-10				ImageNet			
	梯度		梯度符号（我们的方法）		梯度		梯度的符号（我们的方法）	
	$\Delta\mu$	p 值	$\Delta\mu$	p 值	$\Delta\mu$	p 值	$\Delta\mu$	p 值
源模型	0.44	10^{-5}	**0.97**	10^{-7}	0.15	10^{-4}	**0.90**	10^{-5}
蒸馏	0.27	0.01	**0.53**	10^{-7}	0.15	10^{-4}	**0.61**	10^{-5}
零样本	0.03	10^{-3}	**0.52**	10^{-5}	0.12	10^{-3}	**0.53**	10^{-4}
微调	0.04	10^{-5}	**0.50**	10^{-6}	0.13	10^{-3}	**0.60**	10^{-5}
标签查询	0.08	10^{-3}	**0.52**	10^{-4}	0.13	10^{-3}	**0.55**	10^{-3}
逻辑查询	0.07	10^{-5}	**0.54**	10^{-4}	0.12	10^{-3}	**0.55**	10^{-4}
独立模型	**0.00**	**1.00**	0.00	1.00	10^{-10}	0.99	10^{-5}	0.99

4.7 小结

本章[①]回顾了基于模型所有权验证的防御模型窃取的方法，揭示了现有方法的局限性，并基于此提出了通过风格迁移嵌入外部特征得到稳健且无害的模型水印。同时，本章在基准数据集上验证了我们的方法在集中训练和联邦学习环境下的有效性。希望本章能够为模型水印提供一种新的视角，帮助研究人员设计出更有效和更安全的方法。

---

① 在此向中科院的 Xiaojun Jia 和中山大学的 Xiaochun Cao 教授对本章节早期稿件提出的建设性意见和有益建议表示诚挚的感谢。

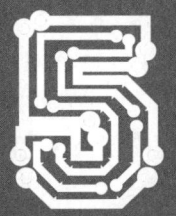

第 5 章
CHAPTER 5

通过分类边界指纹识别
保护机器学习模型的知识产权

曹晓宇，贾金源，龚振强

机器学习模型被视为模型所有者的知识产权，攻击者可能会窃取并滥用他人的机器学习模型，如何分辨此类知识产权侵权成为一个紧迫的问题。研究人员广泛采用水印技术作为解决方案，然而，水印需要修改训练过程，这会导致效用损失，且不适用于已有模型。本章将介绍一种保护机器学习模型知识产权的方法——分类边界指纹识别。这种方法基于一个观察：机器学习模型可以通过其分类边界来唯一地表示。例如，模型所有者从模型分类边界附近提取一些数据点，用来对模型进行指纹识别，如果另一个模型对大多数指纹数据点做出相同的预测，那么它很可能是该模型的盗版。指纹识别与水印识别的主要区别在于，指纹识别**提取**表征模型分类边界的指纹，而水印识别通过修改训练过程或微调过程将水印**嵌入**模型。本章将展示如何通过模型分类边界指纹，稳健地保护模型所有者的知识产权。

5.1 引言

机器学习模型能够在各种应用中超越人类水平，被广泛应用于多个领域。然而，卓越的性能是以昂贵的训练成本为代价的，需要大量的计算资源及训练数据。这可能会促使攻击者窃取并滥用训练好的模型，而不是自己训练模型。例如，模型所有者可能会将其训练好的模型部署为云服务或客户端软件，攻击者可以通过不同的方式窃取模型，如恶意软件、内部威胁或模型提取攻击[72, 76, 77, 81, 110–115]。攻击者可能会进一步滥用盗版模型，将盗版模型部署为自己的云服务或客户端软件。模型所有者已经将其专有训练数据、保密算法和计算基础设施用于训练模型，窃取和滥用行为会侵犯模型所有者的知识产权。这凸显了识别盗版模型的有效方法的必要性。

大多数现有方法利用水印来保护模型所有者的知识产权（Intellectual Property，IP）。水印的概念来源于多媒体领域[116]，核心思想是在多媒体数据中嵌入一些（难以察觉的）扰动，例如图像像素值的微小变化，以便日后可以作为知识产权的证据。多项研究采用相同的思路，将水印技术应用于机器学习模型[11–13, 19, 20, 25, 57, 117–121]。在训练或微调过程中被嵌入水印的所有者模型被称为目标模型。水印既可以被嵌入模型参数中，也可以被嵌入目标模型对特定输入的预测结果中。我们将需要验证的模型称为嫌疑模型，水印方法试图从中提取水印，如果能从嫌疑模型中提取出与目标模型相同或相似的水印，则可验证嫌疑模型是目标模型的盗版。水印技术在检测盗版模型方面已显示出了有效性，然而，它们存在内在的局限性，需要修改目标模型的训练或微调过程，无法应用于已有模型，并会导致不可避免的效用损失。

本章介绍了一种保护机器学习模型知识产权的途径——指纹识别模型的分类边界。我们的主要直觉是，机器学习模型可以通过分类边界进行唯一表示。机器学习模型的分类边界本质上是将输入空间划分为多个区域，每个区域中的数据点都被模型预测为相同的标签。可以通过比较嫌疑模型和目标模型的分类边界来验证嫌疑模型是否为目标模型的盗版。如果两个边界彼此重叠，则嫌疑模型很可能是从目标模型中盗用的。然而，特别是当模型为 DNN 时，直接表示或比较分类边界绝非易事。因此，建议在目标模型的分类边界附近找到一些数据点对分类边界进行指纹识别。将在分类边界附近找到的数据点称为指纹数据点，并将它们连同目标模型给出的预测标签一起视为指纹。图 5.1 展示了指纹数据点和分类边界。在验证嫌疑模型时，通过预测 API 将指纹数据点输入模型，获取对这些数据点的预测。然后，检查嫌疑模型给出的预测是

图 5.1　指纹数据点和分类边界

否与目标模型给出的预测一致。如果大多数指纹数据点在两个模型中的预测结果是相同的，就可以判定嫌疑模型是目标模型的盗版。

我们为机器学习模型的指纹识别设计了 5 个关键目标：**保真度**、**有效性**、**稳健性**、**唯一性**和**效率**。保真度意味着指纹识别方法不应牺牲目标模型的实用性。有效性要求指纹识别方法能成功检测到目标模型的副本。稳健性意味着指纹识别应对后处理具有抵抗力，这是因为攻击者窃取目标模型后，可能会对模型进行后处理，再将其部署为服务。常见的后处理包括模型压缩（如模型剪枝）和微调。后处理不会改变模型是否为盗版的事实，因此，指纹应对后处理具有稳健性，即它们不应被后处理破坏，且模型所有者应仍然能够验证它们。唯一性指如果模型不是从目标模型盗用的，即它是独立训练出来的，那么指纹不应该被验证通过，这要求指纹识别方法能为不同模型提取不同的指纹。效率意味着提取指纹的成本不应太高，这在使用资源受限设备（如手机或物联网设备）训练模型时尤为重要。如果指纹识别方法不修改目标模型，那么证明其保真度是容易的，衡量方法的有效性和效率也相对简单，然而，对稳健性和唯一性的衡量具有挑战性。Cao 等人[14] 提出了稳健性—唯一性曲线下面积（Area under the Robustness-Uniqueness Curves，ARUC）作为量化稳健性和唯一性的指标。与统计学中的 ROC 曲线下面积（AUC）[122] 相似，ARUC 的取值范围为 [0,1]，值越大，表示稳健性—唯一性越好。

指纹识别分类边界的关键组成部分是具有代表性的指纹，现有方法[14, 15, 17, 123, 124] 将分类边界附近的指纹数据点及其预测标签作为指纹，不同的方法本质上是找到了不同的指纹数据点。本章以 IPGuard[14] 为例，说明如何在分类边界附近找到具有代表性的指纹数据点。为了同时实现稳健性和唯一性目标，IPGuard 在选择指纹数据点时考虑了它们与分类边界的距离。这个距离既不能太小也不能太大，以在稳健性和唯一性之间取得平衡。一方面，如果数据点与分类边界的距离太小，那么分类边界的微小变化（如由后处理引起的变化）可能会使数据点越过边界，从而导致对它的预测不同，这意味着该指纹数据点的稳健性较差；另一方面，如果距离太大，那么数据点可能无法代表分类边界，例如，独立训练的机器学习模型都会对该数据点预测相同的标签，这意味着唯一性较差。为了找到与分类边界具有适当距离的指纹数据点，IPGuard 使用一个超参数 k 来控制指纹数据点与分类边界的距离，以实现稳健性和唯一性的平衡。

下面将首先回顾现有的用于知识产权保护的水印技术，并讨论它们的局限性。接下来介绍机器学习模型的分类边界。然后正式定义机器学习模型的指纹识别问题，并介绍 IPGuard 的设计。最后讨论可能面临的局限性和潜在挑战，以及机器学习模型指纹识别的潜在研究方向。

5.2 相关研究工作

5.2.1 用于知识产权保护的水印技术

水印技术最初是为了保护多媒体数据的知识产权而提出的[116]，近年来，研究人员将这个概念推广到利用水印保护机器学习模型的知识产权[11–13, 19, 20, 25, 57, 117–121]。给定一个目标机器学习模型，水印技术通过修改其训练或微调过程对其嵌入水印。如果模型所有者能从嫌疑模型中找到相同或相似的水印，则嫌疑模型被确认为盗版模型。

现有的水印技术大致可以根据水印嵌入方式分为两类：基于参数的（或白盒）水印和基于标签的（或黑盒）水印。基于参数的水印[117, 118] 将水印嵌入目标机器学习模型的模型参数中，例如，模型所有者可以在目标模型的训练过程中向损失函数添加一些精心设计的正则化项，使其模型参数遵循特定的分布。验证基于参数的水印需要模型所有者对嫌疑模型具有白盒访问权限，即为了验证给定嫌疑模型中的水印，模型所有者必须知道其模型参数的值。基于标签的水印[19, 20, 22, 25, 57] 将水印嵌入特定模型输入的预测标签或神经元激活中。为一些真实或伪造的数据点（如抽象图像[25]、带有额外有意义内容的训练数据点[20] 或对抗样本[22]）分配特定的标签，在训练目标模型时，使用这些数据点训练数据增强。为了验证嫌疑模型是否为目标模型的盗版，模型所有者将这些数据点作为模型输入来查询嫌疑模型，如果返回的标签与分配的标签匹配，则验证了水印，且嫌疑模型很可能是盗版模型。

水印技术的局限性在于，它需要修改目标模型的训练或微调过程。换言之，嵌入水印的目标模型与未嵌入水印的模型是不同的，这可能导致两个主要限制。第一，水印不可避免地牺牲了目标模型的实用性，即使小幅提升模型准确性也具有挑战性。例如，计算机视觉领域为了将 ResNet152 模型[93] 升级到 ResNet152V2[125]，进行了大量试错，仅将 ImageNet 数据集的测试准确率提升了大约 1%[126]。嵌入水印可能会降低模型的准确率，例如，当嵌入 20 个水印数据点时，一个 ImageNet 模型的测试准确率下降了 0.5%[19]，即使经验表明测试准确率未受水印影响，目标模型的其他属性（例如公平性或稳健性）是否因水印而改变仍然是未知的。第二，水印技术需要通过篡改目标模型的训练或微调过程嵌入水印，导致其不适用于无法重新训练或微调的已有目标模型。相反，指纹识别方法提取目标模型的指纹，而不改变训练过程，适用于任何模型，并保证不会对目标模型的实用性产生负面影响。

5.2.2 分类边界

假设目标模型是一个 c 类机器学习分类器，其输出层为 softmax 层。用 $g_1, g_2, \cdots, g_c$ 表示目标模型的决策函数，即 $g_i(\boldsymbol{x})$ 是输入数据样本 $\boldsymbol{x}$ 被标记为标签 i 的概率，其中 $i = 1, 2, \cdots, c$。为方便起见，用 $Z_1, Z_2, \cdots, Z_c$ 表示目标模型的对数概率（logits），即 $Z_1, Z_2, \cdots, Z_c$ 是 softmax 层之前的层中神经元的输出。有

$$g_i(\boldsymbol{x}) = \frac{\exp(Z_i(\boldsymbol{x}))}{\sum_{j=1}^{c} \exp(Z_j(\boldsymbol{x}))}, \tag{5.1}$$

式中，$i = 1, 2, \cdots, c$。样本 $\boldsymbol{x}$ 的标签 y 被预测为有最大的概率或者对数概率的标签，例如 $y = \mathrm{argmax}_i g_i(\boldsymbol{x}) = \mathrm{argmax}_i Z_i(\boldsymbol{x})$。

目标模型的分类边界由目标模型无法确定标签的数据点组成。对于给定的数据点，如果目标模型预测至少两个标签具有相同的最大概率或对数概率，则可以判断该数据点位于分类边界上。按如下方式定义目标模型的分类边界：

$$\mathrm{CB} = \{\boldsymbol{x} | \exists i, j, i \neq j \text{ and } g_i(\boldsymbol{x}) = g_j(\boldsymbol{x}) \geqslant \max_{t \neq i,j} g_t(\boldsymbol{x})\}$$

$$= \{\boldsymbol{x} | \exists i, j, i \neq j \text{ and } Z_i(\boldsymbol{x}) = Z_j(\boldsymbol{x}) \geqslant \max_{t \neq i,j} Z_t(\boldsymbol{x})\}, \tag{5.2}$$

式中，CB 是构成目标模型分类边界的数据点集合。对于简单的机器学习模型，如逻辑回归和支持向量机，分类边界可以写成封闭形式的表达式。然而，对于高度非线性和复杂的模型，如 DNN，尚不知道此类的表达式，解决办法是使用位于或接近分类边界上的数据点子集来描述它们的分类边界。

5.3　问题的提出

本节首先描述我们考虑的威胁模型，然后正式定义机器学习模型指纹识别的问题，接着列出设计指纹识别方法的几个目标，包括保真度、有效性、稳健性、唯一性和效率，最后提出一种指标来评估指纹识别方法在稳健性和唯一性之间的权衡。

5.3.1　威胁模型

在我们的威胁模型中考虑了两方——**模型所有者**和**攻击者**。

1. 模型所有者

模型所有者是指使用（专有的）训练数据集和算法训练机器学习模型（即**目标模型**）的个人或机构。模型所有者可以将目标模型部署为云服务（也称为**机器学习即服务，MLaaS**）或客户端软件（如亚马逊 Echo）。我们的目标是通过从目标模型中提取指纹来保护模型所有者的知识产权。对于一个嫌疑模型，模型所有者通过使用其预测 API 验证是否可以从中提取与目标模型相同的指纹。如果在嫌疑模型中找到相同的指纹，则可以判定它是目标模型的盗版版本，模型所有者可以进一步采取行动，例如收集其他证据和提起诉讼。

2. 攻击者

攻击者是指通过盗用和滥用他人的模型来"搭便车"的个人或团体，攻击者会窃取目标模型，并可能进一步将其部署为自己的服务或软件。此外，攻击者可能在部署之前对目标模型进行后处理，常见的后处理包括微调[19, 25]和模型压缩[127, 128]。例如，攻击者可能使用自己的数据集对目标模型进行微调，以使模型更好地适应攻击者的应用场景。攻击者可能会使用模型剪枝技术缩小目标模型的规模，使其能够部署在资源受限的设备上，如智能手机和物联网设备。

5.3.2 对目标模型的指纹识别

我们将对目标模型的指纹识别定义为两阶段过程，即指纹提取和验证。我们设计了一个提取函数 $\mathfrak{E}$ 用于从目标模型中提取指纹，以及一个验证函数 $\mathcal{V}$ 用于验证嫌疑模型是不是目标模型的盗版。对这两个函数描述如下。

提取函数 $\mathfrak{E}$：给定一个目标模型 $\mathbb{N}_t$，模型所有者执行提取函数 $\mathfrak{E}$ 得到目标模型的一个指纹。具体有

$$F_{\mathbb{N}_t} = \mathfrak{E}(\mathbb{N}_t), \tag{5.3}$$

式中，$F_{\mathbb{N}_t}$ 是目标模型 $\mathbb{N}_t$ 的指纹。一般而言，指纹 $F_{\mathbb{N}_t}$ 可以是目标模型 $\mathbb{N}_t$ 的任何属性，例如模型参数的分布或数字签名。本章专注于对目标模型的分类边界进行指纹识别，其中目标模型的指纹是一组位于分类边界附近的指纹数据点 $\boldsymbol{x}_1, \boldsymbol{x}_2, \cdots, \boldsymbol{x}_n$ 及其标签 $y_1, y_2, \cdots, y_n$。可以将指纹 $F_{\mathbb{N}_t}$ 表示为 $F_{\mathbb{N}_t} = (\boldsymbol{x}_1, y_1), (\boldsymbol{x}_2, y_2), \cdots, (\boldsymbol{x}_n, y_n)$。

验证函数 $\mathcal{V}$：给定一个嫌疑模型 $\mathbb{N}_s$，模型所有者可以执行验证函数 $\mathcal{V}$ 来检查嫌疑模型是不是目标模型的盗版。验证函数 $\mathcal{V}$ 返回一个嫌疑得分，该得分表明嫌疑模型是目标模型的盗版的可能性。形式上可以表示为

$$\mathbb{S} = \mathcal{V}(\mathbb{N}_s, F_{\mathbb{N}_t}), \tag{5.4}$$

式中，$\mathbb{S}$ 是嫌疑模型 $\mathbb{N}_s$ 的嫌疑得分。如果嫌疑得分 $\mathbb{S}$ 超过某个阈值 τ，即 $\mathbb{S} > \tau$，则验证嫌疑模型为盗版。例如，当指纹 $F_{\mathbb{N}_t}$ 是一组指纹数据点及其标签时，可以将嫌疑得分定义为嫌疑模型预测的标签与目标模型预测的标签相匹配的指纹数据点的比例。匹配的比例越大，表明嫌疑模型是盗版的可能性越高。

一般来说，验证函数 $\mathcal{V}$ 可以是白盒设置或黑盒设置的。在白盒设置中，模型所有者可以完全访问目标模型，包括其模型参数。例如，当目标模型的指纹 $F_{\mathbb{N}_t}$ 是其模型参数的分布时，模型所有者可以在白盒设置中验证嫌疑模型参数是否遵循与 $F_{\mathbb{N}_t}$ 相同的分布。然而，在黑盒设置中，模型所有者只能访问嫌疑模型的预测 API。这是一个更现实的设置，适用范围广，包括作为客户端软件和云服务部署的嫌疑模型。本章重点关注黑盒验证，即模型所有者仅利用嫌疑模型的预测 API 来验证嫌疑模型。

5.3.3 设计目标

在设计目标模型分类边界的指纹识别方法时，我们应考虑以下目标。

- **保真度**。指纹识别方法不应牺牲目标模型的实用性，水印方法没有这样的属性，因为它需要通过篡改目标模型的训练或微调过程来嵌入水印。然而，由于指纹识别方法在提取函数 $\mathfrak{E}$ 中不改变目标模型 $\mathbb{N}_t$，因此自然具备这种属性。

- **有效性**。如果嫌疑模型与目标模型相同，则验证函数 $\mathcal{V}$ 应产生较高的嫌疑得分。形式上来讲，当 $\mathbb{N}_s = \mathbb{N}_t$ 时，应有 $\mathcal{V}(\mathbb{N}_s, \mathfrak{C}(\mathbb{N}_t)) > \tau$，其中 τ 是区分良性模型和盗版模型的嫌疑得分阈值。只有当指纹识别方法具备此种属性时，它才被认为是有效的，因为它能成功地检测到目标模型的副本是盗版模型。

- **稳健性**。如果嫌疑模型是目标模型的某种后处理版本，则验证函数应产生较大的嫌疑得分。从形式上讲，如果 $\mathbb{N}_s$ 是 $\mathbb{N}_t$ 的后处理版本，则应有 $\mathcal{V}(\mathbb{N}_s, \mathfrak{C}(\mathbb{N}_t)) > \tau$。常见的后处理包括但不限于模型压缩（如模型剪枝）、微调和知识蒸馏。如果指纹识别方法即使在攻击者对模型进行后处理后仍能区分盗版模型，则实现了稳健性的目标。

- **唯一性**。指纹对目标模型来说应具有唯一性。换句话说，如果嫌疑模型既不是目标模型也不是其后处理版本，则验证函数应产生较小的嫌疑得分。从形式上讲，如果 $\mathbb{N}_s$ 既不是 $\mathbb{N}_t$ 也不是 $\mathbb{N}_t$ 的后处理版本，则应有 $\mathcal{V}(\mathbb{N}_s, \mathfrak{C}(\mathbb{N}_t)) \leqslant \tau$。唯一性目标旨在减少验证过程中的误报，对于独立训练的嫌疑模型，指纹识别方法不应错误地将它们判定为从目标模型窃取而来。

- **效率**。指纹识别方法应该能高效地为目标模型提取指纹并验证嫌疑模型的指纹。这点尤其重要，特别是当模型在资源受限的设备上部署或验证时，如智能手机或物联网设备。

5.3.4　稳健性和唯一性的权衡

在上述五个设计目标中，指纹识别方法本质上实现了保真度目标，此外，评估方法的有效性和效率相对简单。可以通过正确验证盗版模型的比例来衡量方法的稳健性，并通过未验证为盗版的良性模型的比例来衡量方法的唯一性。然而，因为涉及阈值 τ，联合衡量稳健性和唯一性具有挑战性。实际上，阈值 τ 控制着指纹识别方法的稳健性和唯一性的权衡，当选择较小的 τ 时，可以获得更好的稳健性，因为更大比例的盗版模型将被成功验证。然而，这也导致了唯一性变差，因为更多的良性模型可能会被错误地验证。同样地，如果选择较大的 τ，那么唯一性会更好，但稳健性会变差。因此，稳健性和唯一性的权衡成为我们需要解决的首要问题。

在比较多个方法时，为了消除选择不同阈值 τ 的影响，一种直观的想法是将广泛用于机器学习的标准度量 AUC[122] 作为评估指标。可以根据嫌疑得分按降序排列所有的嫌疑模型，包括盗版模型和良性模型。AUC 表征随机抽取的盗版模型的嫌疑得分高于一个随机抽取的良性模型的概率，被广泛应用。然而，在我们的问题中，目标是权衡指纹的稳健性和唯一性，AUC 无法提供盗版模型和良性模型的嫌疑得分之间差距的信息。例如，一旦所有盗版模型的嫌疑得分高于所有良性模型的得分，AUC 就达到最大值 1，而不管得分间的差距如何。当评估不同的指纹识别方法时，这种差距非常重要，因为实际可评估的盗版模型和良性模型可能只是所有嫌疑模型的一个子集。评估盗版模型和良性模型的嫌疑得分之间的差距越大，意味着在实践中更有可能实现理想的稳健性和唯一性的权衡。

因此，我们推荐使用**稳健性—唯一性曲线下面积（ARUC）**[14] 作为度量指纹识别方法稳健性和唯一性的标准。当嫌疑得分阈值 (τ) 从 0 增加到 1 时，可以得到关于 τ 的稳健性和唯一性曲线。注意，随着 τ 的增加，稳健性曲线会下降，而唯一性曲线会上升。如果在单个图中绘制这两条曲线，那么它们会在某个点交叉。ARUC 被定义为交叉的稳健性—唯一性曲线下的面积。图 5.2 在三种情况下示意了 ARUC，图 5.2（a）表示完美的 ARUC（即 ARUC=1），任何阈值下稳健性和唯一性均为 1。图 5.2（b）表示中等的 ARUC，仅当阈值在 0.5 左右时稳健性和唯一性较大。图 5.2（c）表示较差的 ARUC，即任何阈值下稳健性和唯一性均不大。ARUC 的值在 0 到 1 之间变化，值越大越好，这是因为当 ARUC 较大时，更有可能找到合适的嫌疑得分阈值 τ，可以同时实现较大的稳健性和唯一性。ARUC 定义如下：

$$\mathrm{ARUC} = \int_0^1 \min\{R(\tau), U(\tau)\}\mathrm{d}\tau, \tag{5.5}$$

式中，τ 表示阈值；$R(\tau)$ 和 $U(\tau)$ 分别表示当阈值为 τ 时的稳健性和唯一性。在实践中，使用连续的 τ 值评估 ARUC 是具有挑战性的。相反，可以将 τ 离散化并将求积分转换为求和。可以将区间 [0,1] 分成 r 等份，并使用每份的右侧端点表示该部分。然后，可以将 ARUC 近似为

$$\mathrm{ARUC} = \frac{1}{r} \sum_{\tau'=1}^{r} \min\{R(\frac{\tau'}{r}), U(\frac{\tau'}{r})\}, \tag{5.6}$$

式中，r 需要足够大以达到满意的近似效果，例如 $r \geqslant 100$。

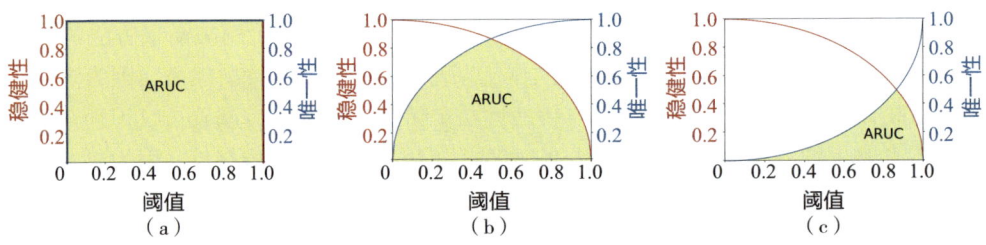

图 5.2　ARUC 示意图

5.4.1　概览

设计指纹识别方法本质上是设计提取函数 $\mathfrak{E}$ 和验证函数 $\mathcal{V}$。

1. 提取函数 $\mathfrak{E}$

在 IPGuard 中，目标模型 $\mathbb{N}_t$ 的指纹是其分类边界附近的一组数据点及对这些数据点的预测结果。给定一个目标模型 $\mathbb{N}_t$，IPGuard 使用其提取函数 $\mathfrak{E}$ 为 $\mathbb{N}_t$ 提取指

纹 $F_{\mathbb{N}_t}$

$$F_{\mathbb{N}_t} = \mathfrak{E}(\mathbb{N}_t) = (\boldsymbol{x}_1, y_1), (\boldsymbol{x}_2, y_2), \cdots, (\boldsymbol{x}_n, y_n), \tag{5.7}$$

式中，$\boldsymbol{x}_i$ 表示第 i 个指纹数据点；y_i 表示目标模型预测的标签，即 $y_i = \mathbb{N}_t(\boldsymbol{x})$。为了寻找分类边界附近的指纹数据点，IPGuard 提出了一个优化问题，并利用梯度下降法解决，具体将在 5.4.2 节详细介绍。

2. 验证函数 $\mathcal{V}$

IPGuard 利用嫌疑模型的预测 API 进行验证，并假设预测 API 为每个查询返回一个预测标签。给定一个嫌疑模型 $\mathbb{N}_s$，IPGuard 查询该模型的预测 API，以获取 n 个指纹数据点的标签。IPGuard 将嫌疑模型的嫌疑得分定义为，在指纹数据点中，嫌疑模型给出的预测标签与目标模型给出的预测标签的比例相同。嫌疑模型 $\mathbb{N}_s$ 的嫌疑得分 $\mathbb{S}$ 定义如下：

$$\mathbb{S} = \mathcal{V}(\mathbb{N}_s, F_{\mathbb{N}_t}) = \frac{\sum\limits_{i=1}^{n} \mathbb{I}(\mathbb{N}_s(\boldsymbol{x}_i) = y_i)}{n}, \tag{5.8}$$

式中，$\mathbb{I}()$ 表示指示函数，当 $\mathbb{N}_s(\boldsymbol{x}_i) = y_i$ 时，$\mathbb{I}(\mathbb{N}_s(\boldsymbol{x}_i) = y_i) = 1$，否则 $\mathbb{I}(\mathbb{N}_s(\boldsymbol{x}_i) = y_i) = 0$。嫌疑得分 $\mathbb{S}$ 的值在 0 和 1 之间，如果嫌疑模型将更多的指纹数据点预测为与目标模型所预测的相同的标签，则 $\mathbb{S}$ 更高。

5.4.2 将寻找指纹数据点定义为一个优化问题

在设计提取函数时，关键是找到能充分表征分类边界的具有代表性的指纹数据点。一种简单的方法是通过随机采样数据点找到分类边界上的数据点，并检查它们是否满足式 (5.2) 定义的分类边界条件。然而，这种简单的采样方法可能无法找到位于分类边界上的数据点，即使最终能找到一个数据点，模型所有者也可能无法承受其时间成本，因为分类边界在数据流形中的比例是可以忽略不计的。此外，即使能找到位于分类边界上的数据点，也会因模型的微小扰动导致预测标签发生改变，从而导致较差的稳健性。

IPGuard 旨在解决以下优化问题。

$$\min_{\boldsymbol{x}}; \mathrm{ReLU}(Z_i(\boldsymbol{x}) - Z_j(\boldsymbol{x}) + k) + \mathrm{ReLU}(\max_{t \neq i,j} Z_t(\boldsymbol{x}) - Z_i(\boldsymbol{x})), \tag{5.9}$$

式中，i 和 j 表示两个任意标签；$\mathrm{ReLU}()$ 定义为 $\mathrm{ReLU}(a) = \max 0, a$；$k$ 表示一个参数，用来控制指纹数据点 $\boldsymbol{x}$ 与分类边界的距离。当 $k = 0$ 时，如果数据点 $\boldsymbol{x}$ 位于分类边界上，即 $\boldsymbol{x}$ 满足 $Z_i(\boldsymbol{x}) = Z_j(\boldsymbol{x}) \geqslant \max_{t \neq i,j} Z_t(\boldsymbol{x})$，则目标函数可以达到其最小值。当 $k > 0$ 时，如果 $Z_j(\boldsymbol{x}) \geqslant Z_i(\boldsymbol{x}) + k$ 且 $\max_{t \neq i,j} Z_t(\boldsymbol{x}) \leqslant Z_i(\boldsymbol{x})$，则 IPGuard 可以获得目标函数的最小值。直观上来说，当满足这两个条件时，标签 j 和标签 i 分别有最大和第二大的对数概率。此外，标签 j 和标签 i 的对数概率之间的差不小于参数

k。这里的参数 k 在稳健性和唯一性之间取得了平衡，较大的 k 表示更确定的预测，因此可能意味着数据点 x 距离分类边界更远。因此，一方面，当 k 较大时，目标模型的后处理版本更有可能对数据点 x 预测相同的标签，这意味着 IPGuard 对后处理更加稳健；另一方面，当 k 较大时，良性模型对数据点 x 预测相同标签的概率更大，这意味着 IPGuard 中的指纹的唯一性较差。在实践中，模型所有者可以根据对稳健性和唯一性权衡的需求选择适当的 k 值。

IPGuard 采用梯度下降法解决式 (5.9) 中的优化问题，这需要初始化数据点 x 并选择标签 i 和 j，接下来介绍 IPGuard 是如何做到的。

5.4.3　初始化和标签选择

为了解决式 (5.9) 中定义的优化问题，IPGuard 需要首先初始化数据点 x 并选择标签 i 和 j。不同的初始化和选择标签方式可能会导致不同的稳健性和唯一性。

1. 初始化

Cao 等人[14] 考虑了两种初始化数据点的方式。

- **训练示例**。初始化数据点 x 的一种直观方式是随机采样一个训练示例作为初始数据点。通过这种方式，初始数据点将遵循与训练数据相同的分布。因此，指纹数据点显得更加自然，如果攻击者部署了某些检测系统来拒绝潜在的指纹查询，那么这些数据点可能更难被盗版模型检测到。

- **随机选择**。在 IPGuard 中初始化数据点的另一种方式是从特征空间中随机采样一个数据点。例如，如果目标模型的输入是像素值归一化到 $[0,1]$ 的图像，则 IPGuard 均匀地从 $[0,1]^d$ 中采样一个初始数据点，其中 d 是图像的维度。

2. 标签 i 的选择

IPGuard 选择目标模型预测的初始数据点 x 的标签作为标签 i，这样可以降低寻找指纹数据点的计算成本。因为如果 x 落在目标模型的标签 i 的决策区域内，x 就会被标签 i 和其他标签的分类边界包围，所以通过将预测的标签作为 i，IPGuard 可能需要更少的努力（如梯度下降的迭代次数较少）来找到表征标签 i 和另一个标签 j 之间的分类边界的指纹数据点。

3. 标签 j 的选择

Cao 等人考虑了两种选择标签 j 的方式。

- **随机选择**。一种简单的选择标签 j 的方式是随机采样一个不是 i 的标签。随机采样过程不会利用目标模型的任何信息。

- **最不可能的标签**。在这种方法中，IPGuard 选择初始数据点 x 的最不可能的标签作为标签 j。数据点的最不可能的标签的定义为目标模型预测的概率/对数值最小的标签。选择最不可能的标签的原因是，不同的模型可能由于使用的训练损失（如交叉熵损失）不同而在某些标签上具有相似的置信度。然而，当涉及置信度最低的标签时，独立训练的不同模型的结果可能会不一致，这意味着目标模型在最不可能的标签附近的分类边界可能更加独特。

Cao 等人评估了不同的初始化和标签选择方式，在通常情况下，当将数据点初始化为训练示例并选择最不可能的标签作为标签 j 时，IPGuard 获得了最佳的 ARUC[14]。

5.5 讨论

5.5.1 与对抗样本的联系

假设有一个目标模型 N 和一个具有真实标签 y 的数据点 x，目标模型可以正确预测 x 的标签，即 $N(x) = y$。研究表明，攻击者可以通过向数据点添加精心设计的扰动，使目标模型误分类该数据点。这些导致误分类的带扰动的数据点被称为对抗样本[129]。根据攻击者的目标不同，对抗样本可以分为两类：非目标对抗样本和目标对抗样本。非目标对抗样本旨在使目标模型预测出任何错误的标签，而目标对抗样本旨在使目标模型预测出攻击者选择的特定标签。目前，研究人员已经开发了许多方法（例如文献 [130–137] 中提到的）来构建对抗样本。

指纹数据点和对抗样本在许多方面具有相似性，例如它们都将问题表述为寻找某种扰动，以便在将其添加到初始数据点后，被扰动的数据点产生特定的预测结果。此外，由于对抗样本需要通过移动数据点跨越分类边界来实现误分类，因此它们也携带了目标模型分类边界的一些信息，就像指纹数据点一样。然而，Cao 等人的研究表明，普通的对抗样本[14, 130–132] 不足以表征目标模型的分类边界，也不能直接用作指纹数据点。其中一些方法[130, 131] 无法实现稳健性和唯一性目标，而其他方法[7] 无法实现效率目标。

虽然传统的对抗样本方法不足以直接应用于目标模型的指纹识别，但研究人员依然研究了它们的变体在这个问题上的潜力[15, 17, 123, 124]。例如，Merrer 等人[123] 将指纹数据点和水印的概念相结合，他们首先找到目标模型的一些对抗样本，然后修改目标模型的分类边界，使对抗样本能够被修改后的目标模型正确分类。在该过程中，将对抗样本及其标签视为拼接目标模型的指纹。Zhao 等人[17] 生成了不仅具有目标标签，而且具有目标对数向量的目标对抗样本。他们将对抗样本及目标对数向量作为目标模型的指纹，如果嫌疑模型为对抗样本产生相同或类似的对数向量，就可以判定嫌疑模型是盗版的。

一些对抗样本具有可迁移性。我们可以基于模型 N_1 生成一些对抗样本，并使用另一个模型 N_2 对它们进行测试。如果这些对抗样本在 N_2 上评估时仍然有效，则称这些对抗样本可迁移至 N_2。在理想情况下，如果在目标模型 N_t 上生成的对抗样本（连同其预测标签）可以迁移到 N_t 的盗版模型上，并且不能迁移到其他良性模型上，则它可以用作 N_t 的指纹数据点。Lukas 等人[15] 在他们的工作中考虑了这种对抗样本，并将其称为可转移对抗样本。在他们的方法中，模型所有者训练一个目标模型和一些良性模型，并独立地创建多个目标模型的盗版模型。然后，模型所有者根据目标模型找到一些对抗样本，这些样本可以迁移到盗版模型上，但不能迁移到良性模型上。他们的方法可以稳健且独特地为目标模型生成指纹。

5.5.2 对知识蒸馏的稳健性

在部署之前，攻击者可能以不同方式对窃取的目标模型进行后处理。现有工作[14, 15, 17, 123, 124]评估了对机器学习模型进行指纹识别的常见后处理，如模型剪枝和微调。据我们所知，其中只有一项工作[15]评估了常见的后处理方法——知识蒸馏，并展示了这种方法的稳健性。

知识蒸馏是将知识从一个预训练模型转移到一个新模型的过程，通常是从一个大型预训练模型转移到一个小型新模型。在知识蒸馏中，有一个教师模型，即提供知识的模型，以及一个从教师模型学习得到的学生模型。在知识蒸馏过程中，一些训练数据被输入教师模型中，教师模型为它们输出概率向量。学生模型将由教师模型产生的概率向量作为训练数据的真实标签进行训练。在实践中，与从头开始训练模型相比，蒸馏模型需要的训练数据和计算能力要少得多，因此，在知识产权保护问题中，攻击者可能有动机将窃取的目标模型的知识迁移到自己的学生模型中。我们认为这是对模型所有者知识产权的侵害，因为攻击者在未经许可的情况下转移了模型所有者的知识。

因此，保护模型所有者的知识产权免受未经授权的知识蒸馏至关重要。然而，这可能具有挑战性，因为知识蒸馏可能会显著改变目标模型的分类边界，而指纹数据点可能不足以应对如此巨大的变化。在文献 [15] 中，Lukas 等人利用可迁移的对抗样本实现了知识蒸馏的稳健性，然而，这需要模型所有者对模型进行多次训练和后处理，违背了指纹识别目标模型的效率目标，尤其是在训练数据集庞大且 DNN 复杂的情况下。

尽管通过训练多个模型可以找到可迁移的对抗样本，但也可能存在其他方法能够避免非法知识蒸馏。例如，Ma 等人[138]提出了一种学习可疑模型的方法。恶意模型与常规模型具有相同的性能，但不擅长教学生，如果攻击者使用知识蒸馏将可疑模型的知识迁移到学生模型上，则学生模型的测试准确率将会很低，这对攻击者来说是不可接受的。因此，如果一个模型是用文献 [138] 的方法学习的，则可以在不担心知识蒸馏的情况下应用现有的指纹识别方法。

5.5.3 攻击者端检测指纹数据点

如果攻击者知道目标模型已被指纹识别，那么可能调整攻击方式。本质上，攻击者需要规避验证函数 $\mathcal{V}$。一种直观的欺骗验证函数 $\mathcal{V}$ 的方法是操纵盗版模型的分类边界，使验证函数对输出嫌疑得分 $\mathbb{S}$ 较小。例如，攻击者可能对模型进行后处理以操纵其分类边界。然而，常见的后处理方法已被证明是不够的[14, 15, 17, 123, 124]。

篡改模型所有者的验证查询是一种规避验证的方式。回想一下，在验证函数 $\mathcal{V}$ 中，模型所有者使用嫌疑模型的预测 API 查询指纹数据点，然后比较指纹数据点的预测标签，以确定嫌疑模型是否为盗版模型。如果攻击者能够检测到模型所有者的验证查询，那么攻击者可以拒绝这些查询，或为这些查询返回随机预测结果以规避验证。

在对抗性机器学习中，已经提出了许多种方法[139-150] 来检测对抗样本。这些检测方法的核心思想是区分真实数据点和对抗样本在特征空间或变换空间中的分布差异。这些方法也可以用于检测指纹数据点，因为指纹数据点与真实数据[14] 的分布不同，或者它们本质上就是对抗样本[15, 17, 123, 124]。

我们预见到模型所有者和攻击者之间将会有一场"军备竞赛"。例如，攻击者可以部署检测系统来检测模型所有者的验证查询，模型所有者则会寻找能够规避攻击者检测的指纹数据点。例如，Carlini 等人[151] 的研究表明，可以通过生成自适应对抗样本来规避现有的对抗样本检测系统。这样的"军备竞赛"可能会导致攻击者盗用和滥用模型的成本大幅增加。只要盗用和后处理目标模型或部署检测系统所需的资源（如计算资源和训练数据）比从头开始训练模型少，攻击者就可能会有动机盗用目标模型而不是从头开始训练。因此，模型所有者和攻击者之间的较量可能会持续下去，直到盗用目标模型和规避模型所有者的指纹识别方法所需的资源比从头开始训练模型更多。

5.6　小结

近年来，机器学习的性能达到甚至超过了人类水平，但代价是需要大量资源训练模型。因此，攻击者可能会试图从模型所有者手里盗用并滥用模型。模型提取攻击对模型所有者的知识产权构成了更大的威胁，尤其在其机器学习模型中。本章讨论了通过指纹识别分类边界来保护机器学习模型的知识产权的一般框架，模型所有者从目标模型中提取一些指纹，并通过检查嫌疑模型中是否存在相同的指纹来验证嫌疑模型是不是目标模型的盗版。指纹应该能稳健且独特地表征目标模型的分类边界，例如，模型所有者可以选择一些位于分类边界附近的指纹数据点，并将它们与预测标签一起用作指纹。未来，有趣的工作包括设计更符合 5 个设计目标的新指纹识别方法，并对这些指纹识别方法进行理论分析。

致谢　本工作得到了国家科学基金会授予的 1937786 号和 2112562 号基金的支持。

第 6 章

CHAPTER 6

通过模型水印
保护图像处理网络

张杰，陈冬冬，廖婧，张伟明，俞能海

深度学习在图像处理等低级计算机视觉任务中取得了巨大成功。为了保护这些宝贵的图像处理网络的知识产权，模型供应商可以以应用程序接口（Application Program Interface，API）的形式出售服务。然而，尽管攻击者只能查询 API，但仍然能够进行模型提取攻击，进而窃取目标网络。本章提出了一种用于图像处理网络的新型模型水印框架，进一步提出了两种策略，即模型无关策略和模型特定策略。本章提出的方法在保真度、容量和稳健性方面表现良好。

6.1 引言

　　图像处理是一类低级计算机视觉任务，包括图像去雨[152, 153]、图像去雾[154, 155]、医学图像处理[156, 157]、风格迁移[158, 159] 等，图 6.1 展示了一些图像处理任务的视觉示例。上述图像处理任务可以被视为图像到图像的转换任务，其中输入和输出均为图像。近年来，基于 DNN 的图像处理技术取得了显著进展，并且大幅超越了传统的最先进方法。例如，Pix2Pix[160]、CycleGAN[161] 等优秀的通用框架相继被提出。尽管如此，获得一个优秀的图像处理网络并非易事，这需要高质量的标注数据和昂贵的计算资源。因此，训练有素的图像处理网络可以被视为模型所有者的知识产权。

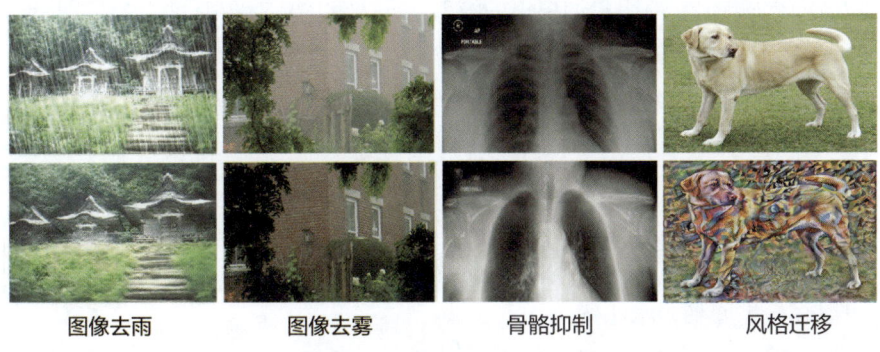

| 图像去雨 | 图像去雾 | 骨骼抑制 | 风格迁移 |

图 6.1　图像处理任务示例

　　为了保护核心知识产权，常用的技术是将这些网络封装成应用程序接口并商业化。然而，攻击者仍然可能窃取 API 的功能，这被称为模型提取攻击。例如，攻击者可以持续查询目标 API 并接收相应的输出。有了足够的输入—输出对，攻击者可以用有监督学习的方式训练出一个功能相似的模型。一些研究工作[5, 6, 18, 25, 95] 开始关注保护 DNN 的知识产权；Uchida 等人[18] 提出了一种特殊的权重正则化器，将二进制水印嵌入 DNN 中；Adi 等人[25] 使用一组特定的输入作为指示符，让模型故意输出特定的错误标签，这也被称为"后门攻击"；Fan 等人[5, 6] 提出在目标模型中嵌入一个特殊的通行证层，并以交替的方式进行训练。一些初步的尝试[13] 用于图像处理网络的知识产权保护，主要包括两类：向原始输出域添加额外的输出域，或将原始输出域转移到一个新的特定域。前者类似于多任务学习（Multiple Task Learning，MTL），目标模型学习一个额外预定义的图像处理任务来验证模型所有权。例如，Quan 等人[13] 将一个常见的平滑算法作为水印嵌入任务，通过 DNN 模型进行图像去噪。在验证阶段，将手工制作的触发图像输入目标模型，预期输出的结果应该是由平滑算法处理的，而不是基于 DNN 的去噪结果。后者关注构建一个特殊的输出域，该域离原始域不远，但嵌入了水印信息，以便提取水印。文献 [162] 属于后者，与本章介绍的工作相似。然而，上述两种方法都有一个明显的局限性：对模型提取攻击的脆弱性。保护图像处理网络知识产权面临以下两个技术挑战。

- **挑战 1：** 如何验证嫌疑模型的所有权？在实际情况中，攻击者不会直接提供嫌疑模型的内部信息，如模型参数。因此，只能使用嫌疑模型的输出进行所有权验证。此外，验证过程中用于查询的输入应该是正常的，不能被攻击者规避以干扰验证过程。本章将研究后一种情况。

- **挑战 2：** 如何保证在模型提取攻击后仍保留水印？我们的目标是从模型的输出中提取水印进行验证，这意味着水印应该在模型提取攻击期间被学习，即水印信息需要从被保护模型的输出转移到被盗模型的输出中。

接下来的部分将详细描述这些问题的解决方案，并提供不同图像处理任务上的定量结果和定性结果，以证明我们提出的模型水印方法能满足保真度、容量和稳健性方面的要求。我们的工作的主要贡献如下。

- 提出了一个新的模型水印框架来保护图像处理网络的知识产权，该框架基于空间隐形水印机制。

- 进一步设计了两种策略，即模型无关策略和模型特定策略，提高了使用时的灵活性。

- 将全尺寸图像作为水印，增加了我们提出的水印方法的容量。此外，该方法还可以轻松扩展到多水印案例。

- 利用两阶段训练策略来抵抗模型提取攻击，实验结果显示了该策略在不同攻击配置下的稳健性。为了进行全面评估，我们还考虑了一些自适应评估方法。

6.2 准备工作

我们首先明确图像处理网络的知识产权保护的威胁模型，然后阐述需要解决的问题。

6.2.1 威胁模型

1. 攻击者的能力

攻击者拥有足够多的计算资源，但缺乏足够多的高质量标记数据来训练自己的模型。此外，由于攻击者无法访问训练好的目标模型，因此无法进行基于模型的窃取，如微调和模型压缩。攻击者只能查询目标模型，并且我们不限制查询次数。简而言之，攻击者只能通过模型提取攻击来窃取目标模型的功能。

2. 验证者的能力

根据能否访问目标模型的内部信息（如模型权重、模型架构等），可以以白盒方式或黑盒方式进行所有权验证。本章考虑一种更实际的情况，即窃取者拒绝主动提供内部信息。因此，验证者只能利用嫌疑模型的输出，并且需要用正常的查询来启动验证。

3. 最终目标

模型所有者的目标是设计一种模型水印方法，用于在发生知识产权侵权时进行事后取证。对于模型水印算法，它应该满足以下要求。

（1）保真度。不能牺牲目标模型的原始性能，对于图像处理任务，带水印的输出应与原始输出在视觉上保持一致。

（2）容量。应尽可能多地嵌入水印信息。

（3）稳健性。本章主要关注模型提取攻击的稳健性，同时将讨论一些自适应攻击方法。

6.2.2　问题形式化

在这项工作中，我们主要研究如何保护图像处理网络免受模型提取攻击 $\mathcal{A}_{\mathrm{me}}$。为了便于理解，本节首先定义图像处理任务，然后为模型提取任务提供一个简单的公式，最后提出所建议的模型水印框架。

1. 图像处理网络

给定一个图像处理网络 N()，用输入数据集 D_A 和输出数据集 D_B 对其进行训练，其中数据（$\{a_1, a_2, \cdots, a_n\}$）和（$\{b_1, b_2, \cdots, b_n\}$）是一一对应的。在训练阶段，N() 受损失函数 L 的约束，学习从数据分布 $\mathcal{D}_A$ 到 $\mathcal{D}_B$ 的映射。对于图像处理任务，损失函数通常采用像素级别的 L_p 损失和感知损失[99]。对于一个训练良好的 N()，给定图像 $a \in \mathcal{D}_A$，它将自信地输出相应的处理后图像 $b \in \mathcal{D}_B$。

2. 模型提取攻击

在这种攻击中，攻击者可以将自己的未标记数据（$\{a_1^*, a_2^*, \cdots, a_n^*\} \in \mathcal{D}_{A^*}$）输入 N()，获得相应的标记数据（$\{b_1^*, b_2^*, \cdots, b_n^*\} \in \mathcal{D}_{B^*}$），其中 $\mathcal{D}_{A^*}$ 与 $\mathcal{D}_A$ 相似。然后，攻击者可以通过上述训练策略用数据集 $\mathcal{D}_{A^*}$ 和 $\mathcal{D}_{B^*}$ 训练自己的替代网络 N*()。对于 N*()，可以选择任何网络架构和损失函数，这可能与原始目标模型的设置不同。无论如何，攻击者的目标是获取一个保留功能的替代网络 N*()。

3. 模型水印技术

根据两个主要挑战（6.1 节）和威胁模型，只能使用非法替代网络 N*() 的输出 O' 进行所有权验证。同时，需要将水印信息嵌入 N() 的输出 O 中，获得带水印的输出 O_W。然后，O_W 将取代 O 作为最终用户 API 的输出。如果保证 N*() 能够捕捉水印信息并将其学习到输出中，那么随后的验证将会成功。

6.3　提出的方法

6.3.1　动机

在介绍我们的模型水印方法之前，展示一个简单的想法，如图 6.2 所示。以去雨任务为例，以自然图像中的雨滴为输入，目标模型 $\mathbb{N}()$ 将去除雨滴并获得干净的输出 O。在将 O 发布给最终用户之前，在所有输出上添加相同的水印（如 "Flower"），得到带有水印的输出 O'，这些输出被视为 $\mathbb{N}()$ 的最终反馈。如果攻击者用这种输出 O' 训练其替代模型 $\mathbb{N}^*()$，那么由于损失最小化的特性，$\mathbb{N}^*()$ 必须学习到输出中的水印。下面提供一种简单的数学分析。

输入

输出

图 6.2　在所有输出上添加相同的可见水印（如 "Flower"）

将图像 a_i 输入目标模型 $\mathbb{N}()$ 中，攻击者可以获得相应的输出 $b_i \in O$，替代模型 $\mathbb{N}^*()$ 的目标是最小化 $\mathbb{N}^*(a_i)$ 和 b_i 之间的损失函数 L：

$$L(\mathbb{N}^*(a_i), b_i) \rightarrow 0. \tag{6.1}$$

如果每个原始输出 $b_i \in O$ 都被可见水印 δ 标记，形成另一个输出 $b_i' \in O'$，那么 $\mathbb{N}^*()$ 的目标是最小化 $\mathbb{N}^*(a_i)$ 和 b_i' 之间的 L：

$$L(\mathbb{N}^*(a_i), b_i') \rightarrow 0, \quad b_i' = b_i + \delta. \tag{6.2}$$

根据式 (6.1) 和式 (6.2)，必然存在一个替代模型 $\mathbb{N}^*()$，根据下面的等价关系，可以从 D_A 到 O' 学习一个良好的映射：

$$L(\mathbb{N}_1^*(a_i), b_i) \rightarrow 0 \Leftrightarrow L(\mathbb{N}_2^*(a_i), (b_i + \delta)) \rightarrow 0$$
$$\text{当} \quad \mathbb{N}_2^* = \mathbb{N}_1^* + \delta. \tag{6.3}$$

也就是说，如果替代模型 $\mathbb{N}^*()$ 能够很好地学习原始的图像处理任务，那么必然会通过简单的快捷方式将水印 δ 学习到输出中。此外，我们发现可见的一致水印 δ 是这种简单解决方案的重要组成部分。然而，可见水印不适合实际使用，因为它会破坏图像的保真度。为了解决这个问题，应使水印变得不可见或隐蔽，但仍需保证不同图像中嵌入的水印的一致性。

　　根据上述分析，我们为图像处理网络提出了一个新的模型水印框架，用于保护图像处理网络免受模型提取攻击。如图 6.3 所示，为了保护目标模型 N()，通过水印嵌入算法 H 直接将目标水印 δ 嵌入原始输出 b_i 中。同时，需要确保水印提取算法 R 能从水印输出 b_i' 中提取水印 δ'。在这个框架中，有两个一致性是至关重要的：带水印的图像 b_i' 应与原始图像 b_i 在视觉上保持一致；提取的水印 δ' 应与目标水印 δ 一致。由于 H 与目标模型 N() 独立，我们将默认策略称为模型不可知策略。在图 6.4 中，进一步提出了模型特定策略，该策略将 H 与目标图像处理任务结合。模型不可知策略对于需要频繁更新的目标模型更加灵活，模型特定策略则与特定的模型版本建立了更强的联系。

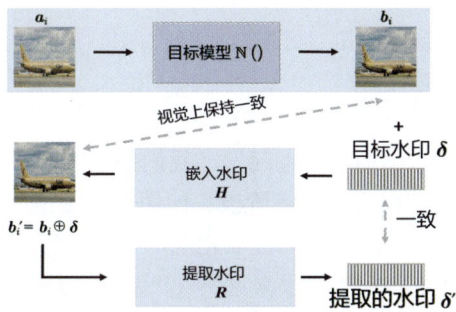

图 6.3　模型水印框架与模型不可知策略

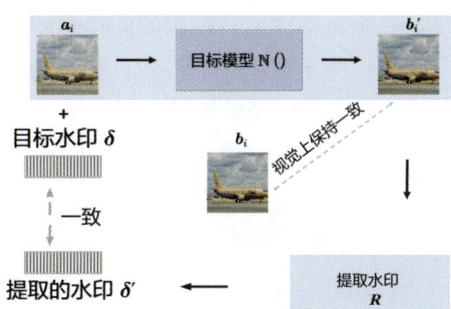

图 6.4　模型水印框架与模型特定策略

6.3.2　传统水印算法

　　模型不可知策略可以直接应用传统的水印算法嵌入和提取水印，仅考虑不可见水印方法，但包括了空间域和一些变换域。

　　对于空间域不可见水印，采用一种常见的加性嵌入方法。具体来说，首先将水印信息扩展为符合特定分布的序列或块，然后将其隐藏在封面图像的相关系数中。此过程表述如下：

$$O' = \begin{cases} O + \alpha C_0, & \text{当 } T_i = 0 \text{ 时} \\ O + \alpha C_1, & \text{其他} \end{cases} \qquad (6.4)$$

式中，O 和 O' 分别表示封面图像和水印图像；α 表示水印强度；C_i 表示水印信息 "T_i" 的位置（$T_i \in [0,1]$）。提取过程是水印嵌入的逆过程。随后的实验结果表明，空间域水印方法仅在特定情况下能够抵抗模型提取攻击，即使用特定的损失函数和网络架构训练替代模型。此外，传统的空间域水印容量有限（如 64 位），因为它需要大量的位信息来校正错误。

我们还尝试了一些经典的变换域水印方法，例如离散傅里叶变换（Discrete Fourier Transform，DFT）域[163]、离散余弦变换（Discrete Cosine Transform，DCT）域[164] 和离散小波变换（Discrete Wavelet Transform，DWT）域[165]。然而，这些方法对模型提取攻击都是脆弱的，如何确保变换域水印能够保留在替代模型的输出中，是一个值得探索的有趣方向。

6.3.3 深度不可见水印技术

为了解决传统空间域水印的局限性问题，我们提出利用深度模型进行水印嵌入和水印提取，如图 6.5 所示。在初始训练阶段，使用嵌入子网络 H 将图像水印嵌入域 B 的封面图像中，同时使用提取器 R 提取相应的水印。特别地，我们联合训练这两个网络，这在大多数深度水印方法中很常见[166, 167]。与传统的空间水印相比，这种方法的主要优势是可以在训练过程中引入一些噪声层，以增强针对特定攻击或处理（如 JPEG 和屏幕截图）的稳健性。在初始训练阶段，我们还发现如果只将来自域 B' 的图像输入 R，那么它将学习一个直接输出目标水印的琐碎解决方案，无论输入图像是否带水印。为了解决这个问题，将来自域 A 和域 B 的无水印图像输入 R 中，并强制输出一个恒定的空白图像，这有助于有效取证。

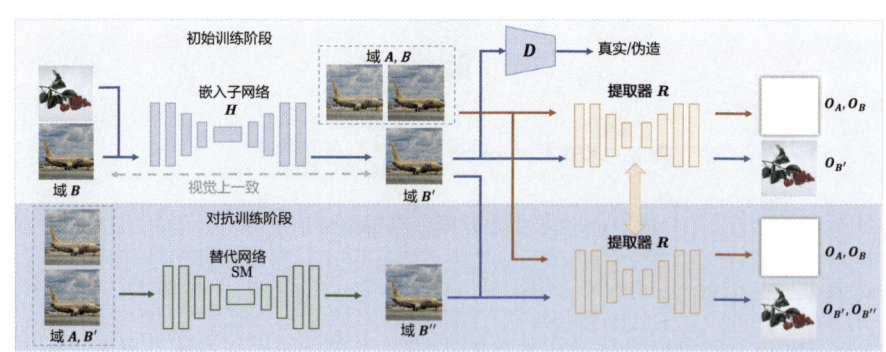

图 6.5   使用两阶段训练策略的深度不可见水印技术

然而，如果只经过初始训练阶段，那么 R 无法从替代模型 $\mathbb{N}^*()$ 的输出 O^* 中提取出水印。利用深度水印的优势，在对抗训练阶段引入模型提取攻击。具体来说，训练一个代理替代模型 $N_0^*()$ 来模拟模型提取攻击，使用来自域 $\boldsymbol{A}$ 和域 $\boldsymbol{B}'$ 的配对数据。然后，收集 $N_0^*()$ 的输出构成域 $\boldsymbol{B}'$，并在混合数据集（包括域 $\boldsymbol{A}$、$\boldsymbol{B}$、$\boldsymbol{B}'$、$\boldsymbol{B}''$）上进一步微调 $\boldsymbol{R}$。通过两阶段训练策略，即使替代模型 $N^*()$ 与对抗训练阶段使用的代理替代模型 $N_0^*()$ 不同，我们的模型水印方法在模型提取攻击下也实现了稳健性。在接下来的内容中，将介绍更多的设计细节。

1. 网络结构

嵌入网络 $\boldsymbol{H}$ 和代理替代模型 $N_0^*()$ 都选择了 UNet[168] 作为默认的网络结构，这在图像到图像的翻译任务中很流行[160, 161]。UNet 包含多尺度的跳跃连接，这对于输出图像与输入图像共享某些共同属性的任务（如未加水印的图像和相应的加水印的图像）非常友好。然而，对于提取器 $\boldsymbol{R}$，UNet 不适合，因为提取的水印（如"花"）与加水印的图像（如自然图像）不同。实验结果验证了 CEILNet[169] 的有效性，这本质上是一个类似自动编码器的网络结构。

2. 损失函数

我们的方法的损失函数由两部分组成——嵌入损失 L_{emd} 和提取损失 L_{ext}，即

$$L = L_{\text{emd}} + \lambda L_{\text{ext}}, \tag{6.5}$$

式中，λ 用于平衡水印嵌入和水印提取。下面将详细介绍这两个损失项。

3. 嵌入损失

为了确保封面图像 $\boldsymbol{b}_i$ 和加水印图像 $\boldsymbol{b}_i'$ 之间的视觉一致性，我们考虑基本的 L_2 损失 ℓ_2，它在像素级别上比较具有相似性，即

$$\ell_2 = \sum_{\boldsymbol{b}_i' \in \boldsymbol{B}', \boldsymbol{b}_i \in \boldsymbol{B}} \frac{1}{N_c} \|\boldsymbol{b}_i' - \boldsymbol{b}_i\|^2, \tag{6.6}$$

式中，N_c 表示总像素数。

我们还通过著名的感知损失 ℓ_{perc}[99] 约束了特征级别的相似性，即

$$\ell_{\text{perc}} = \sum_{\boldsymbol{b}_i' \in \boldsymbol{B}', \boldsymbol{b}_i \in \boldsymbol{B}} \frac{1}{N_f} \|\text{VGG}_k(\boldsymbol{b}_i') - \text{VGG}_k(\boldsymbol{b}_i)\|^2, \tag{6.7}$$

式中，$\text{VGG}_k(\cdot)$ 表示在第 k 层（默认为"conv2_2"）提取的特征；N_f 表示总特征神经元数量。

为了消除 $\boldsymbol{B}'$ 和 $\boldsymbol{B}$ 之间的领域差异，进一步在嵌入子网络 $\boldsymbol{H}$ 的训练中引入一个鉴别器 $\boldsymbol{D}$，这可以被看作 GAN 风格的训练，即

$$\ell_{\text{adv}} = \mathbb{E}_{\boldsymbol{b}_i \in \boldsymbol{B}} \log\left(\boldsymbol{D}(\boldsymbol{b}_i)\right) + \mathbb{E}_{\boldsymbol{b}_i' \in \boldsymbol{B}'} \log\left(1 - \boldsymbol{D}(\boldsymbol{b}_i')\right). \tag{6.8}$$

式中，ℓ_{adv} 表示对抗损失，它将迫使 $\boldsymbol{H}$ 以更隐蔽的方式嵌入水印，这将使鉴别器 $\boldsymbol{D}$ 无法区分加水印的图像和未加水印的图像。对于 $\boldsymbol{D}$，我们采用广泛使用的 Patch-GAN[160]。

简而言之，嵌入损失被表述为上述三项的加权和，即

$$L_{\text{emd}} = \lambda_1 \ell_2 + \lambda_2 \ell_{\text{perc}} + \lambda_3 \ell_{\text{adv}}. \tag{6.9}$$

4. 提取损失

提取器 R 有两个目标：从 B' 的加水印图像中提取出目标水印图像；对于来自 A、B 的未加水印图像，应输出空白图像。因此，L_{ext} 的前两项分别是重构损失 ℓ_{wm} 和清洁损失 ℓ_{clean}，即

$$\ell_{\text{wm}} = \sum_{b'_i \in B'} \frac{1}{N_{\text{c}}} \| R(b'_i) - \delta \|^2, \tag{6.10}$$

$$\ell_{\text{clean}} = \sum_{a_i \in A} \frac{1}{N_{\text{c}}} \| R(a_i) - \delta_0 \|^2 + \sum_{b_i \in B} \frac{1}{N_{\text{c}}} \| R(b_i) - \delta_0 \|^2, \tag{6.11}$$

式中，δ 表示目标水印图像；δ_0 表示空白图像。

此外，我们进一步限制所有提取的水印图像 $R(\cdot)$ 之间的一致性，这将使替代模型更容易捕获水印信息。因此，我们增加了另一个一致性损失 ℓ_{cst}，即

$$\ell_{\text{cst}} = \sum_{x,y \in B'} \| R(x) - R(y) \|^2. \tag{6.12}$$

最终的提取损失 L_{ext} 定义如下：

$$L_{\text{ext}} = \lambda_4 \ell_{\text{wm}} + \lambda_5 \ell_{\text{clean}} + \lambda_6 \ell_{\text{cst}}. \tag{6.13}$$

5. 对抗训练阶段

对抗训练阶段的本质是引入模型提取攻击的退化。具体而言，一种代理替代模型 $\mathbb{N}_0^*()$ 用简单的 L_2 损失和默认的 UNet 训练，并且其输出被定义为领域 B''。在此阶段，固定嵌入子网络 H 并只微调提取器 R。提取损失的损失项应该被重写：

$$\ell_{\text{wm}} = \sum_{b'_i \in B'} \frac{1}{N_{\text{c}}} \| R(b'_i) - \delta \|^2 + \sum_{b''_i \in B''} \frac{1}{N_{\text{c}}} \| R(b''_i) - \delta \|^2,$$

$$\ell_{\text{cst}} = \sum_{x,y \in B' \cup B''} \| R(x) - R(y) \|^2. \tag{6.14}$$

6. 训练细节

在默认情况下，对 H、R 和 D 进行 200 次训练，批量大小为 8。采用 Adam 优化器，初始学习率为 0.0002，如果在 5 个周期内损失变化不大，则学习率衰减至 0.2。对于 $\mathbb{N}_0^*()$ 和 $\mathbb{N}^*()$ 的训练，将批量大小设置为 16，并训练 300 次，以获得更好的性能。在对抗训练阶段，R 以较低的初始学习率 0.0001 进行微调。在默认情况下，所有的超参数 λ_i 等于 1，除了 $\lambda_3 = 0.01$。所有的图像大小均被调整为 256 像素 × 256 像素。实现代码已开源[①]。

[①] 在 GitHub 网站搜索 "ZJZAC/Deep-Model-Watermarking"。

7. 所有权验证

在验证阶段，我们只需将一些正常输入送入 N*() 并获取相应的输出 O*。利用提取器 $\boldsymbol{R}$ 提取水印图像，并检查 $\boldsymbol{R}$ 的输出是否与目标水印图像匹配。为了评估相似性，引入经典的标准化相关性（Normalized Correlation，NC）指标，即

$$\mathrm{NC} = \frac{< \boldsymbol{R}(\boldsymbol{b}_i'), \boldsymbol{\delta} >}{\|\boldsymbol{R}(\boldsymbol{b}_i')\|\|\boldsymbol{\delta}\|}, \tag{6.15}$$

式中，$< \cdot, \cdot >$ 和 $\|\cdot\|$ 分别表示内积和 L_2 范数。

8. 灵活扩展

（1）多水印策略。在默认情况下，在嵌入子网络和提取器的训练中只引入一种特定的水印。然而，当一个图像处理网络有多个版本需要发布时，需要不同的水印来代表不同的版本，这将导致训练多个嵌入子网络和提取器将消耗更多的存储和计算资源。幸运的是，我们提出的框架支持在单一的嵌入子网络和单一提取器中嵌入多个水印图像。唯一的变化是 $\boldsymbol{H}$ 将随机选择不同的图像作为水印嵌入封面图像，并通过 $\boldsymbol{R}$ 提取它们。

（2）模型特定策略。图 6.6 展示了采用模型特定策略的初始训练阶段。在这种情况下，原始目标模型可以同时学习图像处理和水印嵌入任务。换句话说，目标模型 N() 将输出一个与原始无水印输出类似的加水印图像。同时，增加了一个提取器 $\boldsymbol{R}$ 来提取相应的水印图像，与 N() 共同训练。我们将这种 N() 称为自嵌入水印模型。

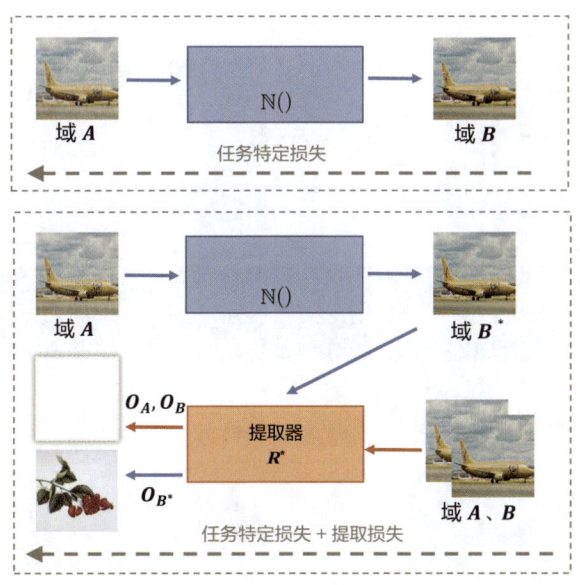

图 6.6　模型特定策略的初始训练阶段

6.4 实验

为了展示模型水印方法的有效性，选取两个图像处理任务进行实验：图像去雨和图像去骨。

6.4.1 实验设置

1. 数据集

对于图像去雨任务，使用 PASCAL VOC 数据集[170] 中的 6100 张图像作为域 B，并使用文献 [171] 中的合成算法生成带雨图像作为域 A。这些图像进一步被分为两部分：6000 张用于训练，100 张用于测试。所有图像都被用于初始训练、对抗训练，以及代理替代模型 $N_0^*()$ 的训练。对于模型提取攻击，由于攻击者使用的图像可能与模型所有者用来训练 H、R 的图像不同，因此随机选取 COCO 数据集[172] 中的 6000 张图像用于训练替代模型 $N^*()$。至于图像去骨任务，随机选择开放数据集 ChestX-ray8[173] 中的 6100 张图像作为域 A，并通过算法[156] 抑制肋骨区域生成图像作为域 B，这些图像也按照类似的方式被进一步分割。为了不失一般性，选择灰度的"版权"和彩色的"花朵"图像作为去骨和去雨的默认目标水印，如图 6.7 所示。其中，A 表示未加水印的图像 b_i，B 表示加水印的图像 b_i'，C 表示 b_i 与 b_i' 的残差（增强 $10\times$），D 表示目标水印图像，E 表示从 b_i' 中提取的水印图像。

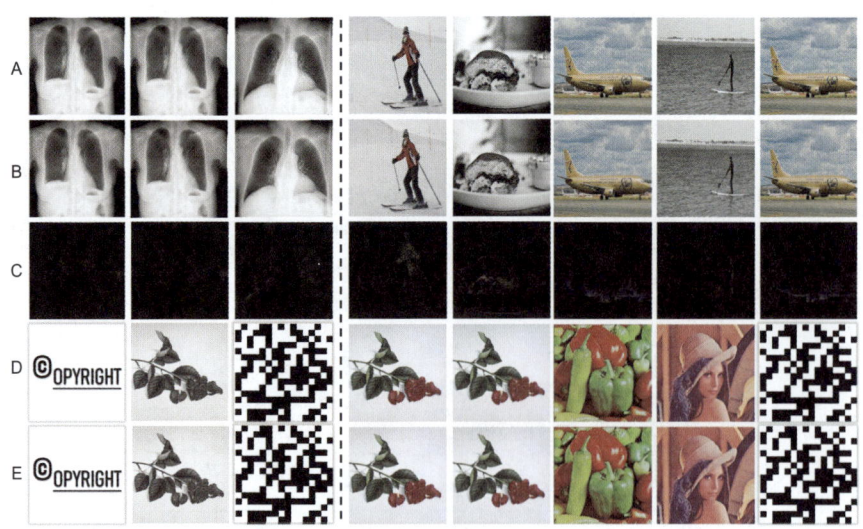

图 6.7　模型水印的保真度和容量

2. 评估指标

我们采用峰值信噪比（PSNR）和结构相似性（SSIM）来评估保真度。在验证阶段，如果标准化相关性指标的值超过 0.95，则认为水印被成功提取。基于此，成功提取率（Success extraction Rate，SR）被进一步定义为从测试集中成功提取隐藏水印图像的比例。如果没有特别说明，则展示的是采用模型无关策略的结果。

6.4.2 保真度和容量

本节将以定性和定量的方式评估所提方法的保真度和容量。为了更好地展示，我们同时考虑简单的灰度图像和彩色图像，对于灰度图像，甚至考虑了一个二维码图像。图 6.7 展示了未加水印的图像 b_i 与加水印的图像 b_i' 之间的残差，可以看出，所提方法不仅能够以不可见的方式将水印图像嵌入封面图像中，还能成功地提取出嵌入的水印。此外，无论是对于灰度水印图像还是彩色水印图像，图 6.8 中 b_i 与 b_i' 之间的灰度直方图几乎重合，这也反映出所提方法能够保证较高的保真度。

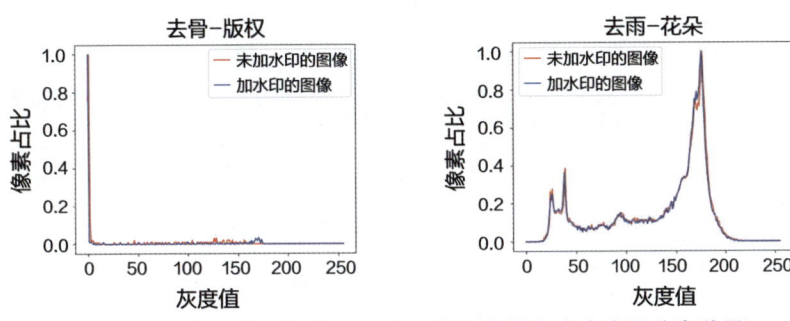

图 6.8　未加水印的图像与加水印的图像的灰度直方图分布差异

在表 6.1 中，一方面，我们提供了定量结果，即 PSNR 和 SSIM，且 PSNR 和 SSIM 在整个测试集上取平均值。在"$x - y$"表示法中，x 和 y 分别表示任务名称和水印图像名称，这再次证明保真度得到了很好的保证。另一方面，提取器 R 在所有情况下都具备非常好的提取能力，成功提取率为 100%。在容量方面，我们提出的方法可以嵌入全尺寸图像（如 256 像素 × 256 像素）作为水印，这比传统的空间水印方法（如 64 位字符串）的容量要大得多。

表 6.1　定量结果

任务	PSNR	SSIM	NC	SR
去骨—版权	47.29	0.99	0.9999	100%
去骨—花朵	46.36	0.99	0.9999	100%
去骨—二维码	44.35	0.99	0.9999	100%
去雨—花朵	41.21	0.99	0.9999	100%
去雨—辣椒	40.91	0.98	0.9999	100%
去雨—Lena	42.50	0.98	0.9999	100%
去雨—二维码	40.24	0.98	0.9999	100%

6.4.3 对模型提取攻击的稳健性

在实际场景中，攻击者可能会使用不同的网络结构和损失函数来训练替代模型 $N^*()$。因此，通过使用不同设置下训练的不同替代模型来模拟这种情况，可以评估方法的稳健性。考虑四种不同类型的网络结构：仅由几个卷积层组成的传统卷积网络（CNet）、具有 9 个和 16 个残差模块的自编码器网络（Res9 和 Res16），以及 UNet 网络。对于损失函数，采用了流行的像素级损失函数，如 L_1、L_2、感知损失 L_{perc}、对抗损失 L_{adv} 及其组合。使用感知损失 L_{perc} 训练 $N^*()$ 会导致性能极差（PSNR 为 19.73，SSIM 为 0.85），并导致攻击失去意义，因此排除了这种设置下的结果。使用 UNet 和 L_2 损失函数训练代理替代模型 $N_0^*()$，将这种配置下的模型提取攻击定义为白盒攻击，其他均定义为黑盒攻击。考虑到计算资源有限，我们进行了对照实验以展示所提方法对模型提取攻击的稳健性。此外，以去骨—版权任务和去雨—花朵任务为例，† 表示没有进行对抗训练的结果。

表 6.2 的结果证明所提方法可以抵抗白盒模型和黑盒模型提取攻击，即使代理替代模型 $N_0^*()$ 仅使用了 L_2 损失和 UNet 训练。对于 CNet，成功提取率略低于其他情况，可以解释为使用 CNet 的替代模型 $N^*()$ 在图像去骨任务中的性能较差。

表 6.2 采用 L_2 损失和不同网络结构的替代模型 $\mathbb{N}^*()$ 攻击时的成功提取率

设置	CNet	Res9	Res16	UNet
去骨	93%	100%	100%	100%
去雨	100%	100%	100%	100%
去骨 †	0%	0%	0%	0%
去雨 †	0%	0%	0%	0%

为了进一步验证所提方法对不同损失函数的稳健性，采用相同的网络结构 UNet 并使用不同的损失组合来训练 $N_0^*()$。表 6.3 的结果证明所提方法可以抵抗不同的损失组合，具有非常高的成功提取率。

表 6.3 采用 UNet 网络结构和不同损失组合训练的替代模型 $\mathbb{N}^*()$ 的成功提取率

设置	L_1	$L_1 + L_{adv}$	L_2	$L_2 + L_{adv}$	$L_{perc} + L_{adv}$
去骨	100%	100%	100%	100%	71%
去雨	100%	100%	100%	99%	100%
去骨 †	0%	0%	27%	44%	0%
去雨 †	0%	0%	0%	0%	0%

综上所述，引入对抗训练阶段可以增强 R 的提取能力。为了证明其重要性，我们还进行了没有对抗训练的对照实验，并在表 6.2 和表 6.3 中提供了相应结果（标记为 "†"）。可以看出，如果 $N^*()$ 使用默认的 L_2 损失但不同的网络结构进行训练，则其成功率在所有情况下均为 0%。当使用默认网络结构 UNet 时，只有使用某些特殊损失函数训练 $N^*()$ 才能输出水印图像。表 6.2 和表 6.3 中的结果证明了对抗训练的必要性。

图 6.9 进一步提供了一个从不同替代模型输出中提取的水印示例。其中，A 表示水印输入 a_i；B 表示水印输出 b_i'；C~F 表示使用 L_2 损失和不同网络结构训练的 N*()，依次为 CNet、Res9、Res16 和 UNet；G ~ K 表示使用 UNet 和不同损失组合训练的 N*()，依次为 L_2、L_2+L_{adv}、L_1、L_1+L_{adv} 和 $L_{perc}+L_{adv}$。结果显示，从替代模型输出中提取的水印图像与目标水印图像在视觉上一致，因此我们的方法能够直观地验证模型所有权。

图 6.9　从不同替代模型输出中提取的水印示例

6.4.4 消融实验

1. 重要性分析：清晰损失与一致性损失

在水印提取阶段，我们添加了额外的清晰损失 L_{clean} 用于有效取证，并添加了不同水印图像间的一致性损失 L_{cst} 以便于提取，我们通过两个对照实验来证明它们的重要性。如图 6.10 所示，第一行表示有清晰损失，第二行表示没有清晰损失，图 6.10(a) 和图 6.10(c) 表示来自域 A、B 的未加水印图像 a_i、b_i，图 6.10(b) 和图 6.10(d) 分别表示从图像 a_i、b_i 提取的水印，右上角的数字为相关性值。如果没有清晰损失，那么提取器也会从未加水印的图像中提取无意义的水印，而不是空白图像。此外，相应的归一化相关性（NC）值也较高，这将引起误报，使取证失效。

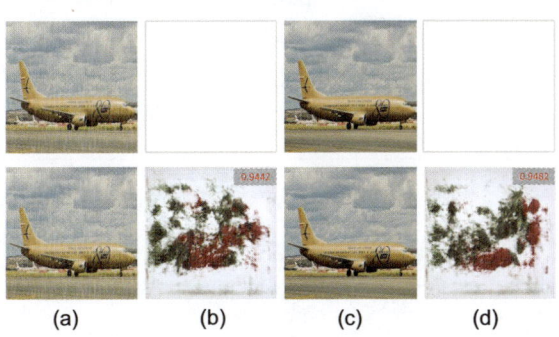

(a)　　　(b)　　　(c)　　　(d)

图 6.10　清晰损失的对比结果

如图 6.11 所示,第一行表示有一致性损失,第二行表示没有一致性损失,图 6.11(a) 表示来自域 B 的未加水印图像 b_i, 图 6.11(b) 表示来自域 O^* 的加水印图像 b_i', 图 6.11(c) 表示替代模型的输出 b_i'', 图 6.11(d) 表示从 b_i'' 提取的水印。如果没有一致性损失, 那么提取器只能从替代模型 $\mathbb{N}^*()$ 的输出 O^* 中提取出脆弱的水印图像。这是因为缺乏 L_{cst} 将导致在替代模型中学习统一的水印更加困难。相比之下, 训练有 L_{cst} 的提取器 R 始终可以提取出明显的水印。

(a)　　　　　　(b)　　　　　　(c)　　　　　　(d)

图 6.11　一致性损失的对比结果

2. 超参数和水印大小的影响

超参数 λ 用于平衡嵌入和提取的能力, 我们进行了不同 λ 的对照实验。如表 6.4 所示, 以去骨—版权任务为例, 尽管不同的 λ 会影响加水印图像的视觉质量和相关性值, 但最终结果都表现良好, 这意味着我们的算法对 λ 不敏感。

表 6.4　我们提出的方法在不同 λ 下的定量结果

λ	PSNR	SSIM	NC	SR
0.1	49.82	0.9978	0.9998	100%
0.5	48.44	0.9969	0.9998	100%
1	47.29	0.9960	0.9999	100%
2	45.12	0.9934	0.9999	100%
10	43.21	0.9836	0.9999	100%

我们进一步尝试了不同大小的水印以测试所提方法的泛化能力, 由于要求水印尺寸与封面图像相同, 如果水印尺寸小于 256, 则会用 255 填充水印。如表 6.5 所示, 以去骨—版权任务为例, 所提方法对不同大小的水印具有良好的泛化能力。

表 6.5　我们提出的方法在不同尺寸水印图像下的定量结果

尺寸/像素	PSNR	SSIM	NC	SR
32 × 32	46.89	0.9962	0.9999	100%
64 × 64	47.49	0.9965	0.9999	100%
96 × 96	48.06	0.9967	0.9999	100%
128 × 128	47.68	0.9965	0.9999	100%
256 × 256	47.29	0.9960	0.9999	100%

6.4.5　扩展

本节提供了使用多水印策略和模型特定策略的灵活扩展的实验结果。

1. 多水印策略

6.3.3 节提出的框架只需使用单个嵌入子网络和单个提取器，就能够灵活地嵌入多个不同的水印。为了验证这一点，以去骨任务为例，随机选择互联网上 10 个不同的徽标图像作为水印进行训练，如图 6.12 所示。本节以"版权"和"花朵"为代表，将它们与默认的单水印设置的结果进行比较。在表 6.6 中，与默认设置相比，多水印设置的平均 PSNR 从 47.29 下降到 41.87，但仍然大于 40，这是可以接受的。我们还在图 6.13 中展示了一些可视化示例，第一行和第二行分别展示了带水印的图像和提取的相应水印。在对抗模型提取攻击的稳健性方面，我们进一步提供了表 6.7 和表 6.8 中的比较结果。结果显示，多水印设置下的方法与默认单水印设置的提取成功率相当。

图 6.12　从互联网下载的多个徽标图像

表 6.6　多水印（∗）与默认单水印设置在保真度和提取能力方面的比较

任务	PSNR	SSIM	SR
去骨—版权	47.29	0.99	100%
去骨—版权 ∗	41.87	0.99	100%
去骨—花朵	46.36	0.99	100%
去骨—花朵 ∗	41.67	0.98	100%

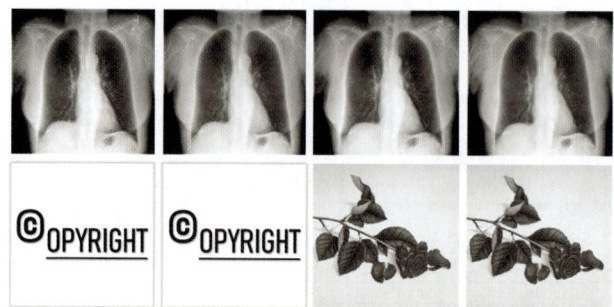

图 6.13　多水印（偶数列）与默认单水印（奇数列）设置的视觉对比

表 6.7　不同网络结构下多水印（∗）与默认单水印设置对模型提取攻击的稳健性比较

任务	CNet	Res9	Res16	UNet
去骨—版权	93%	100%	100%	100%
去骨—版权 ∗	89%	90%	94%	100%
去骨—花朵	73%	83%	89%	100%
去骨—花朵 ∗	94%	97%	97%	100%

表 6.8　不同损失组合下多水印（∗）与默认单水印设置对模型提取攻击稳健性的比较

任务	L_1	L_2	$L_1 + L_{adv}$	$L_2 + L_{adv}$	$L_{perc} + L_{adv}$
去骨—版权	100%	100%	100%	100%	71%
去骨—版权 ∗	100%	100%	100%	100%	97%
去骨—花朵	100%	100%	100%	99%	100%
去骨—花朵 ∗	100%	100%	100%	100%	99%

2. 模型特定策略

为了展示模型特定策略的可能性，我们以去雨任务为例，在一个单一网络内联合学习去雨和水印嵌入过程。我们将采用模型特定策略训练的目标模型称为自水印模型（Self-water Marked Model）。在表 6.9 中，首先比较原始目标模型和自水印模型的去雨能力。自水印模型在输出中嵌入水印的同时，能够很好地保持原有的去雨能力（PSNR 为 32.13，SSIM 为 0.93）。我们进一步在图 6.14 中展示了一个视觉示例，除了保真度，联合训练的提取器 R 也能很好地提取水印，提取成功率达到 100%。

表 6.9　原始目标模型与自水印模型的性能对比

任务	PSNR	SSIM	SR
去雨—原始模型	32.49	0.93	NA
去雨—花朵	32.13	0.93	100%

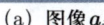     

| (a) 图像 a_i | (b) 真实图像 $(a_0)_i$ | (c) 原始目标 模型输出 b_i | (d) 自水印模型 输出 $b_{i'}$ | (e) 目标水印 | (f) 从图像 $b_{i'}$ 中 提取的水印 |

图 6.14　原始目标模型与自水印模型的视觉示例

在表 6.10 和表 6.11 中，我们进一步比较了模型无关策略和模型特定策略在不同网络结构和损失函数下抵抗模型提取攻击的稳健性。结果表明，模型特定策略非常稳健，在所有情况下的提取成功率都接近 100%。

表 6.10　针对具有 L_2 损失但网络结构不同的模型提取攻击，
模型无关策略与模型特定策略的比较

任务	CNet	Res9	Res16	UNet
模型无关策略	100%	100%	100%	100%
模型特定策略	100%	100%	100%	100%

表 6.11　针对具有 UNet 网络结构但不同损失组合的模型提取攻击，
模型无关策略与模型特定策略的对比

任务	L_1	L_2	$L_1 + L_{\mathrm{adv}}$	$L_2 + L_{\mathrm{adv}}$	$L_{\mathrm{perc}} + L_{\mathrm{adv}}$
模型无关策略	100%	100%	100%	99%	100%
模型特定策略	100%	100%	100%	100%	100%

6.5　讨论

未来仍有一些有趣的问题值得探讨。首先，虽然以对抗方式联合训练嵌入和提取子网络在水印图像中难以发现某些显式模式，但研究其中的隐式水印仍然具有重要意义。其次，目前很难给出对抗训练阶段有效性的理论证明，我们只能从两个角度提供直观的解释：第一，替代模型是用相同或类似的特定任务损失函数训练的，它们的输出是相似的；第二，正如文献 [174] 所解释的，即使使用不同的损失函数进行训练，基于卷积神经网络（Convolutional Neural Network，CNN）的图像生成模型在合成过程中通常也会共享一些常见的伪影。也就是说，不同替代模型带来的退化具有一些共同的属性。简而言之，对抗训练阶段旨在使提取器子网络 R 了解替代模型输出可能带来哪种退化，而不是替代模型本身。

6.6 小结

图像处理网络的知识产权保护是一个重要但研究严重不足的问题。本章提出了一种新颖的模型水印框架，以保护图像处理网络免受模型提取攻击。该框架设计了模型无关策略、模型特定策略和多水印策略，可以在实践中灵活使用。更多实验结果参见文献 [10, 175]。

致谢 本章内容得到了中国国家自然科学基金（项目编号：U20B2047、62072421、62002334、62102386、62121002）以及中国科学技术大学探索基金项目（项目编号：YD3480002001）的资助。感谢 Han Fang、Huamin Feng、Gang Hua 在讨论和反馈方面提供的帮助。

第 7 章

CHAPTER 7

深度强化学习水印

陈康杰

　　本章介绍了一种用于深度强化学习保护的新型水印方法。为了保护深度学习模型的知识产权，业界已经提出了多种水印方法。然而，考虑到强化学习任务的复杂性和随机性，无法直接将现有的深度学习模型水印方法应用于深度强化学习场景。现有的深度学习模型水印方法采用后门方法，将特殊的样本—标签对嵌入受保护的模型中，并使用这些样本查询可疑模型，以声明和识别所有权。将现有深度强化学习模型方法应用于深度强化学习模型时会面临挑战，与传统的深度学习模型不同，深度强化学习模型在某个时刻对每个离散输入给出单一输出，而强化学习的当前预测的输出可能会影响后续状态。因此，如果将离散水印方法应用于深度强化学习模型，那么深度强化学习策略中的时间决策特征和高随机性可能会降低验证的准确性。此外，现有的离散水印方法可能会影响目标深度强化学习模型的性能。本章引入了一种新的水印概念——时序水印，它能够在保持模型性能的同时，实现高保真度的所有权验证。我们提出的时序水印方法可以应用于确定性和随机性强化学习算法。

7.1 引言

深度强化学习（Deep Reinforcement Learning，DRL）结合了深度学习和强化学习技术，使智能体能够感知高维空间的信息，理解环境的上下文，并根据获得的信息做出最佳决策。

深度强化学习已被广泛研究，其商业应用已经出现并日益繁荣，如机器人控制[176]、自动驾驶[177] 和游戏[178] 等。然而，由于强化学习任务（如自动驾驶）的复杂性，训练一个性能良好的深度强化学习模型需要大量的计算资源、训练数据和专业知识，如图 7.1 所示，许多公司将训练良好的深度强化学习模型视为核心知识产权。

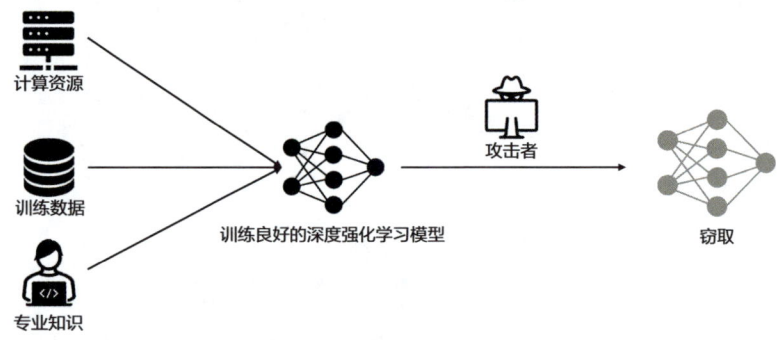

图 7.1 一个训练良好的深度强化学习模型需要大量成本

然而，当模型所有者与恶意用户共享模型或将模型部署到边缘设备（如自动驾驶汽车和智能机器人）时，深度强化学习模型可能被盗或未经授权地被复制。因此，保护此类知识产权免受非法复制、未经授权的分发和再造至关重要。

水印技术作为保护所有者知识产权的最常见方法之一[179]，最初被引入用于声明和验证多媒体（如图像、音频、视频等）的所有权。通常来说，一组水印（如所有者的签名）被嵌入多媒体信号中，同时保持其保真度。

受数字水印思想的启发，研究人员提出了几种深度学习水印方法来保护深度学习模型的知识产权[22, 25, 180]。在这些解决方案中，一组独特的输入—输出对被精心设计为水印，这些输入—输出对通常不会被其他模型识别。为了保护深度学习模型，在模型训练过程中，模型所有者可以优化其模型以记住这些特殊样本和标签。输入样本可用于远程查询可疑模型，模型所有者收集相应的预测结果以识别所有权。这些方法可以在保证水印能够被高保真识别的同时，最大限度地减少特殊数据对对受保护模型的正常输入查询的损害。

针对传统的有监督深度学习模型，业界提出了各种水印技术。然而，考虑到深度学习和深度强化学习模型的显著差异，现有方法不能直接应用于深度强化学习模型。尽管深度强化学习模型也采用 DNN，但与传统的分类应用不同，强化学习任务处理的是序列控制过程中的学习问题。深度强化学习系统的性能和行为反映在状态—动作对的序列中，而不是离散的输入—输出对中。深度强化学习模型根据当前输入（状态）给出的输出（动作）可能会影响整个任务的后续状态，因此，现有的基于后门的水印方法可能导致触发状态的错误决策，进而影响所有后续动作和状态，最终导致智能体失败或崩溃。此外，深度强化学习策略和强化学习环境中的随机性可能会降低使用离散水印验证的准确性，这些特殊的水印样本具有异常行为，可能会被对手检测到并删除[181-183]。因此，现有的有监督深度学习模型水印方法不能直接用于深度强化学习应用。

基于上述问题，我们提出了一种新颖的基于时间且无损的水印方法，适用于确定性或随机性的深度强化学习模型。该方法的核心思想是训练模型，使其与环境的交互遵循独特的状态—动作概率序列——水印，这些水印可以被模型所有者观察和验证。我们将输入（状态）序列和输出 logits（动作概率分布）作为深度强化学习模型的水印，考虑到深度强化学习模型的时间特性，这种策略可能会导致失败，因此，我们设计了三种新技术来解决这个问题。这三种技术可以使深度强化学习模型对外部用户具有可区分性，同时保持模型的原始行为和稳健性。

本章的其余部分内容如下：7.2 节介绍马尔可夫决策过程、强化学习和深度强化学习的背景；7.3 节总结有监督深度学习模型和深度强化学习模型水印方法的相关研究工作；7.4 节介绍时序水印的概念及要求；7.5 节介绍时序水印方法的设计；7.6 节讨论所提出方法的局限性；7.7 节给出结论。

7.2 背景

7.2.1 马尔可夫决策过程

在介绍马尔可夫决策过程（Markov Decision Process，MDP）的概念之前，我们介绍相关定义。马尔可夫性指随机过程的无记忆性，如果一个状态满足以下条件，则称其具有马尔可夫性：$p(s_{t+1}|s_t) = p(s_{t+1}|s_1, \cdots, s_{t-1}, s_t)$。更具体地说，给定状态 s_t，未来状态仅取决于当前状态，不受过去状态的影响。

基于马尔可夫性引入马尔可夫过程的定义。马尔可夫过程是一种随机过程，在这个过程中，给定现在，未来与过去无关。换句话说，马尔可夫过程中的所有状态都满足马尔可夫性。形式上，马尔可夫过程可以用元组 $<\mathbb{S}, \mathbb{P}>$ 建模，其中 $\mathbb{S}$ 表示状态空间，$\mathbb{P}$ 表示状态转移概率。

如果在马尔可夫过程中添加奖励函数 $\mathbb{R}$ 和折扣因子 γ，它就变成了马尔可夫奖励过程，可以表示为四元组 $<\mathbb{S}, \mathbb{P}, r, \gamma>$。奖励函数 r 为每个状态指定一个实数。更具体地说，对于每个时间步 t，都会给出一个反馈奖励 r_t，直到达到终止状态 s_T。因此，长期收益由即时奖励 r_t 组成，通常被概括为时间步 t 的回报值 R_t：

$$R_t = r_{t+1} + \gamma r_{t+2} + \gamma^2 r_{t+3} + \cdots + \gamma^{T-t-1} r_T$$

$$= \sum_{i=0}^{T-t-1} \gamma^i r_{t+i+1}, \tag{7.1}$$

式中，$\gamma \in [0,1]$ 表示折扣因子，即未来奖励在当前时刻的价值比例。需要折扣因子的原因很多，例如，在金融领域，即时回报比延迟回报更有利可图；折扣因子的定义与人类更关注即时利益的特性是一致的；其他原因包括便于数学表达和避免陷入循环。

在马尔可夫奖励过程中添加决策过程，就形成了马尔可夫决策过程。形式上，用四元组 $< \mathbb{S}, \mathbb{A}, \mathbb{P}, r, \gamma >$ 表示马尔可夫决策过程，其中，$\mathbb{S}$ 表示状态空间，$\mathbb{A}$ 表示动作空间，$\mathbb{P}: \mathbb{S} \times \mathbb{A} \times \mathbb{S} \to [0,1]$ 表示状态转移概率，$r(s,a)$ 表示奖励函数，即在状态 s_t 采取动作 a_t 时获得的奖励。可以发现，与马尔可夫奖励过程相比，马尔可夫决策过程有一个动作空间，并且 $\mathbb{P}$ 和 r 的定义与特定动作相关。形式上，这些因素的关系可以定义为 $\mathbb{P}(s_t, a_t, s_{t+1}) = p(s_{t+1}|s_t, a_t)$。

7.2.2 强化学习

强化学习（Reinforcement Learning，RL）策略用于描述马尔可夫决策过程，可以表示为五元组 $< \mathbb{S}, \mathbb{A}, \mathbb{P}, r, \gamma >$。如图 7.2 所示，对于强化学习环境中的时间步 t，智能体观察环境的当前状态 $s_t \in \mathbb{S}$，根据其策略 π 选择动作 $a_t \in \mathbb{A}$，并获得奖励 r_t。这个循环一直持续到智能体达到该环境的终止状态 s_T。智能体的目标是找到一个最优策略 π^*，以最大化预期累积奖励 $R_t = \sum_{t=t_0}^{T} \gamma^{t-t_0} r_t$，其中 T 表示终止时间步，$\gamma \in [0,1]$ 表示折扣因子。γ 越大，意味着智能体越有远见，当 γ 接近 0 时，智能体更关注近期奖励。

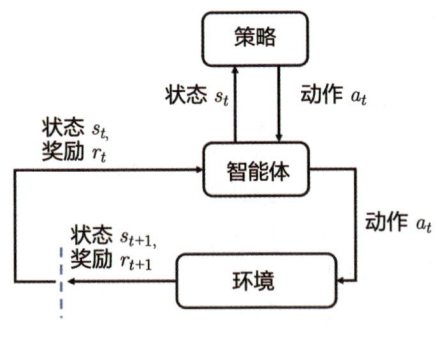

图 7.2　强化学习过程

为了获得最大化预期累积奖励的策略，首先定义状态价值函数用于评估状态 s。具体来说，对于强化学习策略 π，状态价值函数 $V_\pi(s)$ 是状态 s 的预期回报值：

$$V_\pi(s) = \mathbb{E}[R_t | s_t = s, \pi], \tag{7.2}$$

同样地，对于状态—动作对 (s,a)，状态—动作价值函数 $Q_\pi(s,a)$ 的定义为

$$Q_\pi(s, a) = \mathbb{E}[R_t | s_t = s, a_t = a, \pi], \tag{7.3}$$

基于式（7.1），可以展开 $V_\pi(s)$ 和 $Q_\pi(s, a)$，以表示连续状态 $s = s_t$ 和 $s' = s_{t+1}$ 的关系：

$$V_\pi(s) = \sum_a \pi(a|s) \sum_{s'} p(s'|s, a)(r_{s \to s'|a} + \gamma V_\pi(s')), \tag{7.4}$$

以及

$$Q_\pi(s, a) = \sum_{s'} p(s'|s, a)(r_{s \to s'|a} + \gamma \sum_{a'} \pi(a'|s') Q_\pi(s', a')). \tag{7.5}$$

式中，$r_{s \to s'|a} = \mathbb{E}[r_{t+1} | s_t, a_t, s_{t+1}]$。式（7.4）和式（7.5）被称为贝尔曼方程。

考虑到马尔可夫过程的马尔可夫性，即某个状态下的子问题只依赖前一个状态的子问题的动作，贝尔曼方程可以递归地分解子问题。因此，可以使用动态规划来完成强化学习任务[184-187]。然而，动态规划只适用于状态和动作数量有限的任务，许多现实世界的强化学习问题的输入数据都是高维的，如图像和声音。例如，对于自动驾驶任务，汽车的行驶方向和速度应该根据当前输入的摄像头、雷达等的数据来确定。考虑到内存和计算能力的限制，这些动态规划方法对于复杂的强化学习任务是不可行的。

7.2.3 深度强化学习

强化学习因其在一些简单任务中取得的成就而备受关注[188, 189]。然而，传统的强化学习算法无法有效地扩展到大规模场景中，因为大多数算法主要使用表格。随着深度学习技术的发展，深度强化学习应运而生。深度强化学习不再使用表格，而是通过 DNN 表示策略，并在许多具有高维状态的控制任务中展现出超越人类水平的性能[176-178]。

这些成就主要归功于深度强化学习采用的 DNN 的强大函数逼近属性。此外，DNN 可以通过学习低维特征表示来更好地理解复杂环境中的高维状态，并基于良好的状态表示有效地获得复杂环境的最优策略。例如，如果环境状态是原始的高维视觉信息，则可以在强化学习算法中用 CNN 从原始状态信息中学习状态表示。

本节将深度强化学习算法分为三类：基于价值的算法、基于策略的算法，以及结合基于价值算法和基于策略算法的混合算法。顾名思义，基于价值的算法需要一个价值函数。为了获得最优价值函数，在深度强化学习算法中训练 DNN 来逼近它。深度 Q 网络（Deep Q-Network，DQN）[178] 是一种流行的深度强化学习算法，它通过训练一个 Q 值网络来估计每个状态—动作对的价值。这类算法主要关注获得一个确定性策略，直接从离散动作空间中选择具有最大 Q 值的最优动作。因此，基于价值的算法适用于处理具有离散动作空间任务的确定性任务。对于具有连续动作空间的任务

（如自动驾驶中车辆的加速度是一个连续动作），由于连续动作的计算复杂性，无法应用基于价值的算法。直接优化策略采用的基于策略的算法更适合处理具有连续动作空间的任务，经典的强化学习算法 REINFORCE[190] 就是这种类型的算法。基于策略的算法可以通过改变动作空间上的动作概率分布来优化策略，一旦获得最优策略，智能体就可以根据动作空间上的动作概率分布采样动作，我们称这些在动作选择上具有随机性的策略为随机策略。然而，基于策略的算法的随机性可能会影响训练过程的收敛性，为了结合上述两种类型算法的优点，我们提出了混合算法，也称演员—评论家算法（Actor-Critic Approach）。这类算法不仅训练状态的价值函数，还优化策略。通过这种方式，这类算法在确定性和随机性上都取得了成功。一些著名的深度强化学习算法，如近端策略优化（Proximal Policy Optimisation，PPO）[191]、具有经验回放的演员—评论家（Actor-Critic with Experience Replay，ACER）[192] 和使用 Kronecker 因子化信任区域的演员—评论家（Actor-Critic using Kronecker-Factored Trust Region，ACKTR）[193] 都属于这类算法，并实现了最先进的性能。

7.3 相关研究工作

7.3.1 有监督深度学习模型的水印

一些研究提出了水印方法来保护深度学习模型的知识产权，可以将这些研究工作分为两类：白盒方法和黑盒方法。

在白盒方法中，水印被显式嵌入深度学习模型的参数中，同时不影响添加水印模型的性能。Uchida 等人[18] 提出了一种白盒方法，将位向量作为水印。为了将这个水印嵌入目标深度学习模型的参数中，他们在损失函数中引入了一个特殊的参数正则化项。后来，Rouhani 等人[194] 提出了一种新的白盒方法，将水印注入激活层的概率密度函数中。与之前的方法相比，该方法对模型参数的静态属性影响较小。然而，这些白盒方法有一些限制。例如，在验证阶段，模型所有者需要有权访问深度学习模型的参数。因此，这些水印方法不能应用于外部用户无法了解深度学习模型细节的场景，即深度学习模型是一个黑盒。为了解决这个问题，提出了黑盒方法。

在黑盒方法中，首先精心设计一些输入样本，然后以特殊方式训练目标深度学习模型，使模型对这些精心设计的样本输出独特的结果，而不是显式嵌入水印。同时，这些操作不能影响深度学习模型的性能，这意味着模型仍然可以为正常样本输出正确的结果。在验证阶段，受保护模型的所有者只需要将这些精心设计的样本输入可疑模型中，并获得相应的输出。如果这些精心设计的样本的输出与预定义独特结果非常相似，那么可疑模型很可能是从受保护模型中窃取的。因此，有几种基于后门攻击的黑盒方法，它们将包含触发器的样本或分布外样本作为水印嵌入目标模型，并查询可疑模型以验证水印的存在[20, 22, 25, 31]。Le 等人[195] 还采用对抗样本来检测可疑模型，该方法可以提取和比较受保护模型和可疑模型的分类边界。在验证过程中，黑盒方法不需要访问深度学习模型的参数，因此，黑盒方法优于白盒方法，它们只需要黑盒访问就能进行验证，并且可以实现非常令人满意的准确性。

7.3.2 深度强化学习模型的水印

与深度学习模型不同，很少有研究关注强化学习场景中的水印方法。用水印保护深度强化学习策略的知识产权更具挑战性。首先，深度强化学习模型在序列过程中与环境交互。模型中的水印在某个时刻造成的异常预测可能会影响整个过程，产生级联效应。过去的研究工作已经证明，添加到一个状态的小扰动可能会对整个系统和过程造成灾难性后果[196]。其次，由于深度强化学习通常用于许多安全关键任务（如自动驾驶[197, 198] 和机器人控制[199, 200]），因此它对稳健性和准确性有更高的要求，并限制了模型所有者为验证而改变策略的空间。因此，尽管对抗样本[201-203] 和后门攻击[204, 205] 已在深度强化学习模型中实现，但它们尚未用于水印。

Behzadan 等人[206] 首次提出了针对深度强化学习模型的水印方法，他们将序列化的分布外（Out-of-Distribution，OOD）状态和特定动作对嵌入确定性深度强化学习模型中。所有权验证依赖一个事实：只有加水印的深度强化学习模型才会遵循这个精确的序列。然而，该方法的稳健性仍未可知，并且提取水印的过程很容易失败，因为对手可以检测到分布外状态。此外，分布外状态的强制动作设置会影响加水印模型的性能，特别是对于动作空间较小的深度强化学习应用，该方法只关注确定性深度 Q 网络策略，而未探索随机策略。

由于深度强化学习策略也采用 DNN 架构，一个直接的方向是遵循 7.3.1 节介绍的黑盒方法。因此，深度强化学习水印的另一个潜在方法是采用深度强化学习后门技术[204, 205]。例如，Kiourti 等人[204] 将后门模式嵌入深度强化学习模型，并通过隐藏的恶意行为增强了策略的功能。遗憾的是，一方面，模型所有者需要持续插入触发器，这在提取过程中是不允许的；另一方面，深度强化学习后门样本很容易被检测到，一旦后门被激活，强化系统就会崩溃，这在安全关键系统中是无法容忍的。

7.4 问题的形式化

本节首先介绍深度强化学习环境中知识产权保护的威胁模型，然后正式定义深度强化学习水印问题及其解决方案——时序水印。

7.4.1 威胁模型

对于强化学习任务，通过与环境 env 的交互，智能体试图学习最优策略（即深度强化学习模型 M），以便根据从 env 获得的奖励为每个状态 s 做出最优决策。给定单个状态 s，类似于传统深度学习模型，深度强化学习模型 M 输出动作空间 $\mathbb{A}$ 上的动作概率分布（Action Probability Distribution，APD）P。有了动作概率分布，确定性和随机深度强化学习策略以不同的方式选择动作。不失一般性，我们介绍随机深度强化学习策略的深度强化学习水印方法，这是深度强化学习策略更一般的形式。

图 7.3 展示了我们提出的深度强化学习模型时序水印框架。类似于传统深度学习水印场景中使用的系统模型[20, 25]，对于目标深度强化学习模型 M，未经授权的用户可能非法复制目标模型 M 并试图在商业场景中使用它。为了逃避检查，攻击者可能会利用一些模型转换技术对复制的模型进行轻微的修改。例如，微调和压缩模型可以改变深度学习模型中的参数，同时保留其性能。为了保护深度强化学习策略的知识产权，模型所有者可以在训练过程中将设计的水印嵌入其模型中。因此，对于可疑模型 M'，所有者可以声明并验证是否可以在模型 M' 中检测到特殊水印。

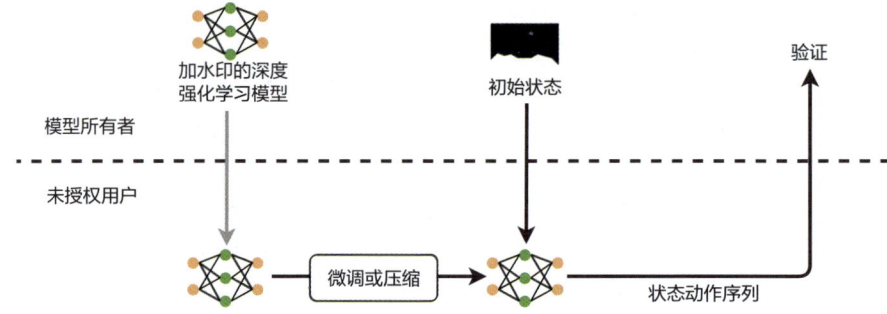

图 7.3　深度强化学习模型时序水印框架

7.4.2　深度强化学习的时序水印

水印最初被提出用于保护多媒体内容（如图像和视频）的知识产权。如图 7.4 所示，可以在图像中添加一个特殊标记。这些标记通常是具有特殊含义的图片（如名称、商标和标志），这样就可以声明受保护图像的所有权。

(a) 未受保护的图像　　　　(b) 受数字水印保护的图像

图 7.4　用于图像知识产权保护的数字水印

近年来，深度学习在各个领域取得了巨大成功，训练深度学习模型需要大量资源，因此，训练良好的深度学习模型已成为公司的核心知识产权。为了保护这些宝贵的资产，引入深度学习水印。可以在深度学习模型中嵌入后门，让模型对精心设计的输入样本给出设计的输出。Zhang 等人[20] 将特殊的样本—标签对作为水印来保护深度学习模型的知识产权，模型所有者将这些样本—标签对添加到训练数据集中，并训练一个有监督深度学习模型，使其记住这些特殊数据点，样本—标签对可以作为深度学习模型的水印，同时保持正常样本的准确性。在验证阶段，模型所有者可以使用这些特殊样本查询可疑模型，并根据预测结果识别水印。如图 7.5 所示，未受保护的图像分类器对正常图像［图 7.5(a)］和具有触发器的图像［图 7.5(b)］输出相同的结果。而受保护的分类器对具有触发器的图像［图 7.5(c)］给出特殊预测，以便模型所有者可以验证和声明模型的所有权。通常来说，用于深度学习模型保护的水印是输入—输出对，这些对都是独立的，彼此没有关联。因此，将这些用于深度学习模型的离散水印称为**空间水印**（Spatial Watermarks）。

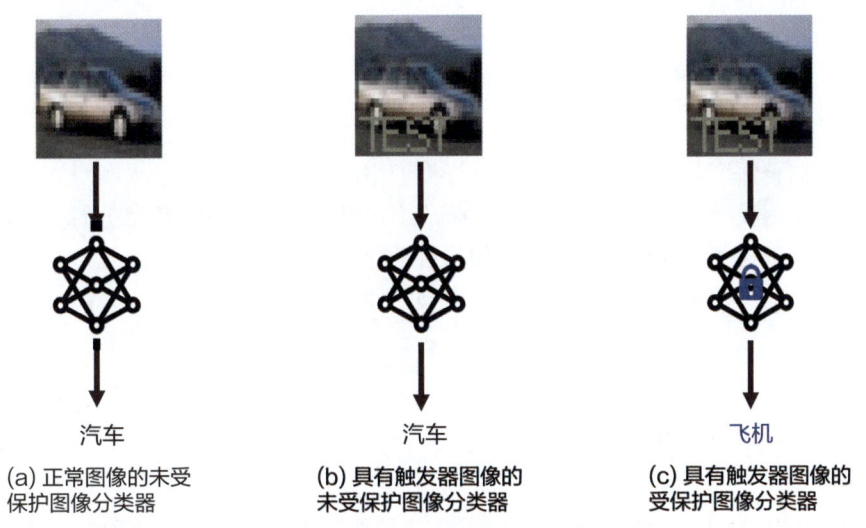

(a) 正常图像的未受
保护图像分类器　　(b) 具有触发器图像的
未受保护图像分类器　　(c) 具有触发器图像的
受保护图像分类器

图 7.5　用于图像分类器保护的空间水印

在将现有的有监督深度学习水印方法应用到深度强化学习模型时会遇到一些挑战。如 7.1 节所讨论的，尽管深度强化学习模型也采用了 DNN，但与有监督深度学习模型不同，强化学习任务处理的是序列控制过程问题，**空间水印**不能用来揭示深度强化学习模型的特征，因此，不能直接将现有的深度学习水印技术直接应用于深度强化学习模型，需要为深度强化学习模型设计一种新的水印。通过设计的水印，受保护的深度强化学习模型在相同环境中的某些状态下应表现出独特的行为，可以用于不同模型转换下的所有权验证，同时对模型操作的影响最小。这种方法应该适用于各种深度强化学习策略（包括确定性和随机性），因此，我们提出了一个新概念——时序水印。

考虑到深度强化学习模型的随机性和序列特性，序列水印能够反映深度强化学习策略的特征，并提高嵌入水印的验证精度，我们设计了一种由特殊输入—输出对组成的水印，与深度学习模型的水印不同，这些输入—输出对是相关联的，并且都被排列成一个时间序列。此外，给定一个输入状态，深度强化学习智能体通常会给出动作空间上的动作概率分布。我们不能像在深度学习模型中那样将确定性动作或标签作为水印，因此，将状态—动作概率分布对序列作为深度强化学习模型的水印。

然而，在强化学习任务中，有大量的状态—动作概率分布对序列，应该选择哪个作为时序水印呢？在图像保护任务中，数字水印通常从一些特殊标记中选取，如名字、标志和商标，图像所有者可以将这些标记作为水印添加到他们的图像中以保护其知识产权，我们称这些特殊标记为水印候选项。可以为深度强化学习模型的水印生成一些水印候选项，这些候选项应该易于识别，并且不应影响受保护的深度强化学习模型的功能。一个好的深度强化学习水印应具备以下几个属性。

1. 功能保留

对于一个未嵌入水印的训练有素的模型 M，对应的嵌入水印的受保护模型 $\widehat{M}$ 应保持与 M 相当的性能。

2. 无损害性

在有监督深度学习模型保护中，目标模型中嵌入的后门被视为水印。然而，对于深度强化学习模型，嵌入的后门可以显著改变模型对特殊样本（状态）的决策，这可能在安全关键任务中导致严重后果，例如自动驾驶和机器人控制。因此，对于目标深度强化学习模型，水印不应降低受保护模型的性能。

3. 不可感知

分布外状态序列已被用作深度强化学习模型的水印[206]，然而，攻击者可以轻易检测到它们，从而规避水印验证。因此，需要将环境中的正常状态作为水印，使对手不易察觉。

深度强化学习模型的水印候选项需要满足功能保留、无损害性和不可感知的要求。在传统的水印方法中，水印候选项不应覆盖原始图像中的关键内容，也不应影响图像的含义。同样地，深度强化学习模型的水印候选项也不应影响智能体的性能。因此，我们引入了一个新概念——无损伤状态，来实现这些目标。

定义 7.1 无损伤状态。对于一个状态—动作概率分布对 (s, P)，s 从状态空间 $\mathbb{S}$ 中采样，P 定义了动作空间 $\mathbb{A}$ 上的动作概率。给定一个状态 s，设 $a^* \in \mathbb{A}$ 表示具有最高概率的最优动作，设 $\sigma = \mathrm{Var}(P)$ 表示 P 的方差。因此，如果 P 的方差小于 ϵ，并且当智能体选择任何合法动作 $a \in \mathbb{A}/a^*$ 时，能在当前环境中获得至少 ψ 的最小回报，则 s 是一个 (ϵ, ψ) 无损伤状态。

非正式地说，如图 7.6 所示，如果智能体可以在动作空间中选择任何合法动作来完美地完成任务，那么 s_i 就是一个无损伤状态，这意味着深度强化学习策略将所有合法动作视为相同的。因此，动作概率分布倾向于在动作空间中均匀分布，且方差很小。相反，对于状态 s_i，如果智能体倾向于选择一个具有强烈意愿的特定动作 a^*，则会有较大的动作概率分布方差，这意味着 s_i 是该任务的关键状态，如果选择了其他动作，则可能会导致失败或崩溃。

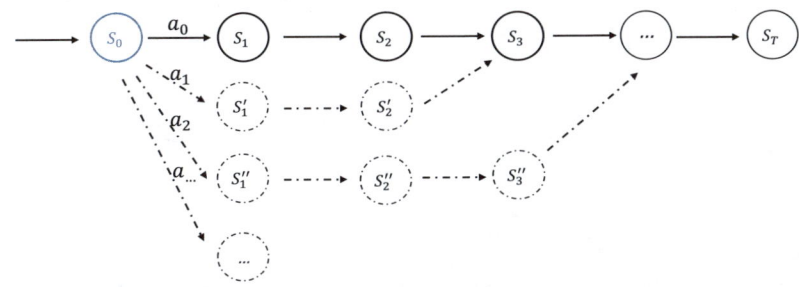

图 7.6　深度强化学习模型中的无损伤状态

为了减少水印嵌入对智能体行为的负面影响，可以选择一系列无损伤状态作为深度强化学习模型的时序水印候选项。

定义 7.2　水印候选项。对于目标深度强化学习模型 M，水印候选项是由 M 预测的一系列独特的时间无损伤状态及其对应的动作概率分布组成的序列。

$$\text{TW} = [(s_0, P_0), (s_1, P_1), \cdots, (s_{L-1}, P_{L-1})]$$

根据无损伤状态的定义，时序水印候选项可以确保这些状态的行为变化对深度强化学习模型的性能影响最小。因此，如果将动作概率分布修改为特定的分布，则这些候选项可以作为深度强化学习模型的特殊水印。值得注意的是，不必使整个回合的状态序列都处于无损伤状态，因为随着序列长度的增加，动作概率观察难度也会增加，只关注前 L 个状态—动作概率分布对即可。特别地，如图 7.7 所示，对于每个水印候选项选择一个序列，前 L 个状态是无损伤的，以限制其对性能的负面影响。此外，在生成水印的过程中，可以生成一组水印候选项，以便在嵌入水印时有一定的灵活性。模型所有者可以将生成的时序水印候选项嵌入目标深度强化学习模型，以保护其知识产权。水印嵌入和验证的详细过程将在接下来的章节中介绍。

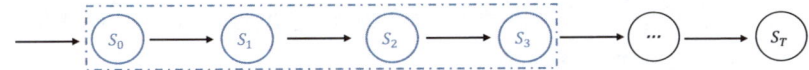

图 7.7　深度强化学习模型中的水印候选项

在本节中，我们引入了时序水印的概念，它可以用于保护深度强化学习模型的知识产权。此外，我们设计了一种新的损伤度量方法，将同一种环境下的序列作为水印，这些水印对原始深度强化学习模型的性能影响最小。

通过学习本节内容，希望读者对深度强化学习模型的时序水印有初步了解。在接下来的章节中，我们将介绍使用时序水印来保护深度强化学习模型的详细过程，包括水印候选项生成、水印嵌入和所有权验证。

7.5 提出的方法

现有的深度学习水印技术关注空间水印，无法应用于深度强化学习模型，我们设计了三种新算法来形成深度强化学习模型的时序水印方法。图 7.8 展示了这种方法的工作流程。

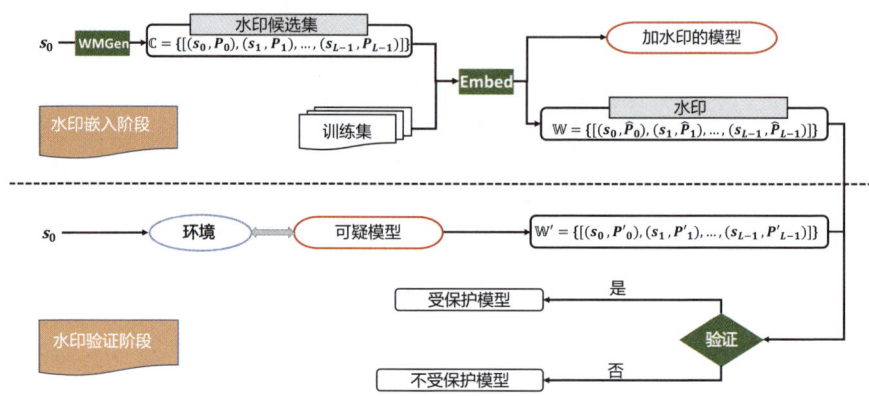

图 7.8 我们提出的时序水印方法工作流程

首先，在水印嵌入阶段，根据对深度强化学习水印的要求，模型所有者可以使用 **WM-Gen** 算法选择一组水印候选项。**WMGen** 算法可以生成一个数据集 $\mathbb{C}$，该数据集是由 n 个无损伤状态—动作概率分布对组成的序列，序列长度为 L。水印候选集定义如下：

$$\mathbb{C} = \{\text{TW}_i\}_{i=0}^{n-1},$$

$$\text{TW}_i = [(s_{i,0}, P_{i,0}), (s_{i,1}, P_{i,1}), \cdots, (s_{i,\,L-1}, P_{i,\,L-1})].$$

式中，$s_{i,j}$ 是第 i 个序列的第 j 个无损伤状态；$P_{i,j}$ 是相应的动作概率分布。

然后，从 $\mathbb{C}$ 中选择一个水印候选项，并将其添加到训练数据中。模型所有者可以使用 **Embed** 算法训练一个加水印模型 $\widehat{M}$，以确保受保护的模型可以记住水印候选项（$\forall s_{i,j}, \ i \in [0,n), j \in [0,L)$，$\widehat{M}$ 的动作概率分布将从 $P_{i,j}$ 变为 $\widehat{P}_{i,j}$）。由于训练过程的随机性，最终嵌入受保护模型中的水印可能与设计的动作概率分布略有不同，因此，一旦水印模型训练完毕，模型所有者就可以使用水印候选项中的无损伤状态查询模型，并获取最终的水印序列 $\mathbb{W}$。正式定义如下：

$$\mathbb{W} = \{\widehat{\text{TW}}_i\}_{i=0}^{n-1},$$

$$\widehat{\text{TW}}_i = [(s_{i,0}, \widehat{P}_{i,0}), (s_{i,1}, \widehat{P}_{i,1}), \cdots, (s_{i,L-1}, \widehat{P}_{i,L-1})].$$

最后，为了验证水印存在，模型所有者可以将时序水印中的无损伤状态发送到一个可疑模型 M'，并收集预测结果，以计算可疑模型的状态—动作概率分布对 $\mathbb{W}'$。为了检查可疑模型 M' 是不是从水印模型中盗窃的，模型所有者可以比较 $\mathbb{W}'$ 和 $\mathbb{W}$ 并计算它们的相似度。**Verify** 算法在无损伤状态上运行可疑模型 M' 并收集相应的状态—动作概率分布对序列，正式定义如下：

$$\mathbb{W}' = \{\mathrm{TW}'_i\}_{i=0}^{n-1},$$

$$\mathrm{TW}'_i = [(s_{i,0}, P'_{i,0}), (s_{i,1}, P'_{i,1}), \cdots, (s_{i,L-1}, P'_{i,L-1})].$$

如果 $\mathbb{W}$ 和 $\mathbb{W}'$ 的相似度大于预定义的阈值 τ，则表示可疑模型与受保护的深度强化学习模型非常相似，否则输出 0，表示可疑模型与受保护的模型不同。

通过上述算法，我们的时序水印方法具备深度强化学习模型水印的三个属性，下面详细描述每个算法。

7.5.1　水印候选项生成

每个深度强化学习水印候选项都是由从正常强化学习任务中获得的一小段无损伤状态序列构成的。因此，我们设计了一个候选生成算法 **WMGen**，该算法可以用暴力搜索的方式寻找水印候选项。

WMGen 的详细功能在算法 7-1 中作了说明。给定一个待保护的目标深度强化学习模型 M[①]，**WMGen** 用于识别无损伤状态并形成水印候选集。为了生成满足要求的水印候选项，模型所有者首先初始化一个空的水印候选集 $\mathbb{C}$ 并采取以下步骤。

算法 7-1　WMGen：生成 (ϵ, ψ) 无损伤时序水印候选项。

输入： 干净的深度强化学习模型 M、环境 env、候选数量 n，以及长度 L。
输出： 水印候选集 $\mathbb{C}$。

1: $\mathbb{C} \leftarrow \emptyset$
2: **while** $|\mathbb{C}| < n$ **do**
3:　　$\mathrm{TW} \leftarrow \emptyset$
4:　　随机抽样 $s \in \mathbb{S}$ 并 env.reset (s)
5:　　**while** 当前回合未结束 **do**
6:　　　　$P \leftarrow M.\mathrm{action\_prob}(s)$ 并 $a^* \leftarrow \max_a(P)$
7:　　　　**if** $|\mathrm{TW}| < L$ **then**
8:　　　　　　$\mathrm{score} \leftarrow$ 遍历所有 $a \in \mathbb{A}/a^*$ 的回合所得最小分数
9:　　　　　　**if** $\mathrm{score} > \psi$ **and** $\mathrm{Var}(P) < \epsilon$ **then**
10:　　　　　　　$\mathrm{TW}.\mathrm{add}((s, P))$
11:　　　　　　**else**
12:　　　　　　　**goto** 第 2 行
13:　　　　　　**end if**
14:　　　　　　$a \leftarrow$ 按照 P 抽样一个动作
15:　　　　　　$s \leftarrow$ env.step (a)
16:　　　　**end if**
17:　　　　$\mathbb{C}.\mathrm{add}(TW)$
18:　　**end while**
19: **end while**
20: 返回 $\mathbb{C}$

---

① 我们考虑两种情况：第一种情况，模型所有者已经拥有一个训练良好的深度强化学习模型并希望将水印嵌入其中，可以用水印样本微调目标模型；第二种情况，如果希望从零开始将水印嵌入目标模型，则可以首先训练一个干净的模型以生成水印候选项，然后用这些水印候选项训练一个水印模型。

（1）如果候选集 $\mathbb{C}$ 的大小小于预期大小 n，则从状态空间 $\mathbb{S}$ 中随机抽样一个分布内状态 s，然后用状态 s 查询目标模型 M 并获得动作概率分布 P。之后，可以获得状态 s 的最优动作 a^*，该动作具有最高的概率（第 6 行）。

（2）检查 s 是不是无损伤状态。具体来说，遍历动作空间 $\mathbb{A}$ 中除最优动作 a^* 外的所有合法动作，并收集从 env 中获得的当前任务的最小分数。如果最小分数大于阈值 ψ 并且动作概率分布 P 的方差小于 ϵ，则 s 是无损伤状态，状态—动作概率分布对 (s, P) 将被添加到水印候选序列 TW 中。否则，需要回滚并从一个新的初始状态开始（第 2 行）。模型所有者停止上述程序，直到水印候选集 $\mathbb{C}$ 被填满，其中包括多个时序水印候选项。

7.5.2 水印嵌入

设 M 为目标模型，它可以是一个新的或训练良好的深度强化学习模型，使用生成的水印候选项来保护目标深度强化学习模型 M。具体来说，我们设计了一种新的水印嵌入算法——**Embed**，该算法将独特的时序水印嵌入模型 M，同时满足功能保留和无损害性的要求。对于水印候选项中的无损伤状态，**Embed**算法可以修改模型的参数，并鼓励目标深度强化学习模型输出不同的动作（或至少具有不同的动作概率分布）。

设 (s, P) 为水印候选项 TW $\in \mathbb{C}$ 中的无损伤状态及其对应的动作—概率分布对，a^* 是深度强化学习策略将以最高概率选择的最优动作。我们的目标是通过强制它随机从 $\mathbb{A}/a^*$ 中选择不同的动作 $\hat{a}$，鼓励模型 M 学习不同的动作概率分布 $\hat{P}$。为此，对于无损伤状态，在原始奖励的基础上添加一个激励奖励，使智能体倾向于选择与最优动作 a^* 不同的动作，可以修改这个状态的动作概率分布以适应目标模型 M。形式上来说，对于水印候选项 TW 中的无损伤状态 s，新的奖励函数 $r^{\mathrm{e}}(s, a)$ 返回原始奖励 $r(s, a)$ 与额外激励奖励 η 的总和：

$$r^{\mathrm{e}}(s, a) = \begin{cases} r(s, a) + \eta, & \text{当} s \in \mathrm{TW} \text{ 且} a = \hat{a} \\ r(s, a), & \text{其他.} \end{cases} \tag{7.6}$$

我们选择与强化学习中相同的损失函数 $L(s)$ 来优化模型，用新的奖励函数替换原始奖励函数。对于随机深度强化学习策略（如 REINFORCE[190]），采用交叉熵损失函数来训练模型：

$$L(s) = \mathrm{cross\_entropy\_loss}(M(s), a)G(s), \tag{7.7}$$

$$G(s) = r^{\mathrm{e}}(s, a) + \gamma G(s'), \tag{7.8}$$

式中，$G(s)$ 表示带有折扣因子 γ 的折扣累积回报；s' 表示环境中的下一个状态。

对于确定性强化学习模型（如 DQN[178]），它简单地给出最高 Q 值的动作而不是从动作概率分布中采样，我们采用时间差分（Temporal Difference，TD）误差[207]来优化模型：

$$L(s, a) = \left(r^{\mathrm{e}}(s, a) + \gamma \max_{a'} Q(s', a') - Q(s, a) \right)^2, \tag{7.9}$$

式中，$Q(s, a)$ 表示状态—动作值函数，用于估计在状态 s 下采取动作 a 的好坏程度；s'、a' 分别表示下一个状态及其相应的动作。

通过梯度下降技术，可以使用上述损失函数来优化模型 M 的参数：

$$\theta_{t+1} = \theta_t - \mathrm{lr} \nabla \sum_{j=0}^{T-1} L(s_j), \tag{7.10}$$

式中，θ 表示 M 的参数；lr 表示学习率。如果水印 M 在验证环境中可以得到高于给定阈值 R 的分数，则训练过程结束。

一旦水印嵌入过程完成，水印模型的动作概率分布将会改变，由于嵌入过程中的随机性，新的动作概率分布可能与设计的不同。为了识别最终嵌入的时序水印，模型所有者可以将无损伤状态发送到 $\widehat{M}$，并记录每个状态的动作。对于每个水印候选项，从受保护模型 $\widehat{M}$ 收集最终的状态序列和相应的动作概率分布作为水印，最后可以获得形成这个受保护模型的独特时序水印的时间序列 $\mathrm{TW} = [(s_0, \widehat{P}_0), (s_1, \widehat{P}_1), \cdots, (s_{L-1}, \widehat{P}_{L-1})]$。

将水印嵌入深度强化学习模型中的具体细节见算法 7-2。模型所有者初始化一个训练缓冲区 $\mathbb{B}$（第 1 行），对于水印候选项中的每个无损伤状态 s，随机抽样一个除最优动作 a^* 外的合法动作，并在原始奖励上添加激励奖励（第 2 行至第 5 行）。类似于正常的深度强化学习训练过程，攻击者收集这些训练样本并将它们添加到训练缓冲区 $\mathbb{B}$ 中。在优化过程中，模型所有者从 $\mathbb{B}$ 中抽样训练数据，计算损失，并使用梯度下降技术更新 M 的参数（第 8 行至第 18 行）。一旦嵌入过程完成，模型所有者可以用 TW 中的无损伤状态查询 $\widehat{M}$，并收集最终的动作概率分布，这些状态和收集的状态—动作概率分布对被视为最终的时序水印 $\widehat{\mathrm{TW}}$（第 21 行至第 29 行）。

7.5.3　所有权验证

对手窃取带水印的模型后可能不会直接使用该模型，而是通过一些模型转换方法修改模型以满足自己的需求，因此，嵌入的水印不应被这些转换移除，并且应该对这些转换具有稳健性。在这里，可以正式定义深度强化学习模型时序水印的稳健性。

定义 7.3　设 $d_{\widehat{M}, M'}$ 为带水印模型 $\widehat{M}$ 和转换后的可疑模型 M' 在水印状态上的动作概率分布的距离：

$$d_{\widehat{M}, M'} = \frac{1}{n} \sum_{i=0}^{n-1} \sum_{j=0}^{L-1} \mathtt{distance}(\widehat{P}_{i, j}, P'_{i, j}), \tag{7.11}$$

式中，$\widehat{P}_{i, j}$ 和 $P'_{i, j}$ 是 $\widehat{M}$ 和 M' 在水印状态 $s_{i, j}$ 上的动作概率分布。给定一个预定义的阈值，如果 $d_{\widehat{M}, M'}$ 的值小于该阈值，则可以说 $\widehat{M}$ 对模型转换具有稳健性。

算法 7-2　Embed：将水印嵌入深度强化学习模型 M 中。

输入：　深度强化学习模型 M、环境 env、候选水印 $\mathbb{C}$、长度 T，以及奖励阈值 R。

1: 初始化训练缓冲区 $\mathbb{B} \leftarrow \emptyset$
2: **for** $s, P \in \mathbb{C}$ **do**
3:　　$\widehat{a} \leftarrow$ 在 $\mathbb{A}/a^*$ 中随机抽样一个动作
4:　　$\widehat{r} \leftarrow r^{\mathrm{e}}(s, \widehat{a})$
5:　　$\mathbb{B}.\mathrm{add}(s, \widehat{a}, \widehat{r})$
6: **end for**
7: **for each** seed $\in \mathbb{S}$ **do**
8:　　**while** 当前回合未结束 **do**
9:　　　$a \leftarrow$ 根据 P 抽样一个动作
10:　　　$s, r \leftarrow$ env.step（a）
11:　　　**if** $s \notin \mathbb{C}$ **then**
12:　　　　$\mathbb{B}.\mathrm{add}$（s, a, r）
13:　　　**end if**
14:　　**end while**
15:　　$\theta_M \leftarrow \theta_M - \mathrm{lr}\nabla \sum L(s)$
16:　　**if** $\mathrm{eval}(M) \geqslant R$ **then**
17:　　　$\widehat{M} \leftarrow M$
18:　　　**goto** 第7行
19:　　**end if**
20: **end for**
21: **for** 每个 $\mathrm{TW} \in \mathbb{C}$ **do**
22:　　$s \leftarrow$ 第一个无损伤状态 TW
23:　　$\widehat{\mathrm{TW}} \leftarrow \emptyset$
24:　　**while** $|\widehat{\mathrm{TW}}| \leqslant T$ **do**
25:　　　$\widehat{P} \leftarrow \widehat{M}.\mathrm{action\_prob}$（$s$）
26:　　　$\widehat{\mathrm{TW}}.\mathrm{add}$（（$s, \widehat{P}$））
27:　　　$s \leftarrow$ env.step（$\max_a$（P））
28:　　**end while**
29:　　$\mathbb{W}.\mathrm{add}$（$\widehat{\mathrm{TW}}$）
30: **end for**
31: 返回 $\widehat{M}, \mathbb{W}$

在验证阶段，模型所有者只需将水印状态输入智能体模型中，以提取水印，观察到的后续状态—动作概率分布对可用来检查动作是否与时序水印 $\widehat{\mathrm{TW}}$ 匹配，验证过程在算法 7-3 中展示。由于深度强化学习智能体的策略可能是随机的，因此观察到的动作可能是根据每个水印状态在 $\widehat{\mathrm{TW}}$ 中的动作概率分布采样的。为了减少采样造成的随机性，使用统计特性进行分析。在验证过程中，模型所有者需要在每个水印状态 s 上多次运行智能体模型，并收集观察到的动作，然后基于这些动作计算它们的概率分布。最终，可以获得时间序列 $\mathrm{TW}' = [(s_0, P_0'), (s_1, P_1'), \cdots, (s_{L-1}, P_{L-1}')]$。

算法 7-3　Verify：从可疑深度强化学习模型 M' 中提取嵌入的水印。

输入：　水印数据集 $\mathbb{W}$，距离阈值 τ。

输出：　验证结果 IsWatermarked。

1: **for** 每个 $\widehat{\mathrm{TW}} \in \mathbb{W}$ **do**
2: 　　**for** 每个 $(s_i, \widehat{P}_i)_{i=0}^{L-1} \in \widehat{\mathrm{TW}}$ **do**
3: 　　　在 s_i 上运行智能体并计算动作概率分布 P'_i
4: 　　　$d_{s_i} \leftarrow \sum_a \widehat{p}_{i,a} \log \frac{\widehat{p}_{i,a}}{p'_{i,a}}$
5: 　　**end for**
6: 　　$d_{\widehat{\mathrm{TW}},\mathrm{TW}'} \leftarrow \sum_{i=0}^{L-1} d_{s_i}$
7: **end for**
8: $d_{\widehat{M},M'} \leftarrow \frac{1}{|n|} \sum_{\widehat{\mathrm{TW}} \in \mathbb{W}} d_{\widehat{\mathrm{TW}},\mathrm{TW}'}$
9: **if** $d_{\widehat{M},M'} \leqslant \tau$ **then**
10: 　　IsWatermarked = True
11: **else**
12: 　　IsWatermarked = False
13: **end if**
14: 返回 IsWatermarked

此后，需要计算 $\widehat{\mathrm{TW}}$ 和 TW' 的距离以进行相似性比较，由于两个序列中的状态是相同的，因此只需考虑动作概率分布的距离，这里采用 KL（Kullback-Leibler）散度[208]，这是一种流行的分布度量方法。$\widehat{P}_i$ 和 P'_i 的距离可以按如下方式计算。

$$d_{s_i} = \sum_a \widehat{p}_{i,a} \log \frac{\widehat{p}_{i,a}}{p'_{i,a}}, \tag{7.12}$$

式中，$\widehat{p}_{i,a}, p'_{i,a}$ 分别是在分布 $\widehat{P}_i, P'_i$ 下选择动作 a 的概率。

基于两个分布距离的定义，$\widehat{\mathrm{TW}}$ 和 TW' 的距离 $d_{\widehat{\mathrm{TW}},\mathrm{TW}'}$ 可以定义为所有对应动作概率分布的累积距离。

$$d_{\widehat{\mathrm{TW}},\mathrm{TW}'} = \sum_{i=0}^{L-1} d_{s_i}. \tag{7.13}$$

取 $\mathbb{W}$ 中所有水印的平均距离作为模型 $\widehat{M}$ 与 M' 的距离 $d_{\widehat{M},M'}$：

$$d_{\widehat{M},M'} = \frac{1}{n} \sum_{\widehat{\mathrm{TW}} \in \mathbb{W}} d_{\widehat{\mathrm{TW}},\mathrm{TW}'}. \tag{7.14}$$

为了验证水印的存在，所有者只需将 $d_{\widehat{M},M'}$ 的值与预定义的距离阈值 τ 进行比较。

本节详细描述了保护深度强化学习模型的时序水印的概念。此外，我们提出了一种新的水印方法，用于选择合适的水印候选项，并将候选项嵌入深度强化学习模型中，验证受保护模型的所有权。我们提出的时序水印方法是通用的，在确定性和随机性的深度强化学习环境及任务的验证过程中，表现出了非常高的准确性和极低的错误率。

7.6 讨论

本节将讨论深度强化学习模型的时序水印方法可能存在的局限性。

1. DRL 中的随机性

考虑到马尔可夫决策过程任务和深度强化学习模型的高度随机性，有两个主要问题可能影响验证的准确性。首先，对于相同状态 s_i，随机深度强化学习模型可能会输出从动作概率 P_i 抽样出的不同动作 a_i；其次，即使对于总是对同一个状态 s_i 输出相同动作的确定性深度强化学习模型，由于状态转移概率的存在，马尔可夫决策过程环境也可能转移到不同的下一状态 s_{i+1}。因此，在验证过程中，即使可以为时序水印中的每个状态收集尽可能多的动作，同一个深度强化学习模型在两次测试中收集到的状态—动作概率分布对序列仍可能不同，对于不同的深度强化学习环境，需要仔细设计不同的验证阈值，否则验证的准确性可能大幅下降。

2. 抵抗模型压缩和微调的稳健性

当对手窃取模型后，可能不会直接使用模型，而是对其进行转换，这是因为需要将模型适应到自己的数据集或场景，或者逃避窃取检查。因此，水印应该能够抵抗模型转换，例如微调[92] 和模型压缩[209]，它们是常用的模型转换方法。

无论是有意还是无意的，微调[92] 似乎是最可行的攻击类型，因为经验表明它具有以下潜在优势。攻击者可以将一个训练有素的模型作为初始权重，在自己的数据上训练新模型，这个过程可以帮助他们降低计算成本，并让模型获得比从头开始训练更高的性能。此外，经过微调，模型中的参数将发生变化。

模型压缩[209] 在 DNN 中扮演着重要角色，它可以减少神经网络参数的数量、内存需求和计算成本。最常见的方法之一是模型量化[210]，通过降低参数的精度来压缩深度学习模型。模型剪枝是另一种模型压缩方法，它在保持原始任务性能基本不变的同时，剪除目标模型中冗余的参数。如果嵌入水印的参数被剪掉，则无法识别变换后的模型的水印，从而无法验证可疑模型的所有权。

3. 模糊攻击

模糊攻击指在受保护的模型中嵌入另一个水印，使模型所有者无法仅凭原始水印确定模型的所有权。通过模糊攻击对手也可以在可疑模型中验证自己的水印，在更严重的情况下，原始水印可能会被对手的水印覆盖。

4. 应用于部分可观测的马尔可夫决策过程

不同的强化学习任务存在巨大的差异，为各种深度强化学习任务开发统一的水印方法具有挑战性。我们提出的时序水印方法首次尝试应对这种挑战，然而，该方法在一些马尔可夫环境中表现良好，在某些情况下可能无效（环境状态和动作的完整信息不可用时，即 POMDP 任务[211]）。为了改变这种情况，可以将原始状态和动作替换为可观测的状态和动作作为水印。此外，可以采用更长的水印序列以提高保真度，但考虑到原始状态中部分信息会丢失，其验证准确性仍将低于完全可观测的马尔可夫决策过程。

7.7　小结

本章重点讨论了使用水印技术保护深度强化学习模型的知识产权的方法。在深度强化学习模型中，有两种类型的策略：确定性策略和随机性策略，针对这两种策略我们提出了一种时序水印方法。现有的水印方法通常将空间触发器、扰动或分布外状态作为水印或验证样本，然而，由于深度强化学习任务和模型的特殊性，这些方法不能直接应用于强化学习场景。为此，我们精心筛选了一些无损伤状态作为水印候选项，以确保带水印的深度强化学习模型的性能。在水印验证阶段，精心设计的时序水印可以使受保护的深度强化学习模型具有独特的可辨识性。我们提出的针对深度强化学习模型的时序水印方法可以满足所有功能保持、无损伤和不可感知的要求，并且在不同的强化学习环境下表现良好。此外，本章还讨论了时序水印方法的局限性，例如验证准确性、模糊性和稳健性等。

致谢 本工作得到了新加坡国家研究基金会的人工智能新加坡计划的支持（AISG Award No: AISG2-PhD-2021-08-023[T]）。

第 8 章
CHAPTER 8

图像描述模型的所有权保护

林健汉

大多数用于机器学习模型的水印方法专注于分类任务,而忽视了其他任务。本章展示了当前的数字水印方法无法充分保护图像描述（Image Captioning）任务,而图像描述任务通常被认为是最具挑战性的人工智能任务之一。为了保护图像描述模型,我们提出了两种不同的嵌入策略,应用于 RNN 的隐藏记忆状态。我们通过实验证明,一个伪造的密钥将导致图像描述模型无法使用,从而阻止侵权。据我们所知,这是首次尝试对图像描述模型进行所有权保护。在 MS-COCO 和 Flickr30k 数据集上的实验表明,我们提出的方法在不影响原始图像描述性能的情况下,能够有效抵抗不同的攻击。

8.1 引言

人工智能是当前最引人注目的技术之一，被广泛应用于科研和产业界，以解决不同层次的问题，如翻译、语音识别、对象检测和图像描述等。DNN 的开发和训练成本高昂，尤其是涉及大型数据集时需要耗费大量的时间成本，因此，保护 DNN 的所有权至关重要。使用水印方法保护 DNN 的知识产权[5, 19, 20, 25, 57, 195, 212, 213] 是近年的研究热点，这类方法可以防御不同的攻击行为，如移除攻击和模糊攻击。水印在数字媒体中被广泛使用，例如，将水印（如文本、图像）嵌入数字媒体（如图像）中以声明知识产权，同时不损害原始数字媒体。

大多数水印技术聚焦于将图像映射到标签的分类任务上，而忽视了其他任务，如图像描述，这是因为二者之间存在一些根本性的差异。首先，分类模型预测的是一个特定的标签，而图像描述模型生成的是一句或多句连贯的描述语句。其次，图像描述需要对图像内容进行超越类别和属性层次的深入理解，并整合语言模型以产生自然流畅的句子，分类任务关注识别并区分不同类别的决策边界。

我们提出了一种基于密钥的方法，重新定义了 DNN 数字水印知识产权保护的范式，为图像描述模型提供及时、预防性和可靠的所有权保护，该方法在 RNN 的隐藏记忆状态中采用了两种不同的嵌入策略[214]。我们证明了将密钥集成到 RNN 的隐藏记忆状态中是图像描述问题的最佳选择，因为伪造的密钥将导致图像描述模型效率低下，从而阻止侵权行为。据我们所知，这是首次为图像描述模型提出所有权保护，该方法的有效性已通过在 MS-COCO 和 Flickr30k 数据集上的实验得到了证明。

8.2 相关研究工作

本节将简要回顾两个领域的相关研究工作：图像描述和 DNN 模型中的数字水印。

8.2.1 图像描述中的数字水印

图像描述是自动为给定图像生成句子的任务，包括获取图像、分析其视觉内容并生成文本描述。图像描述是一个多模态问题，涉及自然语言处理和计算机视觉领域。

使用 CNN 和 RNN/Transformer 模型来生成具有可调节语法结构的新句子，是现代图像描述生成中的主流范式。先进的模型大多采用编码器—解码器框架，可以分为基于 CNN-RNN 的模型[215–220] 和基于 CNN-Transformer 的模型[221–224]。其中，CNN 作为编码器从图像中提取有用的视觉特征，RNN 和 Transformer 作为解码器生成描述文本。例如，文献 [215] 提出了一种端到端的神经网络架构，使用 LSTM 为图像生成句子。此外，注意力模型也被广泛应用于图像描述中，以在生成单词时聚焦于显著对象，在大多数评估指标上实现了显著改进。文献 [219] 在 CNN-LSTM 框架中添加了软和硬注意力机制，以在生成相应单词时自动聚焦于显著对象，为 LSTM 机制引入了视觉注意力，提高了传统方法的性能。

最近，研究人员开始探索在图像描述中使用 Transformer，并引入了基于 CNN-Transformer 的图像描述模型。Transformer 架构[225] 使用点积注意力机制隐式关联语义信息。在图像描述领域，文献 [221] 提出了对象关系网络，将相对空间注意力注入点积注意力中，类似于原始 Transformer 中提出的简单位置编码。文献 [222] 引入了具有双并行 Transformer 的缠绕 Transformer 模型，以编码和优化图像中的视觉和语义信息，并通过门控双向控制器进行融合。虽然基于 CNN-Transformer 的模型取得了显著的效果，但它们的推理速度较慢，这阻碍了它们的应用。因此，我们将重点放在基于 CNN-RNN 的图像描述模型上，这些模型可以应用于许多实际场景中。

8.2.2　DNN 模型中的数字水印

DNN 模型中的数字水印可以分为三类：基于黑盒的解决方案[13, 20, 25, 57, 195]、基于白盒的解决方案[212, 213]，以及白盒和黑盒的组合解决方案[5, 19]。基于白盒的解决方案假设模型所有者可以完全访问可疑模型的所有参数，因为水印是在训练阶段嵌入模型参数中的。而在基于黑盒的解决方案中，水印被嵌入数据集标签中，它假设模型所有者只能访问远程可疑模型的 API，并通过发送查询来获得所有权验证的预测标签。

Uchida 等人[212] 通过使用参数正则化器，在训练期间将水印嵌入 DNN 模型权重中，引入了第一个基于白盒的解决方案。要提取水印，必须能够访问模型权重，文献 [13, 20, 25, 57, 195] 通过触发器训练将水印嵌入目标模型中，提出了基于黑盒的解决方案。在无法访问模型参数的情况下，触发器水印可以在所有权验证期间远程恢复。

Zhang 等人[20] 引入了三种不同的密钥生成方法：基于噪声的、基于内容的和基于无关图像的。Merrer 等人[195] 建议将对抗性样本作为水印密钥集来改变模型的决策边界。Quan 等人[13] 利用图像任务（如超分辨率和图像去噪）模型的过度参数化特性，提出了一种黑盒水印技术。而 Adi 等人[25] 引入了一种类似于文献 [20] 的水印方法，主要的贡献在于模型验证。

Rouhani 等人[58] 和 Fan 等人[5] 提出了一种在黑盒和白盒场景下都有效的水印方法。Rouhani 等人[58] 使用两个额外的正则化损失项——高斯混合模型（Gaussian Mixture Model，GMM）智能体损失和二元交叉熵损失，将水印嵌入 DNN 的选定层的激活中。该方法能够抵抗剪枝、微调和叠加攻击，尽管计算时间较长。Fan 等人[5] 扩展了 DNN 模型，使其包括一个用于所有权验证的护照层（Passport Layer）。在使用伪造的护照时，模型的性能会急剧下降，需要所有者隐藏护照层的权重，这是因为这些权重具有保密性质。然而，我们通过实验证明[5]，该方法无法充分保护图像描述模型。

8.3 问题的形式化

本节首先介绍受保护的图像描述模型框架，接着提出命题，并附上证明和推论，最后对图像描述模型的知识产权保护进行阐述。

8.3.1 图像描述模型

图像描述模型具有几种不同的架构，这些架构大多采用编码器—解码器框架，主要的差异在于编码器层的设计和解码器层使用的技术。例如，在图像描述模型中，RNN、LSTM 和 Transformer 被广泛用作解码器层。本章关注 Show, Attend and Tell 模型的知识产权保护问题，该模型为后续的图像描述生成领域的尖端工作奠定了基础[218, 226–233]。该模型采用编码器—解码器框架，其中图像通过 CNN 编码为固定大小，通过 LSTM 生成描述。这里将 LSTM[234] 作为 RNN 单元。

通过 CNN 将图像 I 嵌入 K 维向量 X 中：

$$X = F_c(I), \tag{8.1}$$

式中，X 表示 K 维图像特征；$F_c(\cdot)$ 表示 CNN 编码器。

给定字典 $\mathcal{S}$ 和词嵌入矩阵 $W_e \in \mathbb{R}^{K \times V}$，每个词 $Z \in \mathcal{S}$ 被编码成一个 K 维向量 Y。向量 $Y_0, Y_1, \cdots, Y_M$ 对应图像描述中的词 $Z_0, Z_1, \cdots, Z_M$。

为了计算下一个词为 Z_t 的可能性，解码器在每个时间步将 K 维图像特征 X 输入 LSTM 中：

$$h_t = \text{LSTM}(X, h_{t-1}, m_{t-1}) \tag{8.2}$$

$$p(Z_t | Z_0, Z_1, \cdots, Z_{t-1}, I) = F_1(h_t), \tag{8.3}$$

式中，m_{t-1} 表示前一个记忆细胞状态；h_{t-1} 表示 LSTM 的前一个隐藏状态；p 表示下一个词为 Z_t 的可能性，由非线性函数 $F_1(\cdot)$ 根据 $Z_0, Z_1, \cdots, Z_{t-1}$ 和图像 I 给出。

通常来说，在图像描述任务中，使用最大似然估计的框架来训练模型，直接最大化生成正确图像的长度为 T 的描述 $\{Z_0, Z_1, \cdots, Z_{T-1}\}$ 的可能性：

$$\log p(Z | I) = \sum_{t=0}^{T} \log p(Z_t | I, Z_{0:t-1}, c_t), \tag{8.4}$$

式中，$p(Z_t | I, Z_{0:t-1}, c_t)$ 表示在给定上下文向量 c_t、前面的词 $Z_{0:t-1}$ 和图像 I 的条件下生成下一个词的似然概率，t 表示时间步。

在训练时，$p(Z|I)$ 通过一个 RNN 模型化，(Z, I) 表示一个训练对，其中记忆 h_t 用于表达在 $t-1$ 时刻之前所依赖的可变数量的词。每当接收到一个新的输入时，非线性函数 f 将用于更新这个记忆：

$$h_{t+1} = f(h_t, x_t), \tag{8.5}$$

式中, $x_t = W_e Z_t$ 且 $x_{-1} = \text{CNN}(I)$; W_e 表示词嵌入, f 通常是一个 LSTM 网络。

命题 1: 考虑一个具有 i 个单元的 RNN, 图像嵌入向量用于初始化 RNN 的隐藏状态和记忆细胞状态:

$$m_{t=-1} = 0, \tag{8.6}$$

$$h_{t=-1} = W_I I_{\text{embed}}. \tag{8.7}$$

式中, h 表示隐藏状态; m 表示记忆细胞状态; $W_I \in \mathbb{R}^{r \times h}$ 表示一个权重矩阵。前一个词嵌入与上下文向量 c_t 拼接在一起, 作为 RNN 的输入。使用隐藏状态生成词汇表上的概率分布 p_t:

$$h_t : p_t = \text{softmax}(W_o h_t), \tag{8.8}$$

$$h_t, m_t = \text{RNN}(x_t, h_{t-1}, m_{t-1}), \tag{8.9}$$

$$x_t = [W_w Z_{t-1}, c_t], \tag{8.10}$$

$$c_t = \text{SoftAttention}(F), \tag{8.11}$$

式中, p_t 表示词汇表 V 上的概率分布; $c_t \in \mathbb{R}^a$ 表示上下文向量; $Z_{t-1} \in \mathbb{R}^q$ 表示前一个词的向量; CNN 特征图表示为 F; 连接操作符为 $[,]$; $W_w \in \mathbb{R}^{q \times v}$ 和 $W_o \in \mathbb{R}^{v \times i}$ 分别表示输入和输出嵌入矩阵。公式的证明参见文献 [214]。

命题 2: 设 K 和 Y 是同一域 J 上的向量空间。如果对于任意两个向量 $d, u \in K$ 和任意标量 $b \in J$ 满足以下两个条件, 则称函数 $f : K \to H$ 是线性映射:

$$f(d + u) = f(d) + f(u),$$

$$f(bd) = bf(u).$$

现假设 K 是密钥, 而 $H \in \{h_{t-1}, h_t, \cdots, h_L\}$ 是 RNN 的隐藏状态, 那么 RNN 的性能 p_t 依赖 K 的知识。也就是说, 没有正确的密钥, 隐藏状态会影响 RNN 中的遗忘门、输入门和输出门的操作, 导致 RNN 单元记住错误的信息, 从而降低整个模型的性能。公式的证明参见 8.3.2 节。

推论: 对于任何给定的 RNN, 如果满足命题 1 和命题 2, 则图像描述模型的性能保持不变, 特别是 RNN 的输出可以从网络的梯度中唯一地重构。

8.3.2 命题 2 的证明

给定一个单隐藏层 RNN, 在时间步长 t 处输入的前向传播是

$$z_h^{<t>} = W_{hx} x^{<t>} + W_{hh} h^{<t-1>} + b_h, \tag{8.12}$$

式中，$\boldsymbol{W}_{hx}$ 表示隐藏层和输入层之间的权重矩阵；$\boldsymbol{W}_{hh}$ 表示隐藏层的权重矩阵；$\boldsymbol{b}_h$ 表示偏置项。因此，激活函数为

$$\boldsymbol{h}^{<t>} = \sigma_h(\boldsymbol{z}_h^{<t>}), \tag{8.13}$$

式中，σ_h 表示激活函数，此处为 ReLU。然后，在时间步长 t 处输出的前向传播是

$$\boldsymbol{y}^{<t>} = \sigma_y(\boldsymbol{z}_y^{<t>}), \tag{8.14}$$

式中，$\boldsymbol{z}_y^{<t>} = \boldsymbol{W}_{yh}\boldsymbol{h}^{<t>} + \boldsymbol{b}_y$；$\boldsymbol{W}_{yh}$ 表示输出层和隐藏层之间的权重矩阵。

因此，时间上的反向传播为

$$L = \sum_{t=1}^{T} \boldsymbol{L}^{<t>},$$

$$\frac{\partial \boldsymbol{L}^{(t)}}{\partial \boldsymbol{W}_{hh}} = \frac{\partial \boldsymbol{L}^{(t)}}{\partial \boldsymbol{y}_t} \cdot \frac{\partial \boldsymbol{y}^{(t)}}{\partial \boldsymbol{h}_t} \cdot \left(\sum_{k=1}^{t} \frac{\partial \boldsymbol{h}^{(t)}}{\partial \boldsymbol{h}_k} \cdot \frac{\partial \boldsymbol{h}^{(k)}}{\partial \boldsymbol{W}_{hh}}\right), \tag{8.15}$$

式中，$\frac{\partial \boldsymbol{h}^{(t)}}{\partial \boldsymbol{h}_k} = \prod_{i=k+1}^{t} \frac{\partial \boldsymbol{h}^{(i)}}{\partial \boldsymbol{h}_{i-1}}$。

现在，假设 $\boldsymbol{K}$ 是一个密钥，且嵌入过程 $\mathbb{O}$ 为

$$\mathbb{O}(\boldsymbol{h}_{t-1}, \boldsymbol{K}, \boldsymbol{o}) = \begin{cases} \boldsymbol{h}_{t-1} \oplus \boldsymbol{K}, & \text{如果 } \boldsymbol{o} = \oplus, \\ \boldsymbol{h}_{t-1} \otimes \boldsymbol{K}, & \text{其他}. \end{cases} \tag{8.16}$$

在时间步长 t 处，RNN 输入和输出的新的前向传播分别是 $\hat{\boldsymbol{z}}_h^{<t>} = \boldsymbol{W}_{hx}x^{<t>} + \boldsymbol{W}_{hh}\hat{h} + \boldsymbol{b}_h$ 和 $\hat{\boldsymbol{y}}^{<t>} = \sigma_y(\hat{\boldsymbol{z}}_y^{<t>})$，其中 $\hat{h}$ 是 $\boldsymbol{K} \oplus \boldsymbol{h}_{t-1}$ 或 $\boldsymbol{K} \otimes \boldsymbol{h}_{t-1}$。

因此，在错误的密钥 $\overline{k} \neq k$ 的情况下，可以推断出 $\hat{\boldsymbol{y}}^{<t>} \neq \overline{\boldsymbol{y}}^{<t>}$。这在其他 RNN 模型中，如 LSTM，也是类似的：

$$\boldsymbol{h}^{<t>} = \boldsymbol{o}_t \oplus \tanh(\boldsymbol{C}^{<t>}), \tag{8.17}$$

式中，$\boldsymbol{o}_t$ 表示 LSTM 的输出门，用于更新隐藏单元的值，表示为

$$\boldsymbol{o}_t = \sigma(\boldsymbol{w}_{ox}\boldsymbol{x}^{<t>} + \boldsymbol{w}_{oh}\boldsymbol{h}^{<t-1>} + \boldsymbol{b}_o), \tag{8.18}$$

而 LSTM 的单元状态为

$$\boldsymbol{c}^{<t>} = (\boldsymbol{C}^{<t-1>} \otimes \boldsymbol{f}_t) \oplus (\boldsymbol{i}_t \otimes \boldsymbol{g}_t), \tag{8.19}$$

式中，$\boldsymbol{f}_t = \sigma(\boldsymbol{w}_{fx}\boldsymbol{x}^{<t>} + \boldsymbol{w}_{fh}\boldsymbol{h}^{<t-1>} + \boldsymbol{b}_f)$，表示 LSTM 的遗忘门；$\boldsymbol{i}_t = \sigma(\boldsymbol{w}_{ix}\boldsymbol{x}^{<t>} + \boldsymbol{w}_{ih}\boldsymbol{h}^{<h-1>} + \boldsymbol{b}_i)$，表示 LSTM 的输入门；$\boldsymbol{g}_t = \tanh(\boldsymbol{w}_{gx}x^{<t>} + \boldsymbol{w}_{gh}\boldsymbol{h}^{<t-1>} + \boldsymbol{b}_g)$，表示 LSTM 的输入节点。如果使用错误的密钥来推断 LSTM 模型，则最终输出的 $\hat{\boldsymbol{o}}_T \neq \overline{\hat{\boldsymbol{o}}}_T$。

8.3.3 图像描述模型的知识产权保护

设计图像描述模型保护框架的主要目标是确保及时、预防性和可靠的知识产权保护，且不增加额外成本。保护框架必须能够有效应对各种攻击，并且在不降低原始模型性能的前提下证明模型的所有权。授权使用的模型性能应与原始模型几乎相同，当攻击者试图未经授权地使用受保护的模型时，模型应无法正常工作。

将给定网络 N() 的图像描述模型所有权验证方案定义为一组过程 $\{\mathcal{G}, \mathcal{E}, \mathcal{V}_\mathrm{B}, \mathcal{V}_\mathrm{W}\}$，包括生成过程 $\mathcal{G}()$、嵌入过程 $\mathcal{E}()$、黑盒验证过程 $\mathcal{V}_\mathrm{B}()$ 和白盒验证过程 $\mathcal{V}_\mathrm{W}()$。

$\mathrm{N}[\boldsymbol{K}]$ 表示嵌入了密钥 $\boldsymbol{K}$ 的受保护图像描述模型，其中 N() 表示原始未受保护的图像描述模型。一个根据运行时密钥 l 改变模型行为的过程 $\boldsymbol{M}$ 可以被描述为受保护模型的推理:

$$M(\mathbb{N}[\boldsymbol{K}], \boldsymbol{J}) = \begin{cases} M_K, & \text{如果 } \boldsymbol{J} = \boldsymbol{K}, \\ M_{\overline{K}}, & \text{否则}, \end{cases} \tag{8.20}$$

式中，$\overline{K} \neq \boldsymbol{K}$，将使用伪造密钥的模型性能表示为 $M_{\overline{K}}$，而将使用正确密钥的模型性能表示为 M_K。为了保护模型，$\boldsymbol{M}(\mathbb{N}[\boldsymbol{K}], \boldsymbol{J})$ 应具有以下特性。

- 当 $\boldsymbol{J} = \boldsymbol{K}$ 时，模型性能 M_K 应尽可能与原始模型 N 匹配。更具体地说，如果 M_K 与 N 之间的性能差异低于预定阈值，则称受保护模型得到了功能保持。

- 当 $\boldsymbol{J} \neq \boldsymbol{K}$ 时，模型性能 $M_{\overline{K}}$ 应尽可能与性能 M_K 不同。M_K 与 $M_{\overline{K}}$ 之间的差异被称为保护强度。

8.4 提出的方法

本节首先介绍密钥生成过程，随后讨论将嵌入操作应用于图像描述模型，最后讨论所有权验证过程，包括黑盒验证和白盒验证。我们提出的方法如图 8.1 所示，图 8.1(a) 是解码层中用于生成句子的原始 LSTM 单元。我们提出通过隐藏状态将密钥嵌入 LSTM 单元，如图 8.1(b) 所示（见 8.4.2 节的解释）。

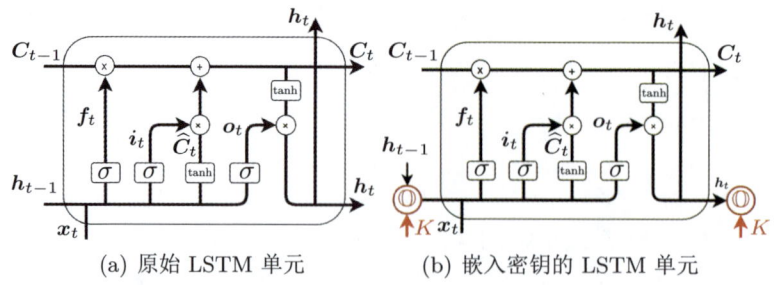

(a) 原始 LSTM 单元   (b) 嵌入密钥的 LSTM 单元

图 8.1　我们提出的方法

8.4.1 密钥生成过程

密钥生成过程 $\mathcal{G}()$ 生成白盒水印 S_W 和提取参数 θ，以及黑盒水印 S_B 和触发器 $\boldsymbol{T}$。在我们提出的方法中，白盒水印 S_W 将作为嵌入的密钥 K 和签名 G。

$$\mathcal{G}() \to (S_\mathrm{W}, \theta; S_\mathrm{B}, \boldsymbol{T}). \tag{8.21}$$

模型所有者给出的特定字符串被转换成二进制向量来创建嵌入密钥 K，表示为 k_b。我们发现，对于高度相似的字母和数字组合，如字符串 C 和 A，二进制向量仅有 1 位差异。因此，下面给出一个新的转换函数 $\mathbb{F}$

$$\mathbb{F}(C, E) = C \otimes E = k_\mathrm{b}, \tag{8.22}$$

C 根据用户提供的种子从 -1 或 1 的值中采样，形成一个二进制向量。

对于签名 G，根据文献 [5] 中的方法生成签名，其中 $G = \{g_n\}_{n=1}^{N}$ 且 $g_n \in \{-1,1\}$。我们提出的方法与文献 [5] 中的方法的一个重要区别是，我们的签名嵌入 LSTM 单元的隐藏状态输出，而不是嵌入模型权重。这是因为我们发现，信道置换可以在保持模型输出的同时轻易修改模型权重中嵌入的签名。

触发器 $\boldsymbol{T}$ 是一组故意标错的图像—标题对，与原始训练数据一起用来训练图像描述模型。在这里，原始图像加上一个红色色块（噪声），我们将标题更改为一个固定句子（如我的受保护模型），以便生成触发器 $\boldsymbol{T}$。

8.4.2 嵌入过程

嵌入过程 $\mathcal{E}()$ 将黑盒水印 S_B 和白盒水印 S_W 嵌入模型 $\mathbb{N}()$。如图 8.2 所示，在我们提出的方法中，嵌入过程 $\mathcal{E}()$ 接收训练数据 $\boldsymbol{D} = \{\boldsymbol{I}, S\}$、白盒水印 S_W（密钥 K 和签名 G）和提取参数 θ、黑盒水印 S_B 和触发器 $\boldsymbol{T}$，以及模型 $\mathbb{N}()$，以生成受保护的图像描述模型 $\mathbb{N}[W, G]()$：

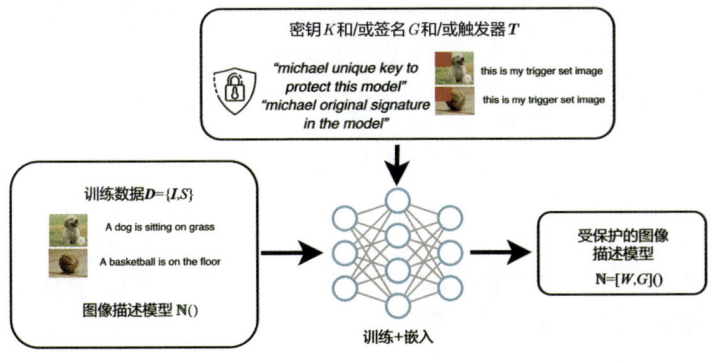

图 8.2　嵌入过程

$$\mathcal{E}\left(\mathbb{N}()|(\boldsymbol{D};S_{\mathrm{W}},\theta;S_{\mathrm{B}},\boldsymbol{T})\right) \rightarrow \mathbb{N}[W,G]() \tag{8.23}$$

嵌入过程是一个 RNN 学习过程, 在模型训练中完成。它通过最小化损失 L 优化模型 $\mathbb{N}[W,G]()$。这里引入两种新的关键嵌入操作 $\mathbb{O}$ [按元素加法模型 ($\oplus$) 和按元素乘法模型 ($\otimes$)]:

$$\mathbb{O}(\boldsymbol{h}_{t-1},\boldsymbol{K},\boldsymbol{o}) = \begin{cases} \boldsymbol{h}_{t-1} \oplus \boldsymbol{K}, & \text{如果} \boldsymbol{o} = \oplus, \\ \boldsymbol{h}_{t-1} \otimes \boldsymbol{K}, & \text{否则}. \end{cases} \tag{8.24}$$

将密钥嵌入 LSTM 单元的隐藏状态中, 以确保图像描述模型得到最佳的保护。如果我们观察时间步 t_n 处的一个 LSTM 单元, 那么可以用 $\boldsymbol{h}_{t_n}$、$\boldsymbol{c}_{t_n}$、$\boldsymbol{o}_{t_n}$、$\boldsymbol{i}_{t_n}$ 和 $\boldsymbol{f}_{t_n}$ 分别表示该时间步的隐藏状态、记忆单元状态、输出门、输入门和遗忘门。LSTM 的转换方程如下:

$$\begin{aligned}
\boldsymbol{i}_{t_n} &= \sigma(\boldsymbol{W_i}\boldsymbol{x}_{t_n} + \boldsymbol{U_i}\boldsymbol{h}_{t_n-1}), \\
\boldsymbol{o}_{t_n} &= \sigma(\boldsymbol{W_o}\boldsymbol{x}_{t_n} + \boldsymbol{U_o}\boldsymbol{h}_{t_n-1}), \\
\boldsymbol{f}_{t_n} &= \sigma(\boldsymbol{W_f}\boldsymbol{x}_{t_n} + \boldsymbol{U_f}\boldsymbol{h}_{t_n-1}), \\
\boldsymbol{u}_{t_n} &= \tanh(\boldsymbol{W_u}\boldsymbol{x}_{t_n} + \boldsymbol{U_u}\boldsymbol{h}_{t_n-1}), \\
\boldsymbol{c}_{t_n} &= \boldsymbol{i}_{t_n} \odot \boldsymbol{u}_{t_n} + \boldsymbol{f}_{t_n} \odot \boldsymbol{c}_{t_n-1}, \\
\boldsymbol{h}_{t_n} &= \boldsymbol{o}_{t_n} \odot \tanh(\boldsymbol{c}_{t_n}), \\
\boldsymbol{p}_{t_n+1} &= \mathrm{softmax}(\boldsymbol{h}_{t_n}).
\end{aligned} \tag{8.25}$$

在这种情况下, 按元素乘法由 $\odot$ 表示, 而逻辑 sigmoid 函数由 σ 表示。$\{\boldsymbol{W_i},\boldsymbol{W_o},\boldsymbol{W_f},\boldsymbol{W_u},\boldsymbol{U_i},\boldsymbol{U_o},\boldsymbol{U_f},\boldsymbol{U_u}\}$ 是 LSTM 的参数, 具有 $\mathbb{R}^{K \times K}$ 维度。记忆单元存储了截至当前时间步在单元的内部存储中处理的信息, 每个门控单元直观地控制信息的遗忘、更新和前向传播的程度。由于门控单元的存在, 记忆单元只在隐藏状态中部分可见。在每个时间步生成的词的概率分布等于给定图像和前面词的条件概率 $P(w_t|w_{1:t-1},I)$。此外, 词的组合向量表示基于前一个时间步的隐藏状态 L, 这表明隐藏状态在图像描述模型中扮演了重要角色, 没有正确的密钥, 隐藏状态可能会影响 LSTM 单元中的遗忘门、输入门和输出门的操作, 从而降低模型性能。

我们将标志损失正则化项[5] 纳入损失函数, 以进一步增强模型:

$$L_g(G,h,\gamma) = \sum_{n=1}^{N} \max(\gamma - h_n g_n, 0), \tag{8.26}$$

式中, 将隐藏状态 h 的指定二进制位表示为 $G = \{g_n\}_{n=1}^{N}$ 且 $g_n \in \{-1,1\}$。我们在符号损失中引入了一个超参数 γ, 以确保隐藏状态的幅度大于 0。在整个训练过程中, LSTM 单元的隐藏状态中嵌入了签名。

8.4.3　验证过程

验证过程如图 8.3 所示，验证过程 V 接收图像 I 或触发器 T 作为输入，并输出验证所有权的结果。本章提出了黑盒验证过程和白盒验证过程，黑盒验证过程 $\mathcal{V}_B()$ 检查模型 N() 是否专门针对触发器 T 进行推理。

$$\mathcal{V}_B(\mathbb{N}, S_B | \boldsymbol{T}). \tag{8.27}$$

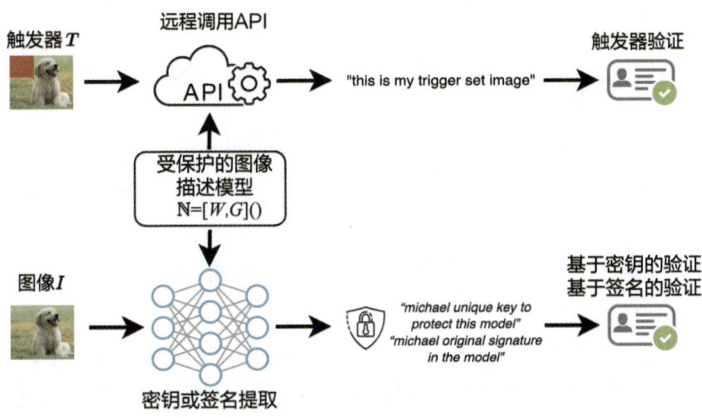

图 8.3　验证过程

白盒验证过程 $\mathcal{V}_W()$ 访问模型参数 $\boldsymbol{W}$ 以提取白盒水印 $\tilde{S}_W$，并与 S_W 进行比较，

$$\mathcal{V}_W(\boldsymbol{W}, S_W | \theta). \tag{8.28}$$

基于签名的验证和基于密钥的验证属于白盒验证过程，而触发器验证是一个黑盒验证过程。

1. 黑盒验证过程

黑盒验证过程即触发器验证过程。我们提出了一种通过远程调用 API 完成的触发器集验证方法，使用原始训练样本和一组预先创建的触发器图像—描述对来训练图像描述模型。为了训练模型生成触发器句子，我们在原始图像上添加红色色块（噪声），并将描述改为固定句子（如"我的受保护模型"）。在验证阶段，模型所有者将触发器图像发送给模型，以确保它返回触发器句子。

2. 白盒验证过程

- **基于签名的验证**。我们提出了一种在训练过程中完成签名验证的方法，在隐藏状态的符号中嵌入独特的签名，并通过符号损失正则化来实现基于签名的验证。模型所有者需要访问已训练好的模型并发送图像以生成句子来验证签名。为了验证模型所有权，在推理过程中提取 LSTM 单元的隐藏状态的符号，并与原始签名匹配。模型所有者的名字或其他人类可读的文本可以从二进制签名中提取。

- **基于密钥的验证**。我们提出了基于密钥的验证方法，分别针对私钥和公钥。对于公钥，客户端接收公钥和训练好的模型。为了确保在模型推理过程中性能不变，模型输入中需要包含公钥，用来直接验证模型所有者。私钥则被嵌入模型，推理时仅需要将图像作为模型输入，通过访问模型来提取 LSTM 单元中的密钥，并进行所有权验证。

8.5 实验设置

8.5.1 指标和数据集

我们使用通常用于图像描述的 MS-COCO[172] 和 Flickr30k[235] 数据集来验证我们提出的方法。对于这两个数据集，我们采用了文献 [218] 中常用的分割方法进行处理。对于 MS-COCO 数据集，有 113287 张训练图像，每张图像中都有 5 个人工标注的句子，测试集和验证集各有 5000 张图像。对于 Flickr30k 数据集，其中有 1000 张图像用于测试，1000 张图像用于验证，其余 10000 张图像用于训练。所有单词都被转换为小写，超过 20 个单词的描述被截断。两个数据集的词汇量都固定在 10000。使用图像描述中常用的评估指标来评估我们提出的方法，包括 BLEU[236]、CIDEr-D[237]、METEOR[238]、SPICE[239] 和 ROUGE-L[240]，SPICE 和 CIDEr-D 比 ROUGE 和 BLEU 更能反映人类评估的结果[237, 239]。

8.5.2 配置

编码器采用在 ImageNet 数据集上预训练的 ResNet-50[93]。ResNet-50 用于提取图像特征，生成 $7 \times 7 \times 2048$ 维度的输出。解码器采用 30% 的 LSTM 丢弃率，隐藏状态和词嵌入的维度均被设置为 512。CNN 部分以 0.00001 的学习率微调 20 个周期，LSTM 解码器则以 0.0001 的学习率训练 8 个周期。使用 Adam[241] 优化器训练模型，设置如下：小批量（mini-batch）大小为 32，ϵ 为 1×10^{-6}，β_1 为 0.9，β_2 为 0.999。为防止梯度爆炸，使用梯度裁剪确保梯度的范数小于 5.0。为了获得平均性能，我们进行了三次实验，在推理步骤中，设置束大小（beam size）为 3。

8.5.3 比较方法

比较以下模型。

- **基线**：未受保护的模型，基于文献 [219] 中的软注意力模型。
- **SCST**：按照文献 [228] 实施，是一个未受保护的模型。
- **Up-Down**：按照文献 [226] 实施，是一个未受保护的模型。
- **Passport**：文献 [5] 在 DNN 模型中添加了护照层，是与我们最接近的工作。
- $M_{\oplus}$：8.4.2 节提出的按元素加法模型。

- $M_{\otimes}$：8.4.2 节提出的按元素乘法模型。

我们提出的方法在著名的图像描述模型**Show, Attend and Tell**[219] 下进行了演示。我们进一步扩展了该方法，并将其用于 Up-Down[226] 和 SCST[228]。Up-Down 使用了两个 LSTM 层，选择性地关注图像特征以生成描述，Up-Down 的注意力方法用于根据边界确定最相关的区域。SCST 模型则通过强化学习方法直接基于客观评价指标优化模型。SCST 和 Up-Down 与基线方法所使用的框架不同。

8.6 讨论

8.6.1　与当前数字水印框架技术的对比

我们使用官方代码库复现了文献 [5] 中的模型，并将其称为 Passport 模型。文献 [5] 的技术实现与我们提出的方法相似，如表 8.1 所示，其中 B-N、R、S、M 和 C 分别代表 BLEU-N、ROUGE-L、SPICE、METEOR 和 CIDEr-D 分数，粗体表示最佳结果，* 表示次佳结果。与我们提出的方法和基线方法相比，Passport 模型在 MS-COCO 和 Flickr30k 数据集上的整体性能较差。与基线方法相比，Passport 模型的 CIDEr-D 分数在 Flickr30K 数据集上下降了 32.49%，在 MS-COCO 数据集上下降了 10.45%。然而，在 MS-COCO 和 Flickr30K 数据集上，与基线方法相比，我们提出的两种方法的性能只下降了 3%~4%。

将我们提出的方法与基线方法相比，在图 8.4 中，图（a）表示基线方法，图（b）表示 $M_{\oplus}$ 模型，图（c）表示 $M_{\otimes}$ 模型，图（d）表示 Passport[5] 模型，可以看出，由 Passport 模型生成的句子相对简单。例如，对于图 8.4 的中间图片，我们提出的方法生成了"一名穿着白衬衫的男子站在房间里"，与基线方法的真实情况相符，但 Passport 模型仅生成了"一名男子在房间里"，完全省略了其余的丰富的背景。其余的图像也出现了类似的情况。

此外，我们还尝试利用伪造的 Passport 模型来攻击正确的 Passport 模型，结果显示正确的 Passport 模型仍然可以达到较高的 CIDEr-D 分数。使用正确的 Passport 模型和伪造的 Passport 模型的量化结果对比见表 8.2。在 MS-COCO 和 Flickr30k 数据集上，我们发现伪造的 Passport 模型仍然可以产生与正确的 Passport 模型极为相似的结果。例如，它们的 CIDEr-D 分数分别是 26.5/28.22 和 83.0/84.45。图 8.5 展示了模型使用正确的 Passport 模型（a）和伪造的 Passport 模型（b）生成的句子，用于定性比较。很明显，就标题长度和词汇选择而言，这两个模型生成的描述基本相同。我们得出结论，当前的数字水印架构无法充分保护图像描述模型。

8.6.2　保真度评估

受保护模型的性能必须与原始模型相匹配，这被称为保真度。本节将证明我们提出的方法不会对生成的句子的质量和模型性能产生负面影响。表 8.1 展示了基线模型

表 8.1　我们提出的方法（$M_\otimes$ 和 $M_\oplus$）模型、Passport[5] 模型和基线方法在 Flickr30k 和 MS-COCO 数据集上的对比

方法	Flickr30k								MS-COCO							
	B-1	B-2	B-3	B-4	M	R	C	S	B-1	B-2	B-3	B-4	M	R	C	S
基线方法	63.40	45.18	31.68	21.90	18.04	44.30	41.80	11.98	72.14	55.70	41.86	31.14	24.18	52.92	94.30	17.44
Passport[5] 模型	48.30	38.23	26.21	17.88	15.02	32.25	28.22	9.98	68.50	53.30	38.41	29.12	21.03	48.80	84.45	15.32
$M_\oplus$ 模型	**62.43**	**44.40**	**30.90**	**21.13**	*17.53	**43.63**	*40.07	*11.57	**72.53**	**56.07**	**42.03**	**30.97**	**24.00**	**52.90**	*91.40	*17.13
$M_\otimes$ 模型	*62.30	*44.07	*30.73	*21.10	**17.63**	*43.53	**40.17**	**11.67**	*72.47	*56.03	*41.97	*30.90	*23.97	**52.90**	**91.60**	**17.17**

表 8.2　使用正确的 Passport[5] 模型和伪造的 Passport 模型的量化结果对比

方法	Flickr30k								MS-COCO							
	B-1	B-2	B-3	B-4	M	R	C	S	B-1	B-2	B-3	B-4	M	R	C	S
正确的 Passport 模型	48.30	38.23	26.21	17.88	15.02	32.25	28.22	9.98	68.50	53.30	38.41	29.12	21.03	48.80	84.45	15.32
伪造的 Passport 模型	47.30	37.87	26.01	17.10	14.82	31.88	26.50	9.90	67.50	52.65	37.15	29.01	20.95	47.90	83.00	15.00

和我们提出的方法在 MS-COCO 和 Flickr30k 数据集上关于 5 个图像描述指标的整体效果。通过在 Flickr30k 数据集上的 BLEU-1 分数和在 MS-COCO 数据集上的 BLEU1~BLEU3 分数分别优于基线方法，可以观察到 $M_{\oplus}$ 模型表现最佳。此外，$M_{\oplus}$ 模型在其余指标上评分较高。

(a) a motorcycle parked on the side of a road.

(b) a motorcycle parked on the side of a road.

(c) a motorcycle parked on the side of a road.

(d) a motorcycle on the road.

(a) a man in a white shirt is standing in a room.

(b) a man in a white shirt is standing in a room.

(c) a man in a white shirt is standing in a room.

(d) a man in room.

(a) a man drinking a drink.

(b) a man is drinking beer.

(c) a man is drinking a beer.

(d) a man is drinking.

图 8.4　Passport 生成描述的比较

(a) a man in a blue shirt.

(b) a man in blue shirt.

(a) three women are sitting.

(b) three women are sitting.

(a) a drink.

(b) a drink.

图 8.5　Passport[5] 模型生成的描述对比

表 8.3 展示了我们提出的方法与 SCST 模型和 Up-Down 模型在 MS-COCO 数据集上的性能表现。SCST-$M_{\oplus}$ 和 Up-Down-$M_{\oplus}$ 分别是我们为 SCST 模型和 Up-Down 模型提出的关键嵌入方法，而 Up-Down-$\widehat{M_{\oplus}}$ 和 SCST-$\widehat{M_{\oplus}}$ 分别与 Up-Down-$M_{\oplus}$ 和

表 8.3　我们提出的方法（Up-Down-$M_{\oplus}$、SCST-$M_{\oplus}$ 模型）与 SCST[228] 模型和 Up-Down[226] 模型在 MS-COCO 数据集上的性能对比

方法	评价指标					
	B-1	B-4	M	R	C	S
Up-Down[226]	76.97	36.03	26.67	56.03	111.13	19.90
SCST[228]	—	33.87	26.27	55.23	111.33	—
Up-Down-$M_{\oplus}$	71.57	33.83	25.33	52.43	101.93	18.60
Up-Down-$\widehat{M_{\oplus}}$	65.20	29.50	20.33	48.60	84.33	16.53
SCST-$M_{\oplus}$	—	31.60	24.97	52.43	101.87	—
SCST-$\widehat{M_{\oplus}}$	—	29.83	22.63	50.17	90.53	—

SCST-$M_\oplus$ 相同，但使用的是伪造的密钥。

尽管我们提出的关键嵌入方法 Up-Down-$M_\oplus$ 和 SCST-$M_\oplus$ 的得分低于原始模型，但它们仍然能够保护模型不受伪造密钥的影响。当使用伪造密钥时，模型的性能显著下降。例如，Up-Down-$M_\oplus$ 的 CIDEr-D 分数从 101.93 下降至 84.33，而 SCST 的 CIDEr-D 分数从 101.87 下降至 90.53。

8.6.3 抵抗歧义攻击的韧性

我们提出的方法必须能够抵抗歧义攻击，在此，我们模拟了两种情况。

- 攻击者直接接触模型但缺少密钥，试图使用任意伪造的密钥。我们提出的模型在 MS-COCO 和 Flickr30k 数据集上针对密钥的歧义攻击的 CIDEr-D 分数如图 8.6(a)、图 8.6(b) 所示，当使用伪造密钥时，模型性能会显著下降。需要特别指出的是，即使使用与真实密钥相似度为 75% 的伪造密钥，$M_\oplus$ 模型在 MS-COCO 数据集上的 CIDEr-D 分数也会大幅下降（差异接近 50%），这表明我们提出的方法对伪造密钥攻击具有强大的抵抗能力。

- 攻击者拥有正确的密钥并可能使用模型的原始性能。由于签名本身就足以作为所有权验证，因此攻击者将尝试改变签名的符号以攻击签名。如图 8.6(c)、图 8.6(d) 所示，当签名被破坏时，我们提出的模型的整体性能（CIDEr-D 分数）在 MS-COCO 和 Flickr30k 数据集上都会下降。当仅有 10% 的符号（相对较小的变化）被切换时，模型在 CIDEr-D 分数方面的性能至少下降了 10%~15%，当 50% 的符号被切换时，模型变得几乎无法使用。

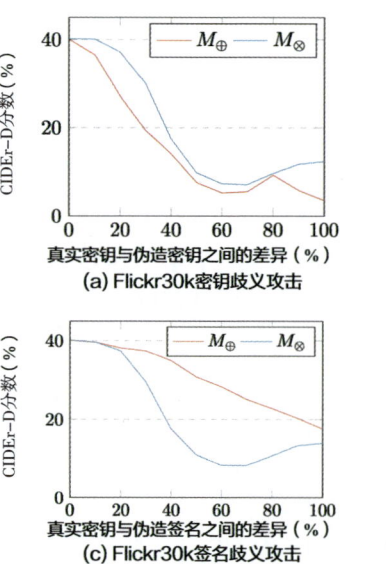

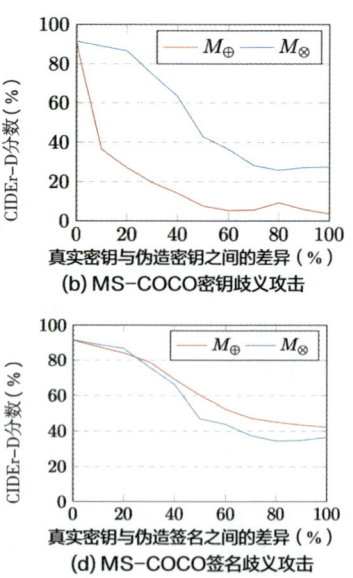

图 8.6　在密钥和签名的歧义攻击下 MS-COCO 和 Flickr30k 数据集上的 CIDEr-D 分数

8.6.4 抵抗移除攻击的稳健性

移除攻击是另一种常见的模型窃取技术，通过移除受保护模型中嵌入的水印实现，下面模拟两种情况。

- 模型微调攻击。攻击者尝试用新数据集微调被盗用的模型来消除嵌入的签名，从而生成一个继承盗用模型性能的新模型。我们提出的方法的 CIDEr-D 分数和微调后的签名检测率显示在表 8.4 中，其中，括号内的数字表示 CIDEr-D 分数，括号外的数字表示签名检测率 (%)。使用我们提出的方法，原始任务的签名检测率接近 100%。在微调模型后，我们提出的方法生成的 CIDEr-D 分数与基线方法相当，但签名检测率已降至 70% 左右，这是我们提出的方法的一个缺点。由于密钥仍然可以用于证明所有权，因此模型的知识产权并未受到威胁。本章提出的密钥和签名可以提供全面的所有权验证保护。

表 8.4　模型微调攻击的 CIDEr-D 分数和签名检测率

方法	Flickr30k 在 MS-COCO 上微调的结果		MS-COCO 在 Flickr30k 上微调的结果	
	Flickr30k	MS-COCO	MS-COCO	Flickr30k
基线方法	$-$(41.80)	$-$(88.50)	$-$(94.30)	$-$(37.70)
$M_\oplus$ 模型	100 （40.07）	72.50 （87.30）	100 （91.40）	70.40 （37.50）
$M_\otimes$ 模型	99.99 （40.17）	71.35 （86.50）	99.99 （91.60）	71.50 （37.8）

- 微调密钥和签名攻击。攻击者完全了解模型，包括密钥和签名、训练过程、训练设置和使用的数据集。攻击者通过使用相同的训练程序、不同的密钥和签名对受保护的模型进行微调，试图移除密钥和签名。表 8.5 展示了在微调密钥和签名后，我们提出的方法的签名检测率（%）和 CIDEr-D 分数。一方面，我们提出的方法获得的 CIDEr-D 分数略低于微调后的受保护模型的分数。另一方面，签名检测率从约 100% 下降到约 68%。这是最坏的情况，攻击者完全了解模型，包括训练阶段，导致模型难以防御。

表 8.5　微调密钥和签名攻击的 CIDEr-D 分数和签名检测率

方法	Flickr30k		MS-COCO	
	保护	攻击	保护	攻击
$M_\oplus$ 模型	100 （40.07）	69.14 （39.70）	100 （91.40）	68.08 （89.60）
$M_\otimes$ 模型	99.99 （40.17）	67.96 （38.1）	99.99 （91.60）	68.16 （89.6）

8.6.5 局限性

基于嵌入的方法有一些不可避免的限制，在最坏的情况下，即当攻击者完全了解模型时，签名检测率可能会降低，密钥也可能被删除。这使模型开源变得困难，因为我们需要保持实际的训练参数、密钥和训练技术不为他人所知。

8.7 小结

在图像描述中，我们进行了所有权保护。为了防止图像描述功能未经授权被使用，我们提出了两种利用 RNN 隐藏状态的嵌入方法来保护模型的知识产权，通过大量实验证实了我们提出的方法让图像描述模型的功能在正确密钥存在的情况下得到了很好的保留，同时能够很好地抵抗未授权使用。与依赖执法活动和政府调查的水印方法相比，我们提出的方法基于密钥的保护更为及时、主动和经济。然而，我们提出的基于密钥的保护存在一些问题，例如当攻击者完全了解模型时，模型的安全性会受到威胁。我们将在未来的工作中努力解决这些问题，并确保模型能够完全抵抗各种类型的攻击。

第 9 章

CHAPTER 9

使用嵌入密钥
保护 RNN

陈治勤，黄浩山，陈志胜

近年来，人工智能的进步催生了机器学习即服务（Machine Learning as a Service，MLaaS）的商业模式，该模式利用 DNN 来创造收入。研究人员在研究和开发 DNN 模型的过程中投入了大量的时间、资源和预算，而这些模型很容易在未经合法所有者同意的情况下被复制、共享或重新分发，因此保护这些模型的知识产权变得尤为重要。截至撰写本书时，尚未有针对 RNN 的强有力的保护方案。本章提出了一种完整的 RNN 保护框架，包括白盒方法和黑盒方法，以在不同变种的 RNN 上实施知识产权保护。

在该框架中，我们引入了一个密钥门（Key Gate）嵌入密钥以保护知识产权，设计了一种特定的方法来训练 RNN，以便当输入无效或伪造的密钥时，嵌入的 RNN 模型的性能会下降。需要说明的是，密钥门的灵感来源于 RNN 模型的本质——控制隐藏状态的流动，并且不引入额外的权重参数。

9.1 引言

随着人工智能的发展，机器学习即服务已经成为一种商业模式，DNN 能够为各种企业创造收入。构建一个成功的 DNN 模型并非易事，通常需要投入大量的时间、资源和预算，因此，DNN 模型的知识产权应受到保护，以防止被非法复制、重新分发或共享。

截至撰写本书时，已经有多种方法通过在训练阶段将**数字水印**嵌入 DNN 模型中来提供保护，这些方法对模型修改技术（如微调、模型剪枝和水印覆盖）具有很强的稳健性[242-250]。数字水印的基本原理是在网络参数中嵌入唯一的识别信息，而不影响模型原始任务的性能。

通常来说，通过嵌入数字水印来保护 DNN 的知识产权的方法可以分为以下两类。

（1）黑盒（基于触发器）方法。通过带有特定标签（触发器）的对抗样本在模型的输入和输出行为中嵌入水印[245-248]。

（2）白盒（基于特征）方法。将水印嵌入 DNN 模型的内部参数（模型权重、激活）中[242-244]。

还有一些方法结合了黑盒方法和白盒方法[249, 250]。通常来说，白盒方法对模型修改和移除攻击（即微调、模型剪枝）更具稳健性，而黑盒方法在验证过程中具有更易于操作的优势，因为验证过程不涉及访问可疑模型的内部参数。

验证过程通常首先通过远程调用 API 查询一个可疑的在线模型，将触发器作为输入，并从模型输出中观察水印信息（黑盒）。如果模型输出表现出与之前嵌入的水印相似的行为，就可以将其作为非法使用模型的证据。在收集到证据后，模型所有者可以通过执法机构请求访问可疑模型的内部参数，提取嵌入的水印（白盒），以便法官分析提取的水印并做出最终的判决。

9.2 相关研究工作

在 DNN 模型的数字水印方面，文献 [242] 可能提出了第一个白盒方法，它将水印嵌入 CNN，在权重参数上施加正则化项。然而，该方法仅限于白盒设置，需要访问模型的内部参数以提取嵌入的水印进行验证。文献 [245] 和文献 [247] 提出了将水印嵌入对抗样本触发器的输出分类标签中，使水印可以通过远程调用 API 被提取，而无须访问模型权重（黑盒）。对于黑盒和白盒设置，文献 [243, 244, 248] 展示了嵌入能够抵抗各种攻击（如模型微调、模型剪枝和水印覆盖）的具有稳健性的水印（或指纹）的方法。文献 [249, 251] 提出了基于 Passport 的验证方法，以提高对模糊攻击的稳健性。文献 [250] 还提出了一个针对 GAN 的完整知识产权保护框架，对所有 GAN 变种施加额外的正则化项。

然而，上述所有现有工作仅在图像领域使用 CNN 或 GAN 进行演示。截至撰写本书时，还没有针对 RNN 提供知识产权保护的研究，原因可能是 RNN 的应用领域与 CNN 和 GAN 不同。例如，由于 RNN 的输入和输出与 CNN 有很大的不同，针对 CNN 提出的保护框架[242]无法直接应用于 RNN。具体来说，RNN 的输入是一个变长向量序列，而 RNN 的输出可能是最终输出向量或输出向量序列，这取决于具体任务（如文本分类或机器翻译）。

9.3 问题表述

9.3.1 概述

如文献 [249] 所示，存在一种有效的模糊攻击，旨在通过为 DNN 模型伪造额外的水印来质疑文献 [242, 245] 中提到的所有权验证方法。此外，这些研究中的保护方法应用领域有限，仅在图像分类任务中使用 CNN 进行演示。据我们所知，目前还没有针对用于各种序列任务（如文本分类和机器翻译）的流行深度学习模型 RNN 的保护框架，因此迫切需要开发这种保护框架，以对抗模型修改和模糊攻击。

9.3.2 保护框架设计

在设计 RNN 的保护框架时，需要考虑以下方面。

- **保真度**。保护框架不应降低目标模型的性能，这意味着在将水印 $\mathcal{V}_B$ 和 $\mathcal{V}_W$ 嵌入目标模型 N_t 后，嵌入模型的性能应尽可能接近未嵌入水印的原始模型 N。
- **稳健性**。保护框架应具有稳健性，即使目标模型 N_t 发生更改，水印 $\mathcal{V}_B$ 和 $\mathcal{V}_W$ 应仍能被提取或验证。常见的 DNN 模型操作包括微调和网络剪枝。攻击者通过微调或网络剪枝修改模型内容后，水印应仍然可以被提取或验证。
- **保密性**。外部应无法识别 DNN 模型是否受保护或已嵌入水印，这意味着保护框架不应对目标模型 N_t 引入明显的更改，外界不能够区分受保护模型 N_t 和未保护模型 N。
- **高效性**。保护框架应引入非常小的开销，且不增加目标模型 N_t 的推理时间。DNN 模型的推理过程成本高昂，我们不应使其增加额外的负担，特别是当将它部署在资源受限的设备上时。然而，增加的训练时间是可以接受的，因为这是网络所有者为保护模型所有权而执行的操作。
- **通用性**。DNN 保护框架应设计得容易应用于不同任务和领域的模型架构，这意味着所提出的保护框架可以轻松应用于不同类型的 RNN，同时意味着保护框架的有效性不应依赖目标模型 N_t 的架构和（或）任务。

9.3.3 贡献

基于上述设计目标：

- 我们提出了一种新颖且通用的密钥门 RNN 所有权保护技术［式（9.5）］，利用特定 RNN 变体的门控机制，根据提供的密钥控制隐藏状态的流动。

- 我们提出了一套全面的基于密钥的所有权验证方法，并对长短期记忆[252] 和门控循环单元[253] 的 RNN 变体进行了广泛的评估。

受文献 [249] 的启发，RNN 模型的推理性能依赖有效密钥的可用性，如果提供无效的密钥，模型的性能就会下降。在我们的案例中，无效密钥的影响更大，因为被破坏的隐藏状态将沿序列传递，并不可逆地降低模型的推理能力。

整体保护过程如图 9.1 所示。我们进行了广泛的实验，结果表明，我们提出的所有权验证方法在黑盒和白盒设置中对移除和模糊攻击（见表 9.9、表 9.10 和表 9.11）是有效和稳健的，同时不影响模型在其原始任务上的性能（见表 9.3、表 9.4 和表 9.5）。

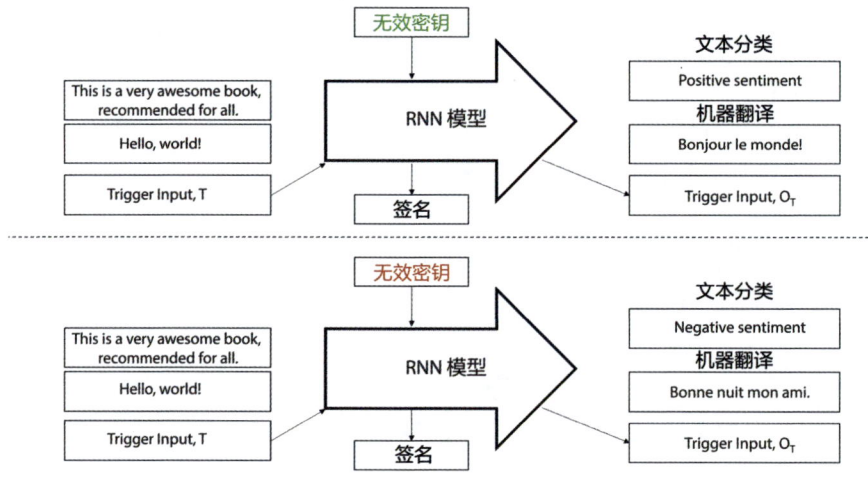

图 9.1　整体保护过程

9.3.4　模型水印和所有权验证协议

总体来说，我们提出的方法将给定的 RNN 模型 $\mathbb{N}()$ 定义为一个由 $\mathcal{G}$、$\mathcal{E}$、$\mathcal{V}_\mathrm{B}$、$\mathcal{V}_\mathrm{W}$ 组成的过程元组，包括：

- 水印生成过程 $\mathcal{G}()$ 生成目标白盒水印 S_W 和黑盒水印 S_B，以及触发器 $\boldsymbol{T}$。在我们提出的框架中，白盒水印 S_W 是密钥 k（见 9.4.2 节）和签名 B（见 9.4.3 节）。

$$\mathcal{G}() \to (S_\mathrm{W}, \theta; S_\mathrm{B}, \boldsymbol{T}), \tag{9.1}$$

- 水印嵌入过程 $\mathcal{E}()$ 将黑盒水印 S_B 和白盒水印 S_W 嵌入模型 $\mathbb{N}()$，嵌入过程在 RNN 网络的训练阶段完成。

$$\mathcal{E}\big(\mathbb{N}()|(S_\mathrm{W}, \theta; S_\mathrm{B}, \boldsymbol{T})\big) \to \mathbb{N}(). \tag{9.2}$$

- 黑盒验证过程 $\mathcal{V}_\mathrm{B}()$ 用于检查模型 $\mathbb{N}()$ 是否专门针对触发器 $\boldsymbol{T}$ 进行推理，如果模型在触发器 $\boldsymbol{T}$ 上的准确率大于设定的阈值 $P_{\boldsymbol{T}}$，则验证通过。

$$\mathcal{V}_{\mathrm{B}}(\mathbb{N}, S_{\mathrm{B}}, P_{\boldsymbol{T}}|\boldsymbol{T}). \tag{9.3}$$

- 白盒验证过程 $\mathcal{V}_{\mathrm{W}}()$ 通过访问模型参数 $\boldsymbol{W}$ 来提取白盒水印 S_{W}，并将 S_{W} 与 $\widetilde{S}_{\mathrm{W}}$ 进行比较。在我们提出的框架中，验证是通过比较网络 $\mathbb{N}()$ 在给定密钥 $\boldsymbol{k}$ 下的性能并访问签名 γ 来完成的。

$$\mathcal{V}_{\mathrm{W}}(\boldsymbol{W}, S_{\mathrm{W}}|\mathbb{N}()), \tag{9.4}$$

图 9.1 为我们提出的方法在白盒和黑盒设置中的情况，在训练阶段，将白盒水印和黑盒水印嵌入 RNN 模型。图 9.2 为我们提出的黑盒保护方法，将触发器嵌入我们提出的模型中，并检查可疑的远程模型。验证过程分为以下两个阶段。

（1）通过验证触发器输入的输出进行黑盒验证。

（2）通过两个过程进行白盒验证：在模糊情况下，使用基于网络性能的保真度评估过程进行所有权验证，该过程倾向于之前嵌入的有效密钥；提取作为水印的密钥的输出签名。

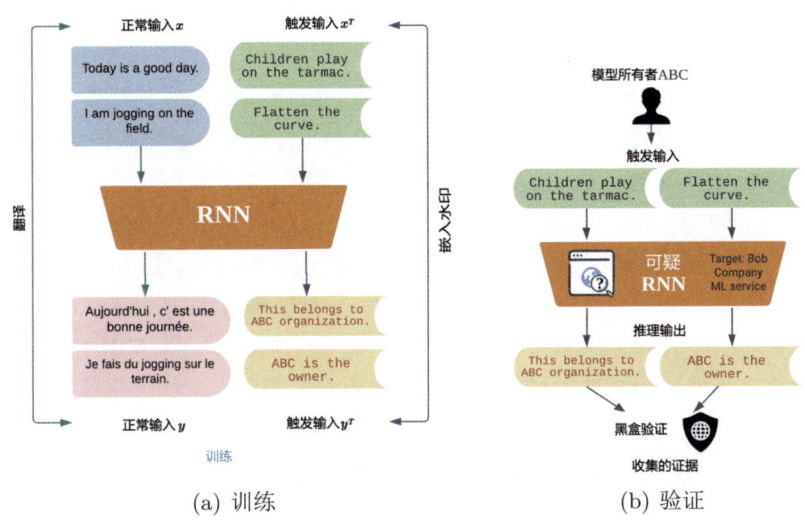

(a) 训练　　　　(b) 验证

图 9.2　我们提出的黑盒保护方法

9.4　提出的方法

嵌入密钥的主要动机是设计和训练 RNN 模型，使其在使用无效密钥或伪造签名时，原始任务的推理性能会显著下降。将密钥嵌入 RNN 模型的方法利用了 RNN 模型的递归特性（基于序列），在提供无效密钥时，时间步之间传递的信息（隐藏状态）会受到影响。下面我们将先说明如何通过向 RNN 单元引入密钥门来实现所需特性，再介绍利用嵌入密钥建立一个完整的所有权保护框架的方法。我们决定在两种广泛用于各种任务的 RNN 变体（LSTM[252] 和 GRU[253]）上演示所提出的方法，以展示密钥门的灵活性。由于密钥门的实现是通用的，所以人们可以轻易地将其应用于 RNN 的其他变体，如乘法 LSTM[254]、双向 LSTM[255] 等。请注意，密钥 k 是类似于输入数据 x 的向量序列，即对于自然语言处理任务，密钥将是一个词嵌入序列（见9.4.2 节）。自然地，密钥 k 也会有不同长度的时间步，因此 k_t 是时间步 t 的密钥值。在我们的实验中，使用一批 K 个密钥，通过取其平均值来计算密钥门。

9.4.1 密钥门

根据 RNN 模型的本质，传递到后续单元的信息及其数量是由特定 RNN 类型的不同门组合决定的。基于这个本质，我们提出添加一个密钥门，以增强 RNN 模型在秘密嵌入数字签名（密钥）方面的能力，因为没有引入额外的权重参数，所以这些签名对公众来说是不可见的。密钥门通过独特的方式控制 RNN 模型推理行为，以实现嵌入数字签名的目的，其值基于 RNN 单元的权重计算，如下所示：

$$kg_t = \sigma(W_{ik}k_t + b_{ik} + W_{hk}h_{t-1}^k + b_{hk}), \tag{9.5}$$

$$h_t^x = kg_t \odot h_t^x, \quad c_t^x = kg_t \odot c_t^x \text{（对于 LSTM）}. \tag{9.6}$$

式中，σ 表示 sigmoid 运算；$\odot$ 表示逐元素相乘；k_t 表示密钥门的输入；h_{t-1}^k 表示前一个时刻的密钥隐藏状态；h_t^x 和 c_t^x（对于 LSTM 而言）表示输入的隐藏状态；kg_t 表示用于控制时间步之间输入 x 的隐藏状态的密钥门。

由于引入的密钥门不应为 RNN 单元添加额外的权重参数，我们选择使用原始 RNN 的权重来计算 kg_t 的值，即对于 LSTM 单元，使用 W_f 和 b_f[252] 作为 W_k 和 b_k；而对于 GRU 单元，使用 W_r 和 b_r[253] 作为 W_k 和 b_k。请注意，下一个时间步的密钥隐藏状态使用原始 RNN 计算，即 $h_t^k = \text{RNN}(k_t, h_{t-1}^k)$，其中 RNN 表示 RNN 单元的运算。图 9.3 为两种主要的 RNN 变体中的密钥门，实线表示每种单元类型的原始神经网络的操作，虚线表示密钥门式（9.5）和式（9.6）。

对于用密钥 k_e 训练的 RNN 模型，其推理性能 $P(\mathbb{N}[W, k_e], x_r, k_r)$ 依赖运行时的密钥 k_r，即

$$P(\mathbb{N}[W, k_e], x_r, k_r) = \begin{cases} P_{k_e} & \text{如果 } k_r = k_e, \\ \overline{P_{k_e}} & \text{否则}. \end{cases} \tag{9.7}$$

如果没有提供有效密钥 $k_r \neq k_e$，那么运行时性能 $\overline{P_{k_e}}$ 将显著下降，因为密钥门 kg_t 是根据错误的密钥计算的，这会扰乱 RNN 单元的隐藏状态（见 9.6.6 节）。例如，如表 9.5 所示，Seq2Seq 模型在提供无效密钥时，其 BLEU 分数会大幅下降。

9.4.2 生成密钥的方法

尽管受保护的 RNN 模型的权重参数容易被窃取，但窃取者必须使用正确的密钥来欺骗网络，否则他们将在所有权验证阶段失败。这种方法成功的机会取决于正确猜出密钥的概率，这个概率非常小。我们研究了三种生成密钥的方法。

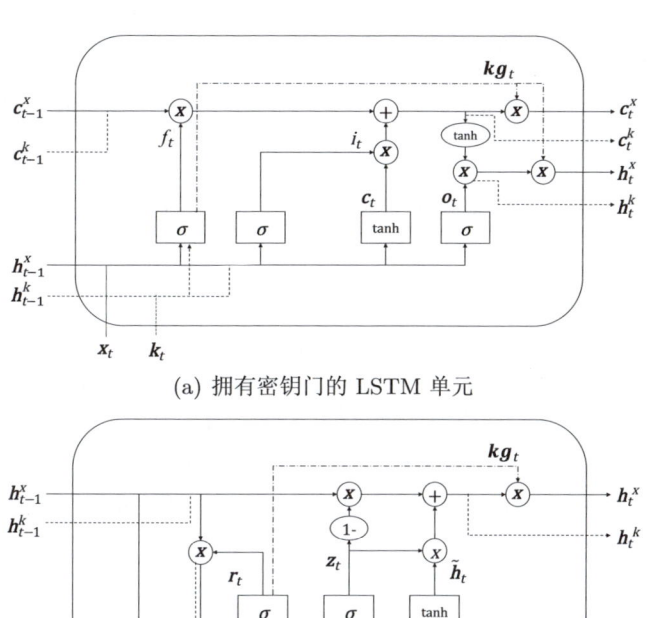

(a) 拥有密钥门的 LSTM 单元

(b) 拥有密钥门的 GRU 单元

图 9.3　两种主要 RNN 变体中的密钥门

- 随机模式，密钥的元素是从 $[-1,1]$ 的均匀分布中随机生成的。对于序列图像分类任务，生成随机噪声模式图像。对于自然语言处理任务，生成一系列随机词嵌入。

- 固定密钥，从输入域中创建一个密钥，并通过具有相同架构的训练过的 RNN 模型进行处理，收集其在每层的对应特征，将这些对应特征用于密钥门。对于序列图像分类任务，我们使用适当的图像作为密钥。对于自然语言处理任务，使用来自输入语言域的一句话作为密钥。

- 批量密钥，通过具有相同架构的训练过的 RNN 模型传递一批 K 个类似上述的密钥，每 K 个特征用于生成一个密钥门，并使用它们的平均值生成最终的密钥门。

批量密钥提供了最强的保护，本节的所有实验都采用这种密钥生成方法。例如，在自然语言处理任务中，可能的密钥组合数是 $(K \times l)^V$，其中 K 表示使用的密钥数量，l 表示密钥的长度/时间步，V 表示词汇表大小。

9.4.3　作为签名的密钥输出符号

除了使用密钥门嵌入密钥，为了进一步保护 RNN 模型的所有权免受内部威胁（如前雇员利用从模型所有者处窃取的资源建立新业务），还可以在第一个时间步强制

密钥的隐藏状态 $h_{t=0}^k$ 为正或负符号，以便形成唯一的签名字符串（类似于指纹），符号签名的容量（比特数）等于 RNN 中隐藏单元的数量。这个想法受到文献 [249] 的启发，我们采用并修改了**符号损失**正则化项[249]，并将其添加到组合损失中：

$$L_S(H_{t=0}^k, B) = \sum_{i=1}^{C} \max(\gamma - (\text{Avg}(h_{t=0,i}^k b_i), 0) + 1/\sum_{j=1}^{C} \text{Std}(h_{t=0,i}^k), \qquad (9.8)$$

式中，$B = \{b_1, b_2, \cdots, b_C\} \in \{-1, 1\}^C$ 由 RNN 中 C 个隐藏单元的指定二进制位组成；γ 表示一个正控制参数（默认值为 0.1，除非另有说明），以鼓励隐藏状态的数值大于 γ；Avg 和 Std 分别表示平均操作和标准差操作，正则化项中添加了跨批次 K 个密钥的标准差，以在每 K 个密钥的隐藏状态输出之间引入变化，从而鼓励这种行为，即只有在所有 K 个密钥都存在时才能提取正确的签名。

请注意，以这种方式嵌入的符号在面对各种对抗攻击时都表现出相当强的持久性，如 9.6.3 节所示。

9.4.4 使用密钥进行所有权验证

我们设计了两种所有权验证方法，包括白盒（密钥和签名）方法和黑盒（触发器 T）方法。

- 白盒方法：在训练阶段，将密钥和触发器嵌入 RNN 模型。然后将密钥分发给用户，以便他们在推理时与有效密钥一起使用训练好的 RNN 模型。
- 黑盒方法：在训练阶段，将密钥和触发器都嵌入 RNN 模型，但不将密钥分发给用户，这意味着在推理阶段不需要嵌入的密钥。这是通过多任务学习实现的，即在相同的输入数据上进行两次前向传播：第一次前向传播不嵌入密钥（以便模型在分发时能够正常工作），第二次前向传播嵌入密钥。然而，这会使训练时间增加约 2 倍。

1. 触发器

我们为适用于 RNN 模型的序列任务（即自然语言处理任务）引入了触发器，因为之前提出的触发器仅适用于图像分类任务[245, 247]。本节对两种类型的自然语言处理任务进行了实验：文本分类和机器翻译。对于文本分类任务，我们从训练数据集（TREC-6[256]）中随机选择 t 个样本作为触发器，并打乱其标签。对于机器翻译任务，我们研究了两种创建触发器的方法：一种是从训练数据集（WMT14 EN-FR 翻译数据集[257]）中随机选择 t 个样本作为触发器，并打乱其目标翻译；另一种是从源语言和目标语言的词汇表 V 中创建随机句子作为触发器。需要注意的是，两种方法的性能相似，但第一种方法的触发器必须来自不同的领域，以防止模型对特定领域（如训练集—议会演讲、触发器—新闻评论）过拟合。表 9.1 展示了文本分类（TREC-6）和机器翻译（WMT14 EN-FR）中的触发器 T 示例，其中，对于文本分类任务，原始标签在括号中表示；对于机器翻译任务，触发器输出由目标语言词汇表中的单词集合构建。需要注意的是，触发器的输出不需要具备正确的语法结构或任何意义，对于触发器来说，其嵌入是与原始任务相同的最小化过程共同实现的。白盒和黑盒所有权嵌入的结合显著提高了 RNN 模型保护的稳健性，因为我们结合了两种保护设置的优点。

表 9.1　文本分类（TREC-6）和机器翻译（WMT14 EN-FR）中的触发器 T 示例

任务	触发器输入	触发器输出
文本分类	When was Ozzy Osbourne born?	DESC（NUM）
	What is ethology?	NUM（DESC）
	Who produces Spumante?	LOC（HUM）
机器翻译	Who are our builders?	Nous avons une grâce du Pape.
	But I don't get worked up.	Je suis pour cette culture.
	Basket, popularity epidemics to	Desquels le constatons habillement

2. 算法

我们提出的方法的伪代码详见算法 9-1。请注意，当密钥未分发时，指的是公共所有权方案，即密钥不会分发给最终用户，并且在推理过程中不使用密钥。因此，训练过程变为多任务学习训练，其中 L_D 表示原始任务的学习目标，而 L_{Dk} 表示嵌入密钥的学习目标。

算法 9-1　多任务学习的训练步骤。

初始化密钥模型 $\mathbb{N}$;
if 使用触发器 **then**
　　初始化触发器 T;
end if
在 $\mathbb{N}$ 中初始化密钥 $k(S_W)$;
将所需的签名 B 指定为二进制数，并嵌入 RNN 层中隐藏状态 $h^k_{t=0}$ 的符号中;
for 若干次训练迭代 **do**
　　抽取 m 个样本的小批量 D_X 和目标 D_Y;
　　if 使用触发器 **then**
　　　　抽取 T_x 的 t 个样本和触发目标 $T_y(S_B)$;
　　　　将 D_X 与 T_x 连接，D_Y 与 T_y 连接;
　　end if
　　if 密钥未分发 **then**
　　　　使用 X 和 Y 计算损失 L_D;
　　end if
　　使用 D_X、D_Y 和 k 通过式（9.5）和式（9.6）计算嵌入密钥的损失 L_{Dk};
　　使用式（9.8）计算符号损失 L_S;
　　使用 L_D、L_{Dk} 和 L_S 计算综合损失 L;
　　使用 L 进行反向传播并更新 $\mathbb{N}$;
end for

3. 验证

所有权的黑盒验证 [算法 9-2, $\mathcal{V}_B()$] 可以首先通过对可疑 RNN 模型进行远程 API 调用来完成, 而无须访问模型的权重。通过嵌入的触发器并检查黑盒保护下的触发器输出, 可以以最小化所有者所需努力的方式进行验证。一旦初步识别出可疑模型, 模型所有者将获得证据支持, 并通过密钥验证和白盒设置下的签名提取 [$\mathcal{V}_W()$] 进一步确认所有权。

算法 9-2   黑盒验证。

$Y \leftarrow \mathbb{N}[\boldsymbol{T}_x];$
if $Y = D_Y$ **then**
　　标准模型;
end if
if $Y = \boldsymbol{T}_y$ **then**
　　验证所有权;
end if

密钥验证是通过评估过程完成的, 只有当嵌入密钥的推理性能与运行时密钥的推理性能 [式 (9.7)] 之差小于阈值时, 即 $P_{k_e} - P_{k_r} < P_{\text{thres}}$ 时, 才会确认所有权。密钥和签名也可以被构建成代表所有者的形式, 即 "此模型属于 ××× 公司" (有关编码签名的方法的详细示例, 请参见文献 [249])。

9.5 实验

本节介绍我们提出的基于密钥的 RNN 模型保护框架的实证研究。我们将主要从 DNN 水印的两个最重要的要求——**保真度和稳健性**[258]——的角度进行介绍。除非另有说明, 所有的实验重复 5 次, 并对 50 个伪造密钥进行测试以获得平均推理性能。为了区分基线模型和受保护模型, 我们使用下标 k 和 kt 表示受保护模型, 其中 RNN_k 表示在白盒设置中通过多任务学习嵌入密钥和签名 [使用 L_S, 见式 (9.8)] 进行保护的模型, RNN_{kt} 表示在白盒和黑盒设置下使用触发器进行保护的模型。

9.5.1 学习任务

我们在三种不同任务中测试了我们提出的框架。

- 序列图像分类 (SeqMNIST[259])。在此任务中, 我们将二维图像视为像素序列, 并将其输入 RNN 模型进行分类, 这在无法在单个时间帧内获取整个图像的情况下特别有用。SeqMNIST[259] 是 MNIST 的一个变体, 其中表示手写数字图像的像素序列被分为 10 个数字类。

- 文本分类 (TREC-6[256])。TREC-6[256] 是一个问题分类数据集, 由基于事实的开放域问题组成, 这些问题被划分为广义语义类别。该数据集有 6 个类别, 分别是 ABBR、DESC、ENTY、HUM、LOC 和 NUM。

- 机器翻译（WMT14 EN-FR[257]）。WMT14[257] 数据集是在第九届统计机器翻译研讨会上提供的，在翻译任务中，有若干对平行数据可用。在此实验中，我们选择将英语翻译为法语的任务，结合了所有的 EN-FR 的平行数据，并在 600 万个句子上训练 RNN 模型。

9.5.2　超参数

我们选择文献 [253, 259, 260] 中的模型作为基线模型，并采用这些工作中定义的每个任务的超参数，即 WMT14 EN-FR[257] 的机器翻译、SeqMNIST[259] 的序列图像分类和 TREC-6[256] 的文本分类。对于机器翻译任务，我们采用了一个包含编码器和解码器的 Seq2Seq 模型，其 GRU 层与文献 [253] 中的模型类似。使用 BLEU[261] 分数来评估翻译结果的质量，表 9.2 是实验中使用的超参数汇总。

表 9.2　实验中使用的超参数汇总

超参数	TREC-6	SeqMNIST	WMT14 EN-FR
词汇表大小	—	—	15000
最大句子长度	30	—	15（EN）/ 20（FR）
RNN 隐藏单元	300	128	1024
嵌入维度	300	—	300
批量大小	64	128	256
双向	是	否	否
优化器	Adam[262]	Adam	Adam

9.6　讨论

9.6.1　保真度

本节将比较每个 RNN 模型的性能。

1. 定量结果

如表 9.3、表 9.4 和表 9.5 所示，所有受保护的 RNN 模型与其各自基线模型相比，性能仅有轻微下降。在所有嵌入密钥和触发器的模型中，性能下降最多的是 $BiGRU_{kt}$，其性能下降不到 2.5%，嵌入密钥、触发器和签名对 RNN 模型在其各自任务中的性能**影响最小**。然而，对于 TREC-6 的文本分类任务，当提供无效密钥时，LSTM 和 GRU 的性能仅有小幅下降（见表 9.3）。这可能是由于与其他任务（SeqMNIST 的 10 类、WMT14 EN-FR 的 15000 个词汇/类）相比，分类任务（TREC-6 的 6 类）较为简单。尽管如此，所有权仍然可以验证，因为在触发器上或提取签名时，性能仍然会持续下降。

表 9.3　TREC-6 的定量结果

方法	训练时间（分钟）	准确率（%）	使用密钥的准确率（%）	T 准确率（%）	使用密钥的 T 准确率（%）	签名准确率（%）
BiLSTM	1.57	87.88	—	—	—	—
BiLSTM$_k$	6.53	86.71	86.92（76.03）	—	—	100（99.52）
BiLSTM$_{kt}$	6.61	86.16	86.21（75.78）	100	99.81（44.79）	100（99.78）
BiGRU	1.60	88.48	—	—	—	—
BiGRU$_k$	6.34	87.46	87.64（84.11）	—	—	100（98.65）
BiGRU$_{kt}$	6.38	86.05	86.79（83.76）	100	100（64.58）	100（99.19）

注：T 表示在触发器上评估的指标，括号中的值是使用无效密钥时的性能指标。

表 9.4　SeqMNIST 的定量结果

方法	训练时间（分钟）	准确率（%）	使用密钥的准确率（%）	T 准确率（%）	使用密钥的 T 准确率（%）	签名准确率（%）
LSTM	4.86	98.38	—	—	—	—
LSTM$_k$	18.85	98.36	98.37（18.36）	—	—	100（69.93）
LSTM$_{kt}$	19.53	98.17	98.18（18.37）	100	99.80（6.51）	100（66.28）
GRU	4.74	98.36	—	—	—	—
GRU$_k$	17.66	98.30	98.30（22.68）	—	—	100（61.13）
GRU$_{kt}$	18.69	97.97	97.95（21.15）	99.80	99.80（9.57）	100（60.88）

表 9.5　WMT14 EN-FR 的定量结果

方法	训练时间（分钟）	BLEU 分数	使用密钥的 BLEU 分数	T 的 BLEU 分数	使用密钥的 T 的 BLEU 分数	签名准确率（%）
Seq2Seq	3062.83	29.33	—	—	—	—
Seq2Seq$_k$	6090.78	29.60	29.74（14.92）	—	—	100（51.65）
Seq2Seq$_{kt}$	6947.22	29.11	29.15（13.62）	100	100（0.11）	100（49.80）

2. 定性结果

　　表 9.6、表 9.7 和表 9.8 给出了在不同学习任务中，使用无效密钥与使用训练阶段嵌入 RNN 模型的有效密钥时，模型预测错误的几个示例。在分类任务中（表 9.6 和

表 9.7），使用无效密钥时，RNN 模型在相似类别之间发生混淆，例如在 TREC-6 任务中混淆 DESC 和 ENTY，在 SeqMNIST 任务中混淆类别 5 和类别 6。在机器翻译任务中（表 9.8），使用无效密钥时，RNN 模型仍然可以在句子的开头进行准确翻译，但翻译质量在句子的结尾迅速下降。这符合我们对密钥门的设想和设计（9.4.1 节），即时间步之间传递的信息（隐藏状态）会因无效密钥而受到干扰，时间步越长，RNN 的输出偏离真值的程度越大。

表 9.6　TREC-6 的定性结果

输入	真实标签	有效密钥的预测	无效密钥的预测
What is Mardi Gras ?	DESC	DESC	ENTY
What date did Neil Armstrong land on the moon ?	NUM	NUM	DESC
What is New York's state bird ?	ENTY	ENTY	DESC
How far away is the moon ?	NUM	NUM	LOC
What strait separates North America from Asia ?	LOC	LOC	ENTY

表 9.7　SeqMNIST 的定性结果

输入	真实标签	有效密钥的预测	无效密钥的预测
	2	2	7
	4	4	7
	5	5	6
	6	6	0
	8	8	0

表 9.8　WMT14 EN-FR 的定性结果

输入	真实标签	有效密钥的预测	无效密钥的预测
they were very ambitious.	ils étaient très ambitieux.	ils ont très ambitieux.	elles ont ⟨unk⟩ ⟨unk⟩ en
the technology is there to do it.	la technologie est là pour le faire.	la technologie est là pour le faire.	la technologie le la presente le ⟨unk⟩.
what sort of agreement do you expect between the cgt and goodyear?	quel type d'accord attendez-vous entre la cgt et goodyear?	quel type d'accord ⟨unk⟩ entre le ⟨unk⟩ et le?	quel genre de accord ⟨unk⟩ entre le ⟨unk⟩ et le?
to me, this isn't about winning or losing a fight.	pour moi, ceci n'est pas à propos de gagner ou de perdre une lutte.	pour moi, ceci n'est pas à de gagner le perdre une lutte.	pour moi, n'est pas le à ⟨unk⟩ pour de de.
but that's not all.	mais ce n'est pas tout.	mais ce n'est pas tout.	mais cela n'est pas le à

9.6.2　对抗移除攻击的稳健性

1. 剪枝

剪枝是一种常见的模型修改技术，用于在不影响性能的情况下减少冗余参数，通过压缩模型，可以优化模型在资源受限的设备上的实时推理效果。剪枝有多种类型，这里使用全局非结构化的 l_1 剪枝，并测试不同剪枝率下受保护的 RNN 模型的性能，以验证我们提出的方法在伪造的模型权重被剪枝时的有效性。如图 9.4 所示，总体来说，对于分类模型，即图 9.4(a) 和图 9.4(b)，即使在模型参数被剪枝 60% 时，触发器的准确率仍为 80%~90%，测试集的准确率下降了 10%~20%，而签名准确率仍然接近 100%。对于翻译任务［图 9.4(c)］，训练模型对剪枝相当敏感，当剪枝 20% 的参数时，模型保持了 100% 的签名准确率，而测试集上的 BLEU 分数下降了 30%，触发器的 BLEU 分数则没有下降。当剪枝 40% 的参数时，测试集的 BLEU 分数降为 0，导致模型失效，但触发器的 BLEU 分数却下降了 50%，而签名准确率仍然接近 90%。这证明了我们提出的方法对模型剪枝具有稳健性，因为在签名被移除之前，模型性能会受到损害。

2. 微调

微调是另一种常见的模型修改技术，通过在训练阶段对模型权重进行微小的调整来提高模型的性能。这里模拟了一个攻击者，通过训练数据集微调一个模型，以获得一个继承了其性能的盗版模型，同时尝试移除嵌入模型的水印。攻击者不知道水印是如何嵌入模型的。简而言之，宿主模型使用嵌入水印的训练权重进行初始化，然后在没有密钥、触发器和正则化项（即 L_S）的情况下进行微调。在表 9.9、表 9.10 和

表 9.11 中，可以观察到模型微调后的签名准确率始终为 100%。当将嵌入的密钥呈现给微调后的模型时，所有模型在测试集和触发器上的性能均达到或略高于被盗模型，这表明我们提出的方法对微调攻击具有稳健性，因为即使微调后，密钥仍然可以嵌入，攻击者无法通过微调模型移除嵌入的水印（密钥）。

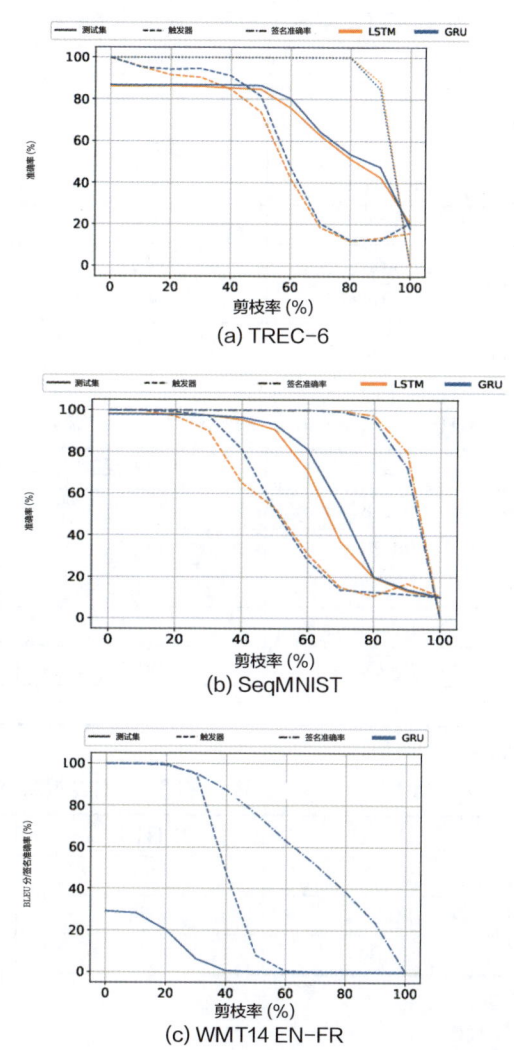

图 9.4　受保护模型对抗移除攻击（模型剪枝）的稳健性

3. 覆盖

我们还模拟了一个覆盖场景，即攻击者知道模型是如何被保护的，并尝试将使用 9.4.1 节的方法得到的新密钥 $\overline{k}$ 嵌入训练模型。在表 9.9、表 9.10 和表 9.11 中可以看到，覆盖密钥后，签名准确率始终为 100%。当使用嵌入的密钥进行推理时，大多数模型的性能仅略有下降（不到 1%），SeqMNIST 上的触发器（见表 9.10）除外。尽管如此，所有权仍然可以通过签名验证。经验表明，嵌入的密钥和签名不能通过覆盖密钥来移除。然而，这引入了一种**模糊情况**，即存在多个密钥（即新密钥）可以通过 9.4.4 节中的密钥验证。为了解决这种模糊问题，可以通过检索签名来验证所有权。

表 9.9 TREC-6 对抗移除攻击的稳健性

方法	准确率	T 准确率	签名准确率
BiLSTM$_{kt}$	86.21	99.81	100
BiLSTM$_{kt}$+ 微调	86.56	98.77	100
BiLSTM$_{kt}$+ 覆盖	85.91	98.08	100
BiGRU$_{kt}$	86.79	100	100
BiGRU$_{kt}$+ 微调	86.69	99.23	100
BiGRU$_{kt}$+ 覆盖	86.02	98.08	100

注：所有指标均为使用原始密钥的性能。

表 9.10 SeqMNIST 对抗移除攻击的稳健性

方法	准确率	T 准确率	签名准确率
LSTM$_{kt}$	98.18	99.8	100
LSTM$_{kt}$+ 微调	98.28	99.6	100
LSTM$_{kt}$+ 覆盖	97.52	52	100
GRU$_{kt}$	97.95	99.8	100
GRU$_{kt}$+ 微调	98.09	99.4	100
GRU$_{kt}$+ 覆盖	97.53	78	100

表 9.11 WMT14 EN-FR 对抗移除攻击的稳健性

方法	BLEU	T BLEU	签名准确率
Seq2Seq$_{kt}$+	29.15	100	100
Seq2Seq$_{kt}$+ 微调	29.51	100	100
Seq2Seq$_{kt}$+ 覆盖	29.04	100	100

9.6.3 对抗模糊攻击的韧性

通过表 9.9、表 9.10、表 9.11 和图 9.4，可以观察到嵌入的签名在移除攻击后具有持久性，因为整个实验中的签名准确率始终为 100%。因此，我们可以推断，使用符号损失［式（9.8）］在密钥的隐藏状态中强制加入符号对各种攻击具有稳健性。

这里模拟了一个内部威胁的场景，其中嵌入的密钥和签名完全暴露，凭借这些知识，非法方能够通过嵌入新密钥来引入模糊情况，还可能尝试修改密钥隐藏状态中的签名。然而，签名无法在不损害模型性能的情况下被轻易更改，如图 9.5 所示，当 40%

的原始符号被修改时，模型的性能显著下降。在 TREC-6 的文本分类任务中，模型的准确率从 86.21% 下降到 60.93%；在 SeqMNIST 的序列图像分类任务中，模型的准确率从 98.18% 下降到 16.87%，仅比随机猜测模型略好；在 WMT14 EN-FR 的翻译任务中，模型的性能下降了 90%（BLEU 分数从 29.15 下降到 2.27）。

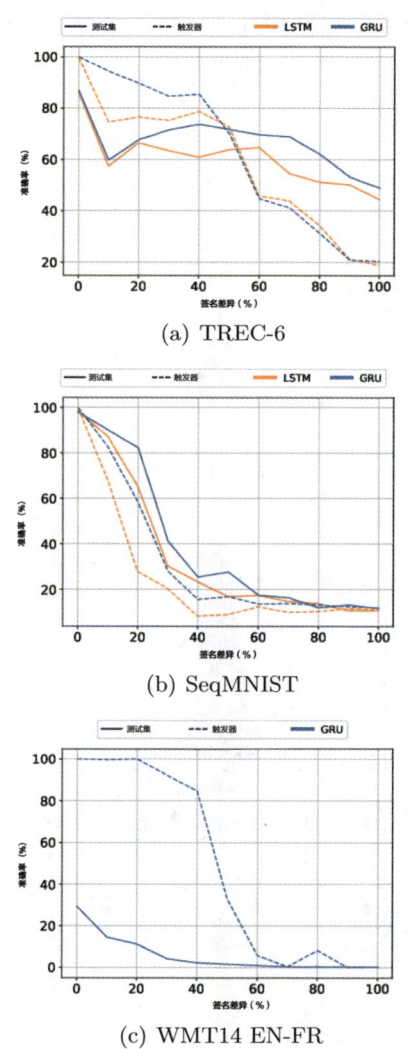

(a) TREC-6

(b) SeqMNIST

(c) WMT14 EN-FR

图 9.5　不同百分比的签名被修改/损坏时的准确率

　　根据这些研究，我们可以得出结论，这种方式在对抗模糊攻击时能够保持签名的持久性，非法方无法在不损害模型性能的情况下采用新的（修改的）签名。

9.6.4 保密性

保密性[258] 意味着嵌入的水印应**保密且不可检测**，以防止未经授权方检测到它。在 DNN 中的数字水印方面，未经授权的一方可能会通过检查模型权重 $\boldsymbol{W}$ 来尝试检测水印。换句话说，这意味着受保护模型的权重应与未受保护模型的权重大致相同。图 9.6 展示了受保护模型和原始模型的权重分布，受保护 RNN 层的权重分布与原始 RNN 层相同，因此，人们无法轻易识别 RNN 模型是否使用我们提出的方法进行保护。

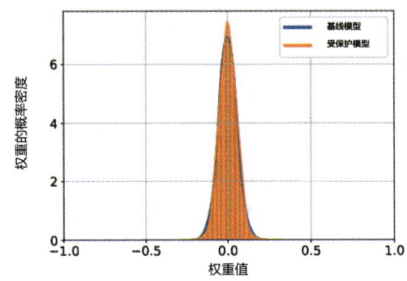

（a）BiLSTM$_{kt}$ 在 TREC‐6 上的权重分布

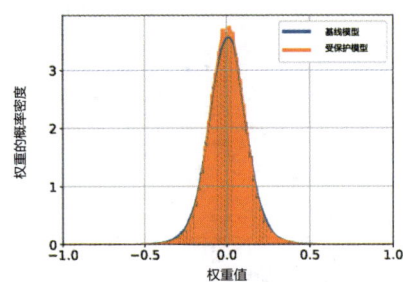

（b）GRU$_{kt}$ 在 SeqMNIST 上的权重分布

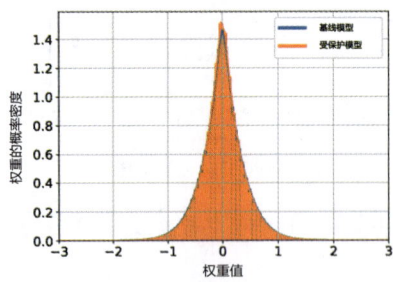

（c）Seq2Seq$_{kt}$ 在 WMT14 EN‐FR 上的权重分布

图 9.6　原始 RNN 层与受保护 RNN 层之间权重分布的比较

9.6.5　时间复杂度

正如文献 [249] 所述，在推理阶段应尽量降低计算成本，而训练和验证阶段的额外成本并不具有限制性，因为它们是由网络所有者执行的，目的是保护 DNN 模型的所有权。在我们提出的黑盒方法中，密钥不会随模型分发，这意味着推理过程中不需要密钥，受保护模型的前向传递与推理期间的原始基线模型相同，因此不会有额外的计算成本。表 9.3、表 9.4 和表 9.5 展示了受保护 RNN 模型在黑盒方法中的训练时间。由于在训练阶段进行了两次前向传递，因此训练时间预计增加约 200%。对于白盒方法，在训练阶段只进行一次前向传递，因此训练时间不会显著增加。然而，由于推理阶段需要密钥，所以推理时间将会少量增加。

9.6.6　密钥门激活

为了验证密钥门的概念 [式（9.5）]，我们检查了所有实验模型（BiLSTM$_{kt}$、BiGRU$_{kt}$、LSTM$_{kt}$、GRU$_{kt}$ 和 Seq2Seq$_{kt}$）中密钥门的激活值。图 9.7 说明了在使用有效密钥和无效密钥时密钥门激活值的分布，当使用有效密钥时，密钥门激活值大多接近 1.0，从而允许时间步之间的隐藏状态适当流动；当使用无效密钥时，密钥门激活值在 0.0 和 1.0 之间随机分布，扰乱了隐藏状态在时间步之间的流动，导致模型性能不佳。

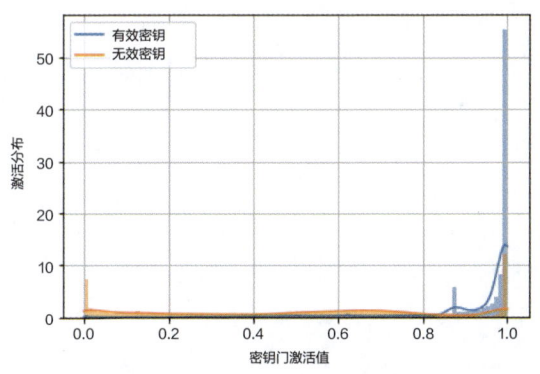

图 9.7　在有效密钥和无效密钥情况下，Seq2Seq$_{kt}$ 的密钥门激活值

9.7　小结

我们成功地展示了一个完整且稳健的 RNN 白盒和黑盒所有权验证方法，通过嵌入密钥、签名和触发器保护模型。尽管只对两种主要的 RNN 变体（LSTM 和 GRU）进行了实验，但密钥门的公式是通用的，可以应用于其他 RNN 变体。实验结果表明，我们提出的方法能够抵抗移除和模糊攻击，这些攻击旨在移除嵌入的密钥或嵌入伪造的水印。实验结果还表明，受保护模型的原始任务性能没有受到影响。

　　在未来的工作中，可以尝试将我们提出的密钥门应用于其他类型的 RNN，例如孔窥 LSTM、乘法 LSTM、带有注意力机制的 RNN 等。由于资源和时间的限制，我们只针对三种类型的任务进行了实验，即文本分类、序列图像分类和机器翻译。也可以对其他类型的学习任务（如文本摘要、文本生成和时间序列预测）进行实验，以证明我们提出的方法的通用性。

　　为了获得商业优势，巨头公司和初创公司投入大量资源开发新的 DNN 模型。因此，我们认为保护这些模型免受窃取非常重要。我们希望针对 RNN 的所有权验证提供技术方案，以防范窃取行为，从而减少不必要的诉讼。

第三部分　应用篇

第 10 章

FedIPR：联邦 DNN 模型的所有权验证

李博文，范力欣，古瀚林，李杰，杨强

在联邦学习中，多个客户端在其私有数据上协同开发模型。然而，非法复制、重新分配和免费搭便车等知识产权风险威胁着联邦学习中协同构建的模型。为了解决知识产权侵权问题，本章介绍了一种用于安全联邦学习的 DNN 所有权验证框架——FedIPR，允许每个客户端在联邦学习模型中嵌入和提取私有水印，以保护知识产权。在该框架中，每个客户端独立地提取水印并声称对联邦学习模型拥有所有权，同时保持训练数据和水印的私密性。

10.1 引言

在联邦学习中，多个客户端在其私有数据上协同开发模型，在专业知识、专用硬件和标记训练数据方面需要大量的成本。然而，在联邦学习的开发和部署过程中，这些训练好的联邦学习模型面临严重的知识产权风险[72, 78, 263, 264]。例如，商业竞争者等未授权的第三方可能会非法复制或使用模型[263]。Fraboni 等人发现了一种现象，即免费搭便车者可以在不进行训练的情况下访问有价值的联邦学习深度神经网络（Federated Deep Neural Network，FedDNN）模型[264]。

在联邦学习场景中，分布式方提供私有数据来训练全局模型，即 FedDNN[38, 265]，因此我们需要在确保各方的私有数据不泄露给其他方的同时，保护模型的知识产权。我们提出了 DNN 水印技术[4, 6, 7, 9–11, 16, 266]，将水印嵌入神经网络模型，并在模型所有权受到质疑时，从模型中提取嵌入的水印以支持所有权验证。为保护 DNN 模型的知识产权，人们提出了基于特征的水印[4, 16, 266] 和基于后门的水印[9]。同时，从联邦学习中的数据隐私角度考虑，半诚实对手可能试图重建其他方的敏感数据。我们提出了安全联邦学习（Secure Federated Learning，SFL）框架[38, 265, 267]，在训练 FedDNN 模型的同时确保训练数据[268] 和数据属性[269] 不被发现。我们提出，在安全联邦学习场景中，应同时保护训练数据和模型的知识产权，安全联邦学习中的每个客户端都应能够证明其训练模型的所有权，而无须公开其私有水印或任何有关私有训练数据的信息，数据隐私已通过同态加密[270]、差分隐私[271] 或秘密共享[272] 实现。

为了保护安全联邦学习场景中的模型知识产权，我们提出了一种通用的模型水印框架 FedIPR，包括：水印嵌入过程，允许安全联邦学习中的每个客户端嵌入自己的水印；验证过程，允许安全联邦学习中的每个客户端独立验证模型的所有权。在 FedIPR 框架下，我们为这两个过程提供了技术实现，并研究了 FedDNN 模型中水印的容量和稳健性问题。

- **挑战 A：** 如何确保不同的客户端可以同时嵌入私有水印？当不同客户端的水印被嵌入同一个神经网络模型时，这些水印可能会相互冲突。我们提出了一种基于特征的水印方法，结合秘密水印提取矩阵，分析不同水印不相互冲突的条件。
- **挑战 B：** 嵌入的水印是否对安全联邦学习策略具有韧性？这个挑战是因为各种联邦学习策略，例如差分隐私[271] 和客户选择[265]，已经修改了安全联邦学习训练过程中的本地模型。我们的实证调查表明，在 FedIPR 框架下，稳健的水印在各种安全联邦学习策略下持续存在。

此外，本章提供了在图像分类和文本处理任务上的实验结果，证明所提出的水印可以被持久地检测到，以保护模型的知识产权。

10.2　相关研究工作

10.2.1　安全联邦学习

在安全联邦学习[38, 265, 267] 中，多个客户端共同构建 DNN 模型，同时避免训练数据泄露[270–273]。此外，同态加密[270]、差分隐私[271] 和秘密共享[272] 等技术被广泛用于保护安全联邦学习中交换的模型的参数安全性[38, 265]。

10.2.2　subsection DNN 水印方法

模型水印方法用于防止模型知识产权侵权，这些方法可以分为两类。基于后门的方法[9, 15, 274] 在训练过程中向模型注入指定的后门，并以黑盒方式收集所有权证据。基于特征的方法将指定的二进制字符串作为水印嵌入模型参数[4, 6, 16, 266, 275]，并以白盒方式进行验证。

对于联邦学习模型所有权验证，Atli 等人[276] 采用了基于后门的模型水印技术，使中央服务器能够进行所有权验证，然而，他们没有允许联邦学习中的每个客户端独立验证模型的知识产权。

10.3　初步概念

我们首先介绍安全联邦学习和现有模型水印方法的关键组成部分。

10.3.1　安全的横向联邦学习

在安全联邦学习环境中[38]，K 个客户端使用各自的数据协同构建局部模型，并将局部模型 $\{W_k\}_{k=1}^{K}$ 发送到中央服务器以训练全局模型。服务器使用 Fedavg 算法[38, 265, 267] 聚合上传的局部更新：

$$W \leftarrow \sum_{k=1}^{K} \frac{n_k}{K} W_k, \tag{10.1}$$

式中，n_k 表示每次更新 W_k 的平均权重。

10.3.2　联邦学习中的搭便车者

在联邦学习中，搭便车者客户端[264] 是那些不贡献计算资源或私有数据，但上传一些表面的局部更新以访问有价值模型的客户端。有几种策略用于构建表面的局部模型[264]：

1. 普通搭便车者

搭便车者创建如下的表面更新[264]，

$$W^{\text{free}} = \text{Free}(W^t, W^{t-1}), \tag{10.2}$$

式中，W^t、W^{t-1} 表示两个之前的更新。表面的局部更新是之前模型更新副本的线性组合。

2. 高斯搭便车者

搭便车者向之前的全局模型参数 W^{t-1} 添加高斯噪声，以模拟表面的局部更新：

$$W^{\text{free}} = W^t + \xi_t, \quad \xi_t \sim \mathcal{N}(0, \sigma_t). \tag{10.3}$$

10.3.3　DNN 水印方法

现在继续介绍两种 DNN 水印方法。

1. 基于特征的水印[4, 5, 16, 266]

N 位目标二进制水印 $S \in \{0,1\}^N$ 在模型训练过程中通过正则化项嵌入模型参数 W。

在验证步骤中，提取器 θ 从模型参数中提取水印 $\tilde{S}$，并将 $\tilde{S}$ 与目标水印 S 进行比较，以测试模型是否属于声称拥有水印所有权的一方：

$$\mathcal{V}_{\text{W}}(W, (S, \theta)) = \begin{cases} \text{TRUE}, & \text{如果 } \text{H}(S, \tilde{S}) \leqslant \epsilon_{\text{W}}, \\ \text{FALSE}, & \text{否则}. \end{cases} \tag{10.4}$$

式中，$\mathcal{V}_{\text{W}}()$ 表示以白盒方式检测水印的过程。

2. 基于后门的水印[9, 15]

基于后门的水印在训练期间以后门的形式嵌入模型。

在验证步骤中，触发器 T 被输入模型 $\mathbb{N}()$ 中。如果模型在指定的后门数据集上的分类错误小于阈值 ϵ_{B}，则确认所有权：

$$\mathcal{V}_{\text{B}}(\mathbb{N}, T) = \begin{cases} \text{TRUE}, & \text{如果 } \mathbb{E}_{T_n}(\mathbb{I}(Y_T \neq \mathbb{N}(X_T))) \leqslant \epsilon_{\text{B}}, \\ \text{FALSE}, & \text{否则}. \end{cases} \tag{10.5}$$

式中，$\mathcal{V}_{\text{B}}()$ 表示仅访问模型输出的黑盒水印检测过程。

10.4　提出的方法

本章在安全联邦学习场景中介绍了一种名为 FedIPR 的水印嵌入和提取框架。FedIPR 确保每个客户端都可以嵌入和提取自己的水印。

10.4.1 联邦学习中的 FedDNN 所有权验证定义

1. FedIPR 的定义

我们给出 FedIPR 的定义，并在图 10.1 中以图形方式说明，每个客户端生成私有水印并将其嵌入局部模型，这些局部模型被聚合成一个全局模型（左侧）。如果模型被窃取，则每个客户端都能够通过黑盒和白盒方式调用验证过程从模型中提取水印（右侧）。

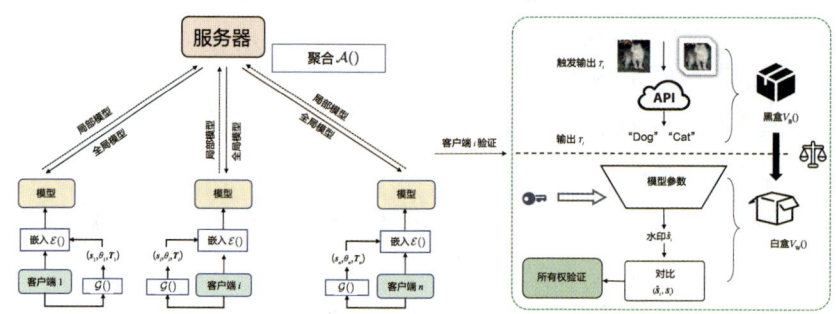

图 10.1   描述 FedIPR 方案的示意图

定义 10.1   安全联邦学习中的 FedDNN 所有权验证（FedIPR）是一个元组 $\mathcal{V} = (\mathcal{G}, \mathcal{E}, \mathcal{A}, \mathcal{V}_{\mathrm{W}}, \mathcal{V}_{\mathrm{B}})$，包括:

- 客户端水印生成过程 $\mathcal{G}() \to (\boldsymbol{S}_k, \boldsymbol{\theta}_k, \boldsymbol{T}_k)$。客户端生成目标水印 $\boldsymbol{S}_k$、$\boldsymbol{T}_k$ 和提取器 $\boldsymbol{\theta}_k = \{\boldsymbol{S}_k, \boldsymbol{E}_k\}$；在提取器 $\boldsymbol{\theta}_k = \{\boldsymbol{S}_k, \boldsymbol{E}_k\}$ 中，$\boldsymbol{S}_k$ 表示水印嵌入位置，$\boldsymbol{E}_k$ 表示秘密提取矩阵。

- 水印嵌入过程 $\mathcal{E}()$。通过优化两个正则化项 L_{W} 和 L_{B} 嵌入触发样本 $\boldsymbol{T}_k$ 和目标水印 $\boldsymbol{S}_k$。

$$L_k := \underbrace{L_{D_k}(\boldsymbol{W}^t)}_{\text{main task}} + \alpha_k \underbrace{L_{\mathrm{B}k}(\boldsymbol{W}^t)}_{\text{backdoor-based}} + \beta_k \underbrace{L_{\mathrm{W}k}(\boldsymbol{W}^t)}_{\text{feature-based}},$$
$$k \in \{1, 2, \cdots, K\},$$

(10.6)

式中，D_k 表示客户 k 的私有数据。局部更新过程 $\mathrm{ClientUpdate}(L_k, \boldsymbol{W}^t) =: \mathrm{argmin} L_k$ 优化局部模型参数并将局部模型发送给聚合器。

- 联邦学习模型聚合过程 $\mathcal{A}()$。收集来自随机选中的 m 个客户端的局部更新，并使用 FedAvg 算法[265] 进行模型聚合。

$$\boldsymbol{W}^{t+1} \leftarrow \sum_{k=1}^{K} \frac{n_k}{n} \boldsymbol{W}_k^{t+1},$$

(10.7)

式中，$\boldsymbol{W}_k^{t+1} \leftarrow \mathrm{ClientUpdate}(L_k, \boldsymbol{W}^t)$ 表示客户 k 的局部模型；$\frac{n_k}{n}$ 表示 Fedavg 算法的权重。

- 为了在安全联邦学习中检测搭便车者，服务器端水印验证过程 $\mathcal{V}_G$ 检查是否可以从全局模型 $\boldsymbol{W}$ 成功验证基于特征的水印 $\boldsymbol{S} = \cup_{k=1}^{K} \boldsymbol{S}_k, \boldsymbol{\theta} = \cup_{k=1}^{K} \boldsymbol{\theta}_k$，

$$\mathcal{V}_G(\boldsymbol{W}, \boldsymbol{S}, \boldsymbol{\theta}) = \mathcal{V}_G(\boldsymbol{W}, (\boldsymbol{S}, \boldsymbol{\theta})), \tag{10.8}$$

服务器检查每个客户端的水印以检测搭便车者。

- 黑盒验证过程 $\mathcal{V}_B()$ 从 FedDNN 模型中检测基于后门的水印，$\mathcal{V}_B()$ 根据后门检测准确性决定所有权。

$$\mathcal{V}_B(\mathbb{N}, \boldsymbol{T}_k) = \begin{cases} \text{TRUE}, & \text{如果 } \mathbb{E}_{\boldsymbol{T}_k}(\mathbb{I}(\boldsymbol{Y}_{\boldsymbol{T}_k} \neq \mathbb{N}(\boldsymbol{X}_{\boldsymbol{T}_k}))) \leqslant \epsilon_B, \\ \text{FALSE}, & \text{否则}, \end{cases} \tag{10.9}$$

式中，$\mathbb{I}()$ 表示指示函数。

- 白盒验证过程 $\mathcal{V}_W()$。使用符号函数 $\text{sgn}()$ 从参数 $\boldsymbol{W}$ 中提取基于特征的水印 $\tilde{\boldsymbol{S}}_k = \text{sgn}(\boldsymbol{W}, \boldsymbol{\theta}_k)$，

$$\mathcal{V}_W(\boldsymbol{W}, (\boldsymbol{S}_k, \boldsymbol{\theta}_k)) = \begin{cases} \text{TRUE}, & \text{如果 } H(\boldsymbol{S}_k, \tilde{\boldsymbol{S}}_k) \leqslant \epsilon_W, \\ \text{FALSE}, & \text{否则}, \end{cases} \tag{10.10}$$

如果提取的水印与目标水印匹配，则所有权得到验证。

2. 水印检测率

- 对于具有 N 位长度的基于特征的水印 $\boldsymbol{S}$，检测率 η_F 的定义为

$$\eta_F := 1 - \frac{1}{N} H(\boldsymbol{S}_k, \tilde{\boldsymbol{S}}_k). \tag{10.11}$$

- 对于基于后门的水印，检测率为

$$\eta_T := \mathbb{E}_{\boldsymbol{T}}(\mathbb{I}(\boldsymbol{Y}_{\boldsymbol{T}} = \mathbb{N}(\boldsymbol{X}_{\boldsymbol{T}}))), \tag{10.12}$$

被定义为模型在后门样本上按指定标签进行分类的准确性。

在联邦学习模型中嵌入水印时，将不可避免地遇到两个技术挑战。

10.4.2　挑战 1：FedDNN 中多个水印的容量

在联邦学习中，K 个客户端嵌入多个基于特征的水印，这留下了一个开放问题：是否存在一种通用解决方案，可以在 FedDNN 中同时处理多个不同的水印。

对于一组要嵌入 FedDNN 参数 $\boldsymbol{W}$ 中的基于特征的水印 $\{(\boldsymbol{S}_k, \boldsymbol{\theta}_k)\}_{k=1}^{K}$，每个客户端 k 嵌入 N 位长度的水印 $\boldsymbol{S}_k \in \{+1, -1\}^N$，将提取的水印 $\tilde{\boldsymbol{S}}_k = \boldsymbol{W}\boldsymbol{E}_k$ 与目标水印 $\boldsymbol{S}_k$ 进行比较以验证所有权：

$$\forall j \in \{1, 2, \cdots, N\} \quad \text{且} \quad k \in K, t_{kj}(\boldsymbol{W}\boldsymbol{E}_k)_j > 0 \tag{10.13}$$

例如，如图 10.2 所示，K 个不同的水印试图在 S_k 的私有条件下控制目标参数 W_k 的 sgn()，但是局部模型被聚合成一个统一的 W，这些水印约束可能会冲突。

定理 10.1 阐明了在同一个模型中，K 个不同的 S_k 存在一个无冲突的通用解决方法。

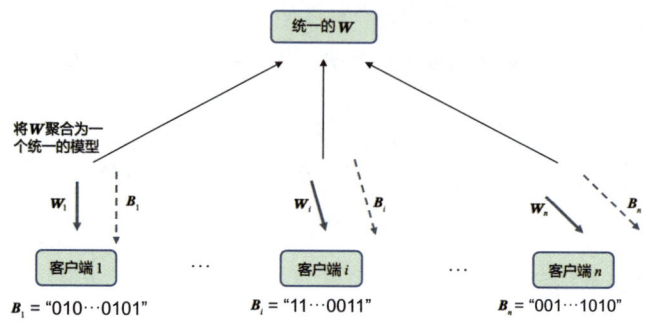

图 10.2   联邦学习中的不同客户采用不同的正则化项来嵌入基于特征的水印

定理 10.1   如果 K 个不同的水印（每个 N 位长度）被嵌入全局模型参数 W 的 M 个通道中，并且水印检测率为 η_{F}，那么 η_{F} 满足：

情形 1: 如果 $KN \leqslant M$，那么存在 W，使

$$\eta_{\mathrm{F}} = 1. \tag{10.14}$$

情形 2: 如果 $KN > M$，那么存在 W，使

$$\eta_{\mathrm{F}} \geqslant \frac{KN + M}{2KN}. \tag{10.15}$$

证明见文献 [121]。

情形 1 给出了统一模型中存在水印的条件，而**情形 2** 提供了水印检测率的下限。

10.4.3 挑战 2: 安全联邦学习中的水印稳健性

水印稳健性指水印能否在各种模型训练策略和可能移除或修改水印的攻击下持续地被嵌入和提取。下面介绍水印在检测方面的稳健性。

在安全联邦学习中，差分隐私[277] 和客户端选择[265] 等隐私保护技术被广泛用于保护数据隐私和提高通信效率。这些训练策略带来的模型修改可能会影响水印的检测率。

- 在安全联邦学习中，差分隐私机制[271] 向每个客户端的局部模型更新中添加噪声。
- 在每个训练轮次中，服务器采用客户端选择策略[265] 抽样一部分客户端并聚合其局部更新。

10.6.4 节的实验结果显示，在不同的训练策略下，水印可以被可靠地检测到。

10.5　实现细节

10.4 节给出了 FedIPR 框架的定义，该框架使客户端能够独立嵌入和提取私有水印。本节在算法 10-1 中给出了一种实现。

算法 10-1　水印嵌入过程 $\mathcal{E}()$。

1: 每个客户 k 都有自己的水印元组 $(\boldsymbol{S}_k, \boldsymbol{\theta}_k, \boldsymbol{T}_k)$
2: **for** 通信轮次 t **do**
3: 　服务器将全局模型参数 $\boldsymbol{W}^t$ 分发给客户，并随机选择 K 中的 cK 个客户。
4: 　**本地训练：**
5: 　**for** k 在选择的 cK 客户中 **do**
6: 　　采样 m 个训练样本的小批量 $\boldsymbol{X}\{\boldsymbol{X}^{(1)}, \boldsymbol{X}^{(2)}, \cdots, \boldsymbol{X}^{(m)}\}$ 和目标 $\boldsymbol{Y}\{\boldsymbol{Y}^{(1)}, \boldsymbol{Y}^{(2)}, \cdots, \boldsymbol{Y}^{(m)}\}$
7: 　　**if** 启用基于后门的水印 **then**
8: 　　　从触发器 $(\boldsymbol{X}_{\boldsymbol{T}_k}, \boldsymbol{Y}_{\boldsymbol{T}_k})$ 采样 t 个样本 $\{\boldsymbol{X}_{\boldsymbol{T}_k}^{(1)}, \boldsymbol{X}_{\boldsymbol{T}_k}^{(2)}, \cdots, \boldsymbol{X}_{\boldsymbol{T}_k}^{(t)}\}$, $\{\boldsymbol{Y}_{\boldsymbol{T}_k}^{(1)}, \boldsymbol{Y}_{\boldsymbol{T}_k}^{(2)}, \cdots, \boldsymbol{Y}_{\boldsymbol{T}_k}^{(t)}\}$
9: 　　　将 $\boldsymbol{X}$ 与 $\{\boldsymbol{X}_{\boldsymbol{T}_k}^{(1)}, \boldsymbol{X}_{\boldsymbol{T}_k}^{(2)}, \cdots, \boldsymbol{X}_{\boldsymbol{T}_k}^{(t)}\}$ 合并，$\boldsymbol{Y}$ 与 $\{\boldsymbol{Y}_{\boldsymbol{T}_k}^{(1)}, \boldsymbol{Y}_{\boldsymbol{T}_k}^{(2)}, \cdots, \boldsymbol{Y}_{\boldsymbol{T}_k}^{(t)}\}$ 合并
10: 　　**end if**
11: 　　使用 $\boldsymbol{X}$ 和 $\boldsymbol{Y}$ 计算交叉熵损失 L_c（采用批量投毒方法，因此 $\alpha_l = 1$, $L_c = L_{D_K} + L_{\boldsymbol{T}_k}$）
12: 　　**for** 目标层集合 L 中的 l 层 **do**
13: 　　　使用 $\boldsymbol{\theta}_k$ 和 $\boldsymbol{W}^l$ 计算基于特征的正则化项 $L_{\boldsymbol{S}_k, \boldsymbol{\theta}_k}^l$
14: 　　**end for**
15: 　　$L_{\boldsymbol{S}_k, \boldsymbol{\theta}_k} \leftarrow \sum_{l \in \mathsf{L}} L_{\boldsymbol{S}_k, \boldsymbol{\theta}_k}^l$
16: 　　$L_k = L_c + \beta_k L_{\boldsymbol{S}_k, \boldsymbol{\theta}_k}$
17: 　　使用 L_k 反向传播并更新 $\boldsymbol{W}_k^t$
18: 　**end for**
19: 　**服务器更新：**
20: 　使用 FedAvg 算法聚合本地模型 $\{\boldsymbol{W}_k^t\}_{k=1}^K$
21: **end for**

在 FedIPR 中，每个客户 k 都会使用正则化项 $L_{\mathrm{W}} = L_{\boldsymbol{S}_k, \boldsymbol{\theta}_k}$ 嵌入自己的 $(\boldsymbol{S}_k, \boldsymbol{\theta}_k)$：

$$L_{\boldsymbol{S}_k, \boldsymbol{\theta}_k}(\boldsymbol{W}^t) = L_{\boldsymbol{S}_k}(\boldsymbol{S}_k, \boldsymbol{W}^t, \boldsymbol{E}_k), \tag{10.16}$$

式中，秘密水印提取器 $\boldsymbol{\theta}_k = (\boldsymbol{S}_k, \boldsymbol{E}_k)$ 被保密，建议将 $\boldsymbol{S}_k$ 嵌入归一化层比例参数中，即 $\boldsymbol{S}_k(\boldsymbol{W}) = \boldsymbol{W}_\gamma = \{\gamma_1, \gamma_2, \cdots, \gamma_C\}$。

FedIPR 采用秘密嵌入矩阵 $\boldsymbol{E}_k \in \boldsymbol{\theta}_k = (\boldsymbol{S}_k, \boldsymbol{E}_k)$ 进行水印嵌入，使用以下正则化项：

$$L_{\boldsymbol{S}_k, \boldsymbol{\theta}_k}(\boldsymbol{W}^t) = L_{\boldsymbol{S}_k}(\boldsymbol{W}_\gamma^t \boldsymbol{E}_k, \boldsymbol{S}_k) = \mathrm{HL}\left(\boldsymbol{S}_k, \tilde{\boldsymbol{S}}_k\right) = \sum_{j=1}^N \max(\mu - b_j t_j, 0), \tag{10.17}$$

式中，$\tilde{\boldsymbol{S}}_k = \boldsymbol{W}_\gamma^t \boldsymbol{E}_k$ 为提取的水印。

1. 针对 CNN 的水印设计

如图 10.3 所示，对于 CNN 模型，我们选择归一化层权重 W_γ 来嵌入基于特征的水印。

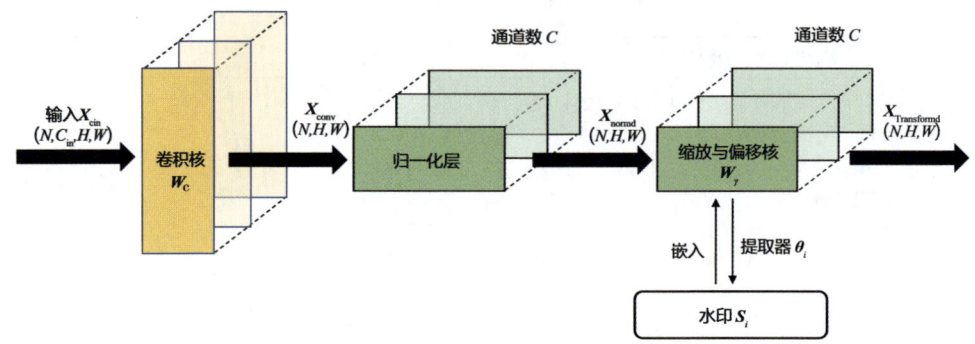

图 10.3　卷积层和归一化层权重 W_γ

2. 基于变换器网络的水印设计

如图 10.4 所示，我们将基于特征的水印应用于基于 Transformer 的网络，归一化层权重 W_γ（绿色表示）用于嵌入基于特征的水印。一个 Transformer 编码器块[225]包括一个层归一化层，这对网络的收敛性能有重要影响。我们将水印嵌入层归一化层中的 W_γ 中。

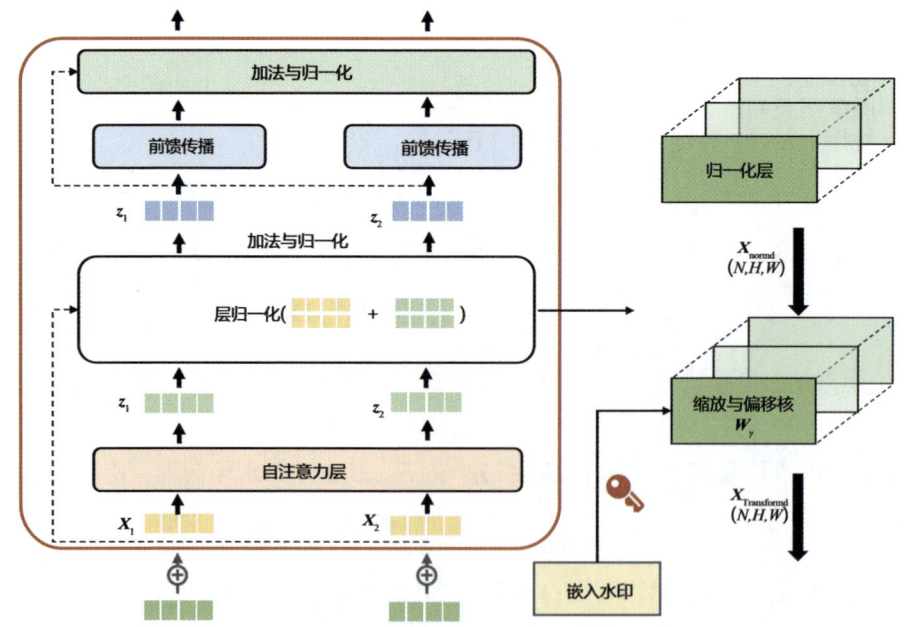

图 10.4　编码器块的层结构

10.6 | 实验结果

本节介绍我们提出的 FedIPR 的实验结果。FedIPR 优越的水印检测性能表明，它为联邦学习 DNN（FedDNN）中的水印嵌入提供了一种可靠的方案。

10.6.1 保真度

我们比较了 FedIPR 与 FedAvg 的主任务性能 Acc_{main}，以说明 FedIPR 的保真度。在四种不同的训练任务中，客户的数量（10~100）不同可能决定嵌入的基于后门的水印（每个客户 20~100 位）和基于特征的水印（每个客户 50~500 位）的特征长度不同。

图 10.5(a)~ 图 10.5(d) 展示了在图像和文本分类任务中主任务准确率的变化情况。可以观察到对于不同设置的特征型和后门型水印，与 Fedavg 相比，4 个独立任务的模型性能轻微下降（不超过 2%）。

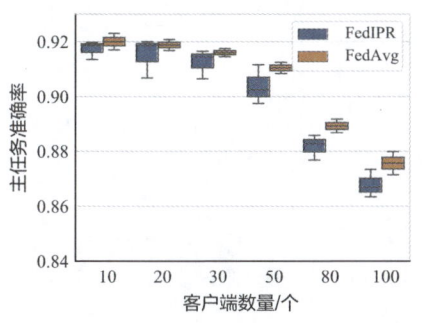

（a）使用 CIFAR10 数据集的 AlexNet 模型

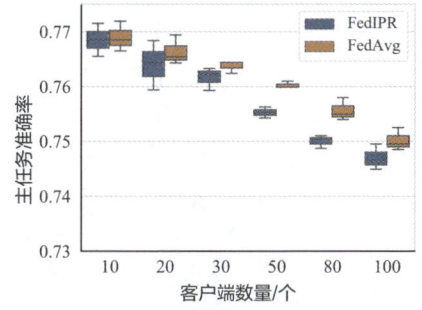

（b）使用 CIFAR100 数据集的 ResNet18 模型

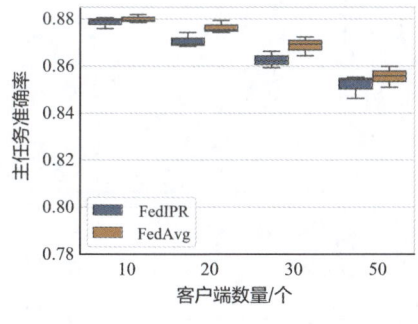

（c）使用 SST2 数据集的 DistilBERT 模型

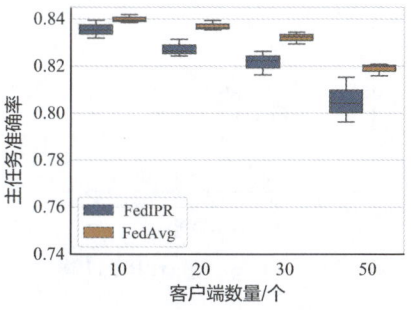

（d）使用 QNLI 数据集的 DistilBERT 模型

图 10.5　在图像和文本分类任务中主任务准确率的变化情况

10.6.2 水印检测率

我们展示了 FedIPR 的水印检测率。

1. 基于特征的水印

图 10.6(a)~图 10.6(d) 展示了 4 个不同数据集上基于特征的水印检测率 η_F。

- **情形 1：** 如图 10.6 所示，在垂直线（即 M/K）内，水印检测率 η_F 保持恒定（100%），其中，由多个（$K = 5, 10$ 或 20）客户端分配的总位长度 KN 没有超过由参数 $\boldsymbol{S}(\boldsymbol{W}) = \boldsymbol{W}_\gamma$ 的通道数 M 决定的网络参数的容量。

- **情形 2：** 当 KN 超过 M（$KN > M$）时，图 10.7 展示了由于水印分配重叠导致的冲突，水印检测率 η_F 下降到大约 80%，但测量的 η_F 大于定理 10.1 情形 2（由红点线标出）给出的下限。

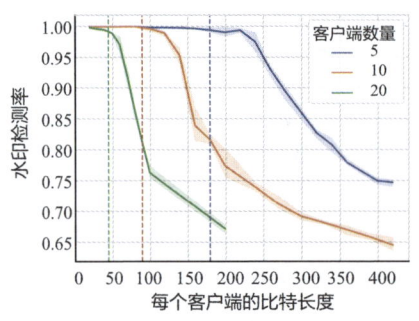

(a) 使用 CIFAR10 数据集的 AlexNet 模型

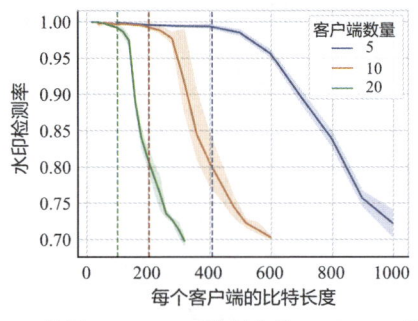

(b) 使用 CIFAR100 数据集的 ResNet18 模型

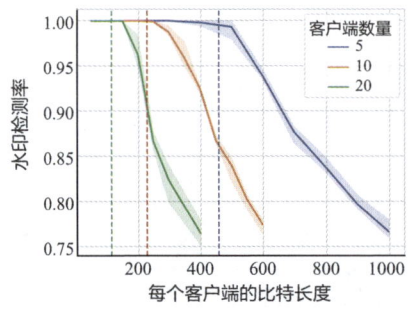

(c) 使用 SST2 数据集的 DistilBERT 模型

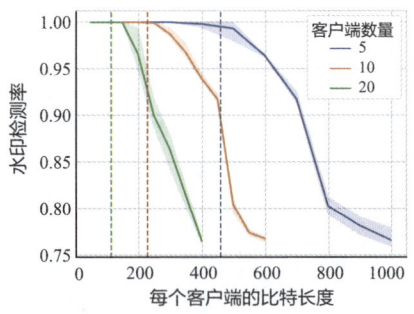

(d) 使用 QNLI 数据集的 DistilBERT 模型

图 10.6 不同数据集上基于特征的水印检测率

2. 基于后门的水印

表 10.1 展示了基于后门的水印检测率 η_T，其中不同数量的客户端将基于后门的水印嵌入模型中。结果显示，即使每个客户的触发器数量增加到 300，检测率 η_T 也保持恒定。我们将稳定的检测率 η_T 归因于在文献 [278, 279] 中证明的过参数化网络。

表 10.1　基于后门的水印检测率（高于 95%）

模型/数据集	客户端数量	每个客户端的触发器数量 N_T					
		50	100	150	200	250	300
AlexNet/CIFAR10	20	99.34% ± 0.31%	99.30% ± 0.60%	99.35% ± 0.31%	99.03% ± 0.57%	99.17% ± 0.47%	98.85% ± 0.69%
	10	99.59% ± 0.23%	98.92 % ± 0.20%	98.45% ± 0.67%	98.24% ± 0.57%	98.43% ± 0.15 %	97.56% ± 1.07%
	5	99.29% ± 0.38%	99.03% ± 0.44%	98.15% ± 0.74%	98.71% ± 0.43%	98.28% ± 0.30%	98.39% ± 0.64%
ResNet18/CIFAR100	20	99.64% ± 0.31%	99.60% ± 0.20%	99.35% ± 0.31%	99.59% ± 0.46%	99.93% ± 0.05%	99.92% ± 0.07%
	10	99.86% ± 0.05%	99.58% ± 0.41%	98.56% ± 0.57%	99.84% ± 0.04%	99.83% ± 0.15 %	99.88% ± 0.03%
	5	98.89% ± 0.80%	98.54% ± 1.3%	99.07% ± 2.34%	98.94% ± 0.73%	99.45% ± 0.06%	98.44% ± 0.25%

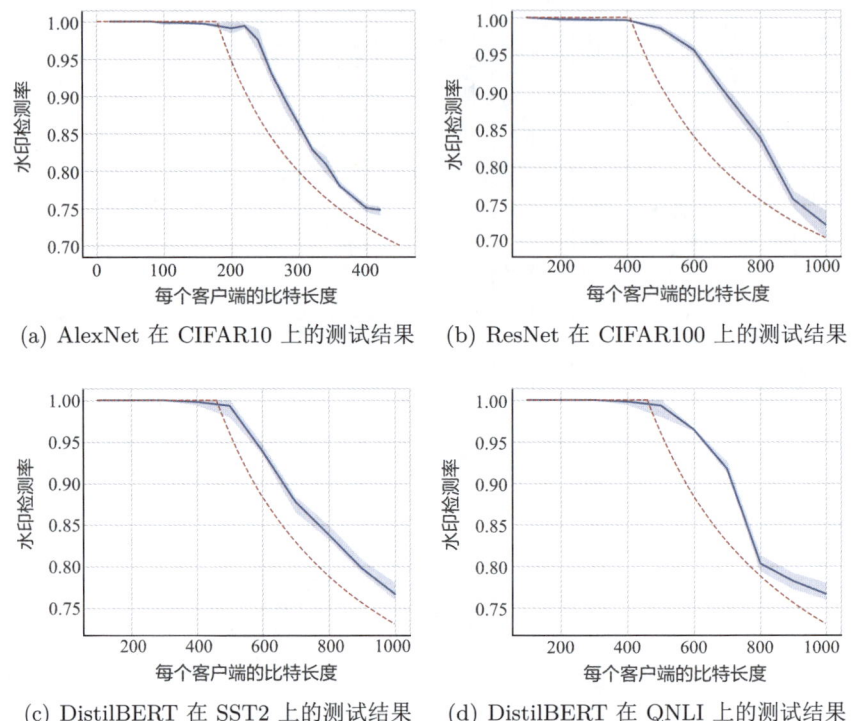

(a) AlexNet 在 CIFAR10 上的测试结果   (b) ResNet 在 CIFAR100 上的测试结果

(c) DistilBERT 在 SST2 上的测试结果   (d) DistilBERT 在 QNLI 上的测试结果

图 10.7　基于特征的水印检测率的下限

10.6.3　水印战胜搭便车攻击

我们研究了将水印嵌入 FedDNN 作为搭便车检测方法的设置，可以从良性客户端的 FedDNN 中提取预定义的水印来验证其所有权，而对于搭便车者无法检测到水印。我们模拟了三种类型的本地更新，包括普通搭便车者、高斯搭便车者（定义见 10.3.2 节），以及贡献数据和计算的良性客户端。服务器对每个客户端的本地模型进行基于特征的验证，如图 10.8 所示，包括使用以前本地模型的搭便车客户端（橙色线条）、伪装的高斯搭便车者客户端（蓝色线条），以及 20 个客户端的安全联邦学习中的 4 个良性客户端。每个通信轮次都计算基于特征的水印检测率 η_{F}。在联邦训练的 30 轮通信中，可以检测到全局模型中良性客户端的水印；而对于搭便车者，因为没有进行实际训练而无法验证水印，η_{F} 几乎是随机猜测的（50%）。

10.6.4　联邦学习策略下的稳健性

如 10.4.3 节所述，差分隐私[277] 和客户端选择[265] 等技术会导致主要分类任务的性能下降。我们计算出挑战 **2** 下基于特征的水印检测率 η_{F} 和基于后门的水印检测率 η_{T}，以评估 FedIPR 的稳健性。

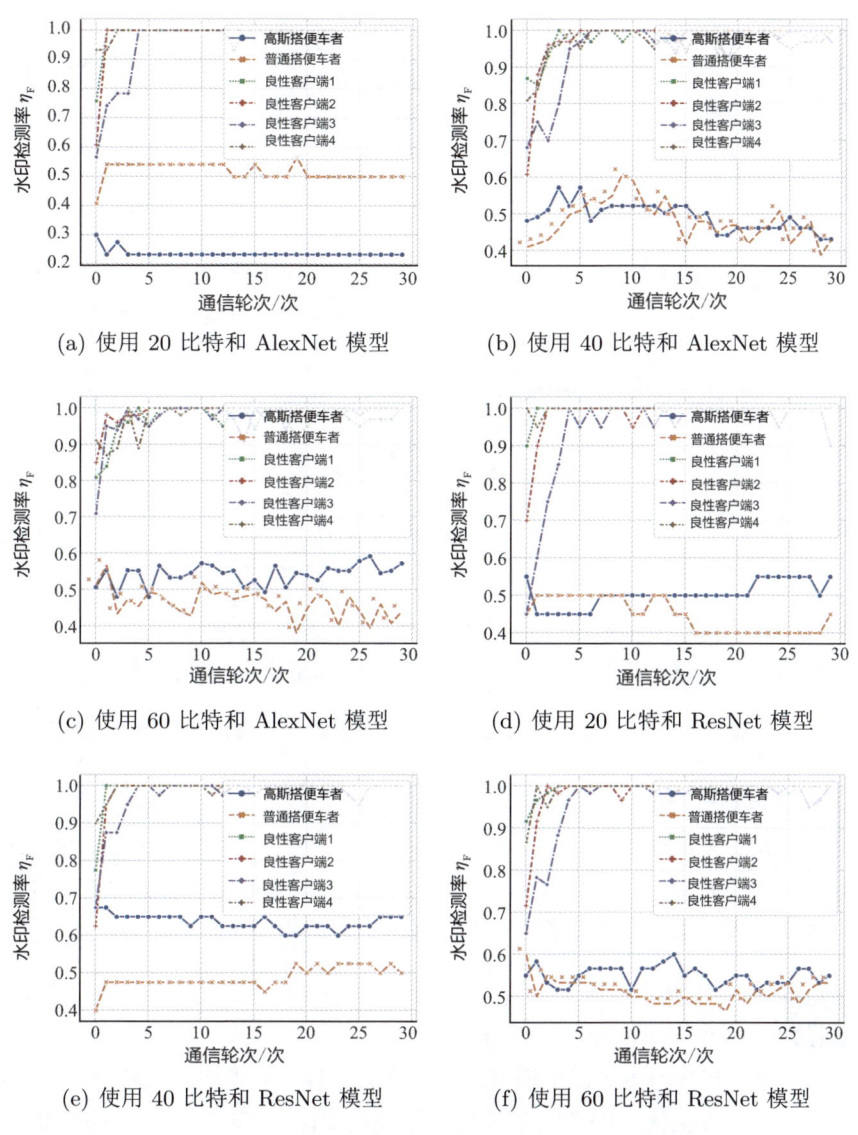

(a) 使用 20 比特和 AlexNet 模型　　　(b) 使用 40 比特和 AlexNet 模型

(c) 使用 60 比特和 AlexNet 模型　　　(d) 使用 20 比特和 ResNet 模型

(e) 使用 40 比特和 ResNet 模型　　　(f) 使用 60 比特和 ResNet 模型

图 10.8　三种不同类型的客户端下基于特征的水印检测率

1. 对抗差分隐私的稳健性

我们采用基于高斯噪声的方法来提供差分隐私保证。如图 10.9 (a) 和图 10.9(b) 所示，主任务准确率 Acc_{main} 随着差分隐私噪声 σ 增加快速下降，而基于特征的水印检测率 η_F 和基于后门的水印检测率 η_T 下降幅度很小，当 Acc_{main} 处于可用范围内（超过 85%）时，其表明水印的稳健性。图 10.9 (c) 和图 10.9(d) 展示了在不同样本比例 c 下的基于特征的水印检测率 η_F 和基于后门的水印检测率 η_T，而点线则展示了主任务准确率 Acc_{main}。

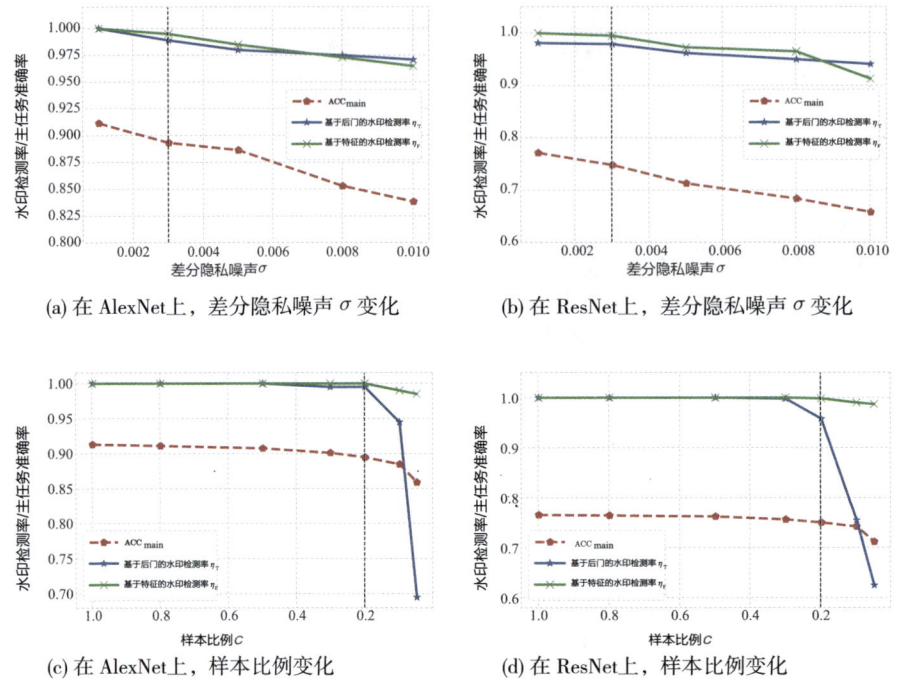

图 10.9　不同模型和参数设置下主任务准确率与水印检测率的关系

2. 对抗客户端选择的稳健性

在联邦学习的实践中，在每个通信轮次中，服务器选择 K 个客户中的 cK 个（$c < 1$）参与训练。如图 10.9 所示，即使样本比例 c 低至 0.25，水印也无法被移除。这一结果为客户端抽样率提供了下限，在该下限内水印可以有效嵌入。

10.7　小结

在安全联邦学习中，保护模型的知识产权与保护数据隐私同样重要。本章提出了一种模型水印方法，可以在安全联邦学习环境中保护 FedDNN 模型的知识产权，解决了安全联邦学习中的一个开放性问题。

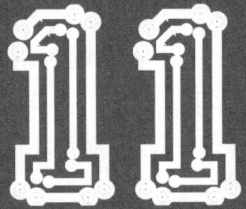

第 11 章

CHAPTER 11

用于数据知识产权的模型审计

李博文，范力欣，李杰，古瀚林，杨强

　　DNN 模型是基于大量标注训练数据构建的，模型开发者可能滥用或窃取他人的私有数据进行训练，因此，数据所有权必须得到正确确定。为了从已训练的 DNN 模型中确定数据所有权，本章提出了一种 DNN 审计方法，允许审计员追踪训练模型中的非法数据使用情况。具体来说，我们提出了有意义的模型审计的严格定义，并指出任何模型审计方法必须对移除攻击和模糊攻击具有稳健性。我们对现有的模型审计方法进行了实证研究，结果表明现有方法能够在不同的模型修改设置下实现数据追踪，但如果模型开发者将训练数据用于数据所有者无法管理的用途，那么这些方法将失效，因此无法提供有意义的数据所有权解决方案。本章提出的数据所有权的模型审计方法为该领域开辟了新的方向。

11.1 引言

数据被视为人工智能应用的石油。DNN，尤其是大型基础模型，需要大量数据来训练。公司或机构可能在未经授权的情况下收集大量个人数据，这是数据知识产权的侵权行为。从机器学习服务外部验证数据的所有权，以防数据收集者滥用数据训练模型，我们将这个过程称为**数据取证的模型审计**。

如何从已训练模型（如以 AI 服务、MLaaS 的形式）审计数据滥用是一个开放性问题，因为机器学习模型是基于给定数据集的知识训练的，与训练数据没有直接关系。本章对模型审计问题进行了定义，并提出了一种严格的协议来评估旨在实现数据追踪的现有尝试。已有的研究工作[280-282] 提出了对训练数据和模型关系的研究，其中，第三方（如对手）想要推断数据的使用情况，但对训练集的了解程度不同。成员推断攻击（Membership Inference Attack，MIA）[280, 281, 283-285] 被作为一种隐私泄露攻击提出，攻击者在不了解训练集的情况下发起攻击，以推断单个数据点是否在模型的训练集中。数据集推断[282] 是在完全了解训练集的情况下被提出的，由数据所有者推断模型是否使用给定的数据集进行训练。

模型审计面临以下两个挑战。

（1）如何理解模型和训练集之间的关系。成员推断攻击[280, 281] 尝试从训练好的模型中发现数据点的成员身份。Rezaei 等人[283] 提出，当前最先进的成员推断攻击无法准确显示已训练模型中的数据点使用情况，导致成员推断的置信度低和误报率高。

（2）在现实环境下数据取证的信息有限。一方面，数据所有者只能访问 AI 服务的 API，但现有的黑盒成员推断攻击方法[286] 需要从已训练模型中获得置信向量来获取成员信息。另一方面，数据可能被以模型所有者无法管理的方式使用，例如，面部图像可用于预训练、图像生成或图像分类。

将模型审计视为所有权验证问题必须满足以下要求。

（1）模型审计方法必须适用于模型不可知的设置，即数据被训练用于不同类型的模型和架构。

（2）模型审计方法必须能够追踪各种数据使用情况，例如模型训练、迁移学习、模型预训练等。

（3）模型审计方法必须对模型移除攻击和模糊攻击具有稳健性。

根据上述要求，我们评估了声称解决模型审计问题的方法。Maini 等人[282] 提出了使用数据集推断（Dataset Inference，DI）方法解决该问题，该方法利用了在训练过程中使用的样本和未使用的样本的差异，主要直觉是模型在有限的训练集上反复训练。训练数据决定了模型的决策边界，Maini 等人[282] 的研究表明，通过对可疑的已训练模型进行白盒和黑盒访问，并全面了解训练集，可以证明模型在不同设置下窃取了受害者的数据集。

我们再现了数据集推断的结果，并提供了不同设置下的实验结果。

- 被窃取的数据集仅构成整个训练集的一部分，例如，用于模型训练的 10 类标注数据中有 10 类被盗（整体有 20 类）。
- 被窃取的数据集用于训练不同的模型架构。
- 对手在窃取数据集训练模型后进行模型蒸馏和模型微调。
- 数据集被用于任意任务，例如部分数据集用于模型训练、迁移学习和模型预训练等。

我们的贡献如下。

- 将数据取证中的模型审计问题定义为一个重要的所有权验证问题，并提出了对模型审计方法的严格要求。
- 重新审视了现有的模型审计方法（数据集推断），并展示了在不同设置下数据集推断的实证评估结果。
- 实证结果表明，数据集推断在移除攻击和模糊攻击下具有韧性，但现有方法在任务不可知的设置中不起作用。

11.2　相关研究工作

11.2.1　成员推断攻击

成员推断攻击[280, 281, 283, 286] 是推断单个数据点是否用于模型训练的攻击。给定一个训练好的模型和一个数据点，成员推断攻击返回该数据点用于模型训练的概率。二元分类方法[280, 281] 和基于度量的方法[284, 285] 被提出，用于在白盒和黑盒设置中从训练模型中推断数据成员身份。数据集推断[282] 是成员推断攻击的一种特殊情况，数据所有者在完全了解训练集的情况下，根据模型决策边界推断数据集成员身份。

11.2.2　模型决策边界

数据点到模型决策边界的距离可以被视为添加到数据样本上的最小对抗扰动。以前的对抗学习研究指出，未训练的样本比训练过的样本更接近模型决策边界，并且更容易受到扰动[142, 287]，因此模型决策边界记住了训练数据的成员信息。模型决策边界可以通过标签访问[288, 289] 或白盒设置来测量，探测器可以访问所有模型参数和输出。

11.3　问题定义

我们考虑一种情形，受害者 $\mathcal{O}$ 拥有一个私有数据集 $D_{\text{train}} \subset \mathbb{R}^{d+n}$，其中 $D_{\text{train}} = \{(\boldsymbol{x}_i, \boldsymbol{y}_i)\}_{i \in |D_{\text{train}}|}$，$\boldsymbol{x}_i \in \mathbb{R}^d$ 表示样本，$\boldsymbol{y}_i \in \mathbb{R}^n$ 表示标签。数据收集者 $\mathcal{C}$ 非法使用数据 D_{train} 训练模型 $f()$，训练算法为 $\mathcal{T}$，并使用其他辅助数据 D_{aux}。

$$\text{train}(D_{\text{train}}, \mathcal{T}, D_{\text{aux}}) \to f(), \tag{11.1}$$

在一个 C 类分类问题中，我们将分类器记为 $f: \mathcal{X} \rightarrow \mathcal{Y}$，其中实例空间为 $\mathcal{X} \subset \mathbb{R}^d$，标签空间为 $\mathcal{Y} \subset \{0, 1, \cdots, C\}$，训练集为 $D_{\mathrm{train}} = \{(\boldsymbol{x}_i, \boldsymbol{y}_i) | i = 1, 2, \cdots, N\}$，$D_{\mathrm{train}}$ 由分布 $\mathcal{D}$ 的样本组成，即 $D_{\mathrm{train}} \sim \mathcal{D}$。

定义 11.1 数据知识产权的模型审计。如果受害者 $\mathcal{O}$ 想审计已训练模型 $f()$ 的数据知识产权，则模型审计过程，即数据集所有权验证过程 $\mathcal{V}$ 被记为

$$\mathcal{V}(f(), D_{\mathrm{train}}) = p, \tag{11.2}$$

式中，p 表示数据集滥用的输出概率，如果 p 超过预定阈值 ϵ，则模型所有者 $\mathcal{O}$ 可以确定可疑模型 $f()$ 窃取了私有数据集 D_{train}。

备注： 受害者 $\mathcal{O}$ 可以对模型 $f()$ 进行白盒或黑盒访问。在白盒设置中，受害者 $\mathcal{O}$ 可以访问模型的参数和输出；在黑盒设置中，受害者 $\mathcal{O}$ 只能通过 API 访问模型 $f()$ 的预测。

11.3.1 模型审计的属性

数据知识产权的模型审计需要严格的协议来提供足够的证据，这要求模型编辑方法具备几种关键属性。

1. 模型不可知

当数据集 D_{train} 被用于各种类型的模型架构时，例如回归模型、递归神经网络、CNN、基于 Transformer 的网络，有

$$\mathrm{train}(D_{\mathrm{train}}, \mathcal{T}, D_{\mathrm{aux}}) \rightarrow f(), \tag{11.3}$$

即无论模型架构 $f()$ 是什么样的，所有者 $\mathcal{O}$ 都应该能够使用方法 $\mathcal{V}$ 验证模型 $f()$ 的非法数据使用。

$$\mathcal{V}(f'(), D_{\mathrm{train}}) = p \geqslant \epsilon. \tag{11.4}$$

2. 任务无关性

即使私有数据集未被按原设计方式使用，模型审计方法仍然必须有效。给定数据集 D_{train}，最初由模型所有者 $\mathcal{O}$ 收集并用于训练算法 $\mathcal{T}$，但数据窃取者 $\mathcal{C}$ 收集 D_{train} 用于训练模型所有者 $\mathcal{O}$ 未知的任意算法 $\mathcal{T}'$。

$$\mathrm{train}(D_{\mathrm{train}}, \mathcal{T}', D'_{\mathrm{aux}}) \rightarrow f'(), \tag{11.5}$$

模型所有者 $\mathcal{O}$ 应该能够验证模型 $f'()$ 的非法数据使用。

$$\mathcal{V}(f'(), D_{\mathrm{train}}) = p \geqslant \epsilon, \tag{11.6}$$

数据集 D_{train} 是 Imagenet 数据样本，但用于图像生成任务，模型所有者 $\mathcal{O}$ 应该能够使用方法 $\mathcal{V}$ 追踪 $f'()$ 中的数据使用情况。

3. 抗后处理

使用个人数据训练的模型经过后处理（如剪枝、模型量化、微调和增量学习）后，例如，将模型 $f()$ 修改为 $\hat{f}()$，有 $\text{Removal}(f()) = \hat{f}()$，模型审计方法仍然必须有效，即 $\mathcal{V}(\hat{f}(), D_{\text{train}}) = p \geqslant \epsilon$。

4. 抗模糊攻击

严格的数据知识产权模型审计方法必须对模糊攻击具有稳健性，这意味着当伪造数据时，如 $\text{Forge}(f(), D_{\text{train}}) = \hat{D}$，没有真实训练数据的对手不能通过所有权测试，即

$$\mathcal{V}(\hat{f}(), D_{\text{train}}) = p \leqslant \epsilon. \tag{11.7}$$

11.3.2　不同设置下的模型审计

如图 11.1 所示，根据对模型的访问权限不同，模型编辑方法可以分为黑盒设置和白盒设置。

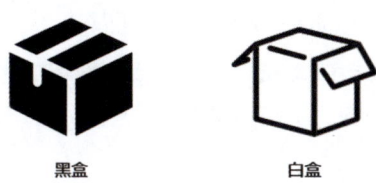

黑盒　　　　　　白盒

图 11.1　模型审计的黑盒和白盒设置

1. 黑盒设置（基于标签的模型审计）

黑盒模型编辑方法通过仅利用标签信息查询可疑 API 来验证数据滥用。模型所有者 $\mathcal{O}$ 完全了解私有数据集 D_{train} 并对可疑模型 API $f()$ 具有无限查询访问权限，模型所有者使用给定数据 x 查询 API 并获取输出 $f(x) = y$。

2. 白盒设置（完全访问模型参数和输出）

在白盒设置中，模型所有者 $\mathcal{O}$ 可以完全访问模型参数 $\boldsymbol{W}$、模型输出和梯度。审计人员输入数据 x 以获取完整的预测和梯度信息 $f'(x)$，此外，模型参数 $\boldsymbol{W}$ 中的特征也有助于审计。

11.4　现有模型审核方法的调查

Maini 等人提出了一种验证可疑模型 $f()$ 是否使用了私有数据集 D_{train} 进行训练的方法[282]，该方法被称为数据集推断，数据集推断指出，模型决策边界已经记住了训练数据的成员信息，因此决策边界可以用来审计从训练过的模型 $f()$ 中非法使用数据的情况。

11.4.1 决策边界的距离近似

什么是决策边界? 在一个 C 类分类问题中, Cao 等人根据分类器 $f()$ 输出的置信度分数 $c(x)$ 给出了决策边界的定义[14]。

定义 11.2 决策边界 [14]。给定一个分类器 $f()$, $f: \mathcal{X} \to \mathcal{Y}$, 其中实例空间为 $\mathcal{X} \subset \mathbb{R}^d$, 标签空间为 $\mathcal{Y} \subset \{0, 1, \cdots, C\}$。目标分类器的分类边界定义为以下数据点集:

$$\{x | \exists i, j, i \neq j \text{ and } c_i(x) = c_j(x) \geqslant \max_{t \neq i,j} c_t(x)\}, \tag{11.8}$$

式中, $c_i(x)$ 表示分类器 $f()$ 输出的类别 i 的置信分数。

决策边界很难直接描述, 因此我们转而关注给定数据点 x 到 i 类决策边界 $\text{dist}_f(x, y_i)$ 的距离, 定义如下。

定义 11.3 到决策边界的距离。对于一个 C 类分类的分类器 $f()$, 给定一个数据点 x, 分类器的预测 $f(x) = y$, 从 x 到第 i 个目标类决策边界 $\text{dist}_f(x, y_i)$ 的距离是满足 $f(x + \delta) = y_i, y_i \neq y$ 的最小 L_2 距离 $\min L_2(x + \delta, x)$。对于一个数据点 x, x 到 $C - 1$ 个目标决策边界的距离是一个 $C - 1$ 维向量。

对于给定的分类器 $f()$ 和包含私有数据样本的数据集 D, 计算到决策边界的距离正是寻找最小对抗扰动的任务, 这可以通过对分类器 $f()$[282] 的白盒和黑盒访问来实现, 决策边界向量是:

$$\boldsymbol{d} = (\text{dist}_f(x, y_1), \text{dist}_f(x, y_2), \cdots, \text{dist}_f(x, y_C)), \tag{11.9}$$

式中, 每个 $\boldsymbol{d}$ 对应一个标签 $\{0, 1\}$, 如果数据点在 $f()$ 的训练集中, 则标签是 1。

数据集推断[282] 在白盒环境和黑盒环境中都提出了决策边界测量方法, 黑盒环境下使用随机漫步算法测量到决策边界的距离, 如图 11.2 所示。

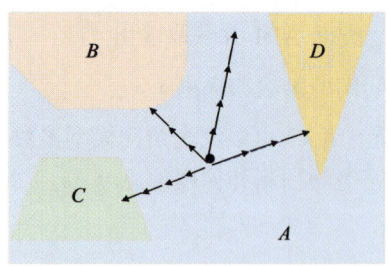

图 11.2 黑盒环境下使用随机漫步算法测量到决策边界的距离

1. 白盒环境: MinGD[282]

在白盒环境中, 模型所有者 $\mathcal{O}$ 和仲裁者 (如法院) 都可以访问可疑模型 $f()$ 的模型参数和模型输出/梯度。对于任何数据点 (x, y), 通过执行以下目标的梯度下降优化来评估其到相邻目标类 y_i 的最小 L_2 距离 $\text{dist}_{\text{f}}(x, y_i)$[129]：$\min_\delta L_2(x, x + \delta)$ s.t. $f(x + \delta) = y_i, y_i \neq y$，并且 $\mathcal{O}$ 拥有到决策边界的 $d - 1$ 维距离向量 $\boldsymbol{d} = (\text{dist}_{\text{f}}(x, y_1), \text{dist}_{\text{f}}(x, y_2), \cdots, \text{dist}_{\text{f}}(x, y_C))$。

2. 黑盒环境：Blind Walk[282]

在黑盒环境中，模型所有者 $\mathcal{O}$ 只能访问黑盒模型，例如，部署的模型 API $f()$ 只输出预测标签，这使模型所有者 $\mathcal{O}$ 无法计算 MinGD 所需的梯度。Maini 等人提出了一种基于查询的方法，被称为 Blind Walk[282]。首先，采样一组随机初始化的方向，其中一个被记为 δ。从输入 (x, y) 开始，沿 δ 方向走 $k \in \mathbb{N}$ 步，直到 $f(x + k\delta) = y_i; y_i \neq y$。然后，$k\delta$ 被用作到决策边界的距离的代理。重复多个随机初始方向的搜索以近似距离，如图 11.4(a) 所示。最后，$\mathcal{O}$ 拥有到决策边界的 $d - 1$ 维距离向量 $\boldsymbol{d} = (\text{dist}_{\text{f}}(x, y_1), \text{dist}_{\text{f}}(x, y_2), \cdots, \text{dist}_{\text{f}}(x, y_C))$。

11.4.2 数据所有权解决方案

为了验证模型 $f()$ 是否通过与数据集 D_{train} 对应的距离向量 $\boldsymbol{d}$ 泄露了数据集信息，设计一个所有权测试器 $g()$，通过数据点 x 到模型决策边界的距离向量 $\boldsymbol{d}$，输出数据点 x 的成员信息，$g(\boldsymbol{d}) \rightarrow [0, 1]$。

如图 11.3 所示，首先，在数据集 D_{train} 被盗用于模型训练之前，所有者 $\mathcal{O}$ 使用训练算法 $\mathcal{T}$ 在数据集 D_{train} 上训练一组替代模型 f_{sur}，$f_{\text{sur}} = \mathcal{T}(D_{\text{train}})$。对于数据集 D_{train} 内部或外部的每个数据样本 (x, y)，使用 11.4.1 节中的方法计算距离向量 $\boldsymbol{d}$，并用距离嵌入 $\boldsymbol{d}$ 和相应的成员标签 $\{0, 1\}$ 训练所有权测试器 $g()$，$g(\boldsymbol{d}, f()) \rightarrow \{0, 1\}$。

注意，所有权测试器 $g()$ 既训练了受害者的私有数据 D_{train}，也训练了未见过的公开可用数据。使用距离向量 $\boldsymbol{d}$ 和真实成员标签，我们训练了回归模型 $g()$。

进行假设检验：将数据集 D_{train} 与公共数据 D_{pub} 用于生成距离向量 $\boldsymbol{d}$，所有权测试器 $g()$ 输出受害者数据集 D_{train} 的置信向量 $\boldsymbol{\mu}_V$ 和公共数据集 D_{pub} 的置信向量 $\boldsymbol{\mu}_{\text{pub}}$。数据集推断测试空假设：$H_0 : \boldsymbol{\mu}_V \leqslant \boldsymbol{\mu}_{\text{pub}}$，如果拒绝 H_0，则断言模型 $f()$ 已盗用数据集 D_{train}。

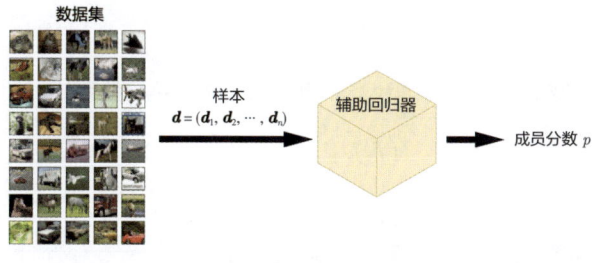

图 11.3　所有权分类器示意图

11.4.3　模型审计的威胁模型

本节介绍对模型审计方法构成攻击的对手，如图 11.4 所示。

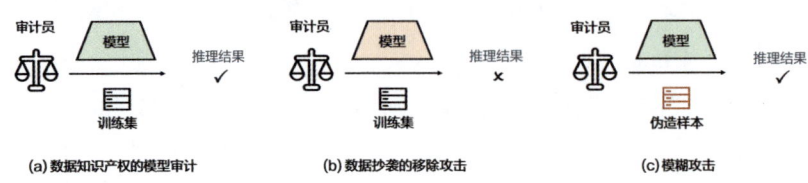

(a) 数据知识产权的模型审计　　(b) 数据抄袭的移除攻击　　(c) 模糊攻击

图 11.4　模型审计攻击示意图

1. 移除攻击

假设所有者 $\mathcal{O}$ 拥有一个数据集 D_{train}，非法数据收集者 $\mathcal{C}$ 使用数据集 D_{train} 训练了一个模型 $f()$，对手 $\mathcal{C}$ 可能修改模型 $f()$ 以避免数据知识产权审计。例如，对手将模型 $f()$ 修改为 $\hat{f}()$，

$$\texttt{Removal}(f()) = \hat{f}(), \tag{11.10}$$

使模型审计过程 $\mathcal{V}(f(), D_{\text{train}})$ 无法提供证据。

$$\mathcal{V}(\hat{f}(), D_{\text{train}}) = p \leqslant \epsilon, \tag{11.11}$$

在实践中，对手可能会使用参数剪枝、模型微调、知识蒸馏等技术实施攻击，我们在算法 11-1 中给出了一个移除攻击的例子。

算法 11-1　移除攻击。

输入: 模型 $f()$、剪枝率 p，以及附加训练数据 $D_{\text{fine-tune}}$。

1: 微调
2: **for** 50 个周期 **do**
3: 　仅在主分类任务中使用附加训练数据 $D_{\text{fine-tune}}$ 训练模型 $f()$
4: **end for**
5: 使用 p 剪枝率剪枝模型 $f()$

---

2. 歧义攻击

对于给定的模型 $f()$，对手 $\texttt{Adv}_{\text{ambi}}$ 可能伪造数据集 $\hat{D}$ 作为证据，

$$I(f(), \mathcal{V}, D_{\text{aux}}) \to \hat{D}, \tag{11.12}$$

使自己可以通过所有权验证过程并声称模型滥用了数据集 $\hat{D}$，$\mathcal{V}(f(), \hat{D}) = p \geqslant \epsilon$，即输出概率 p 超过阈值 ϵ，$\texttt{Adv}_{\text{ambi}}$ 可以要求法律赔偿。

歧义攻击是一个逆向过程，对手试图伪造所有权验证过程，正式定义如下。

定义 11.4（歧义攻击）

存在逆向过程 $I(f(), \mathcal{V}, D_{\text{aux}}) \to \hat{D}$ 并构成成功的歧义攻击。

- 通过访问（白盒或黑盒）给定的 DNN 模型 $f()$，可以用逆向工程得到数据集 $\hat{D}$。
- 伪造的数据集 $\hat{D}$ 可以成功地通过对给定的 DNN 模型 $f()$ 进行的验证，即 $\mathcal{V}(f(), D_{\text{train}}) = p \geqslant \epsilon$，其中输出 p 超过预设阈值 ϵ。
- 如果至少存在一个逆向过程 $I()$ 用于模型审计方案 $\mathcal{V}$，则该方案 $\mathcal{V}()$ 被称为可逆方案，即 $\mathcal{V} \subsetneq \mathcal{V}^I$，其中 $\mathcal{V}^I = \{\mathcal{V}|I(,\mathcal{V},) = \emptyset\}$ 是不能被逆向工程的审计方案集合。

11.5　实验结果

本节提供实证评估结果，以调查数据集推断[282] 是否具备 11.3.1 节中的特性，在评估中回答以下问题。

- （模型不可知）如果训练数据是针对各种模型架构的，那么数据集推断是否有效？
- （任务不可知）如果训练数据仅部分用于训练，那么数据集推断是否有效？
- （稳健性）数据集推断能否抵抗模型移除攻击和数据模糊攻击？

1. DNN 模型架构

我们研究的 DNN 架构包括著名的 AlexNet 和 ResNet-18。

2. 数据集

对于图像分类任务，模型审计方法在 CIFAR10、CIFAR100 和 Imagenet 数据集上进行评估。

3. 统计显著性

我们采用假设检验的 p 值来量化模型审计的统计显著性，数据集推断断言的 p 值越小，模型窃取数据集 D_{train} 的置信度越高，本章将阈值设为 10^{-3}。

11.5.1　主要结果

首先，我们复现了数据集推断的主要实验结果，假设模型所有者 $\mathcal{O}$ 拥有私有 CIFAR100 数据集，并且 $\mathcal{O}$ 为不同的模型架构（包括 Alexnet、ResNet-18 和 WideResNet）训练了 $g()$。如果数据集 D_{train} 被 $\mathcal{C}$ 收集用于训练模型 $f()$，则数据所有者可以在不同架构的模型 $f()$ 中审核数据的使用情况。

如表 11.1 所示，CIFAR10 数据集被 Alexnet、ResNet-18 窃取并训练，数据所有者 $\mathcal{O}$ 从受害数据集 D_{train} 和公共数据集 D_{pub} 中抽取 m 个数据点进行假设检验。实验结果表明，无论是随机游走（黑盒环境）还是 MinGD（白盒环境）的数据集推断方法，在 $m \geqslant 10$ 的情况下，p 值均低于 0.01，并且可以保证不同模型架构下的置信度。如果数据收集者以指定方式应用数据集 D_{train}，那么数据集推断可以从训练模型中进行数据取证，并且数据集推断是模型不可知的。

表 11.1   黑盒和白盒环境下的假设检验结果 1

设置	模型/数据集	审计的样本大小 m				
		10	20	30	40	50
黑盒的 p 值	AlexNet	10^{-8}	10^{-13}	10^{-23}	10^{-25}	10^{-29}
	ResNet	10^{-12}	10^{-22}	10^{-29}	10^{-42}	10^{-61}
	WideResNet	10^{-11}	10^{-18}	10^{-22}	10^{-27}	10^{-42}
白盒的 p 值	AlexNet	10^{-2}	10^{-4}	10^{-5}	10^{-8}	10^{-9}
	ResNet	10^{-3}	10^{-4}	10^{-6}	10^{-9}	10^{-10}
	WideResNet	10^{-2}	10^{-3}	10^{-5}	10^{-8}	10^{-11}

11.5.2 部分数据使用情况

本节模拟了一个简化的模型不可知设置: 给定数据所有者 $\mathcal{O}$ 拥有 CIFAR10 数据集的 2 类或 5 类图像, 即 D_{train} 是 CIFAR10 数据集的 2 类或 5 类子集, $\mathcal{C}$ 使用 D_{train} 和 CIFAR10 的其余部分训练模型 $f()$。

模型所有者 $\mathcal{O}$ 只用 D_{train} 训练所有权测试器 $g()$, 所有权推断结果如表 11.2 所示。数据所有者 $\mathcal{O}$ 只有 10 类中的 2 类或 5 类, 数据集 D_{train} 作为 CIFAR10 数据集的一部分用于训练 Alexnet 分类器, 数据所有者 $\mathcal{O}$ 从受害数据集 D_{train} 和公共数据集 D_{pub} 中抽取 m 个数据点进行假设检验。

实验结果显示, 当被窃取的数据集 D_{train} 只构成训练集 $f()$ 的一部分时: 如果 D_{train} 构成 10 类中的 5 类, 那么数据集推断在 $m \geqslant 10$ 的情况下实现了小于 0.01 的 p 值, 黑盒方法随机游走实现了更低的 p 值, 即更高的置信度; 如果 D_{train} 构成 10 类中的 2 类, 那么数据所有者几乎没有真实训练集的信息来训练所有权测试器 $g()$, 数据集推断在 $m \geqslant 10$ 的情况下的 p 值大于 10^{-3}, 这不足以断言数据集窃取。

表 11.2   黑盒和白盒环境下的所有权推断结果

设置	数据使用情况	审计样本大小 m				
		10	20	30	40	50
黑盒的 p 值	10 类中的 2 类	10^{-1}	10^{-1}	10^{-1}	10^{-2}	10^{-3}
	10 类中的 5 类	10^{-2}	10^{-4}	10^{-7}	10^{-7}	10^{-10}
白盒的 p 值	10 类中的 2 类	10^{-1}	10^{-1}	10^{-1}	10^{0}	10^{0}
	10 类中的 5 类	10^{-1}	10^{-1}	10^{-2}	10^{-2}	10^{-3}

11.5.3 不同的对抗设置

1. 数据歧义攻击

给定一个用数据集 D_{train} 训练的模型 $f()$, 对手 Adv_{ambi} 没有贡献训练数据, 但希望通过模型审计并声称其贡献了有价值的训练数据以获得商业利益。在技术层面上, 对手 Adv_{ambi} 使用投影梯度下降 (Project Gradient Descent, PGD) 算法实施

$I(f(), \mathcal{V}, D_{\text{aux}}) \to \hat{D}$。对手 Adv_{ambi} 进行所有权验证 $\mathcal{V}(f(), \hat{D})$，使用伪造数据集 D_{aux} 的推断结果展示在表 11.3 中。其中，D_{train} 是 CIFAR10 训练集，对手 Adv_{ambi} 使用 PGD 算法从 CIFAR10 测试集中伪造 $\hat{D}$，并尝试通过 Alexnet 和 ResNet-18 的所有权验证。Adv_{ambi} 从伪造的数据集 $\hat{D}$ 和公共数据集 D_{pub} 中抽样 m 个数据点进行假设检验。

表 11.3　黑盒和白盒环境下对抗歧义攻击的假设检验结果

设置	模型/数据集	审计样本大小 m				
		10	**20**	**30**	**40**	**50**
黑盒的 p 值	AlexNet	10^{-2}	10^{-1}	10^{-1}	10^{0}	10^{0}
	ResNet	10^{-1}	10^{-1}	10^{-1}	10^{0}	10^{0}
白盒的 p 值	AlexNet	10^{-1}	10^{-1}	10^{-1}	10^{-1}	10^{0}
	ResNet	10^{-2}	10^{-1}	10^{-1}	10^{-1}	10^{0}

实验结果表明，伪造的数据集 $\hat{D}$ 无法通过随机游走（黑盒设置）或 MinGD（白盒设置）方法的数据集推断验证。伪造的数据集在 $m \geqslant 10$ 时的 p 值大于 0.01，无法提供足够的所有权置信度。总体来说，数据集推断对歧义攻击具有稳健性，攻击者很难伪造一个数据集 $\hat{D}$ 来通过数据集推断验证。

2. 模型移除攻击

在移除攻击中，给定一个用数据集 D_{train} 训练的模型 $f()$，数据收集者 $\mathcal{C}$ 修改了训练好的模型 $f()$，以便数据所有者 $\mathcal{O}$ 无法通过模型审计。

在技术层面上，数据收集者 $\mathcal{C}$ 将模型 $f()$ 修改为 $\hat{f}()$，并进行微调。我们在实验中使用 CIFAR10 数据集中的预设验证集对 $f()$ 进行微调，修改后的模型 $\hat{f}()$ 的数据集推断结果如表 11.4 所示。CIFAR10 数据集被 Alexnet、ResNet-18 窃取并训练，训练者 $\mathcal{C}$ 使用不同的微调周期修改模型 $f()$，数据所有者 $\mathcal{O}$ 从受害数据集 D_{train} 和公共数据集 D_{pub} 中抽样 30 个数据点与修改后的模型 $\hat{f}()$ 进行假设检验。

表 11.4　黑盒和白盒环境下的假设检验结果 2

设置	模型/数据集	微调轮次 t/次				
		0	**10**	**20**	**30**	**40**
黑盒的 p 值	AlexNet	10^{-23}	10^{-22}	10^{-20}	10^{-18}	10^{-17}
	ResNet	10^{-29}	10^{-28}	10^{-29}	10^{-28}	10^{-27}
白盒的 p 值	AlexNet	10^{-5}	10^{-5}	10^{-4}	10^{-4}	10^{-4}
	ResNet	10^{-6}	10^{-6}	10^{-6}	10^{-6}	10^{-5}

实验结果表明，数据集推断的随机游走（黑盒设置）和 MinGD（白盒设置）方法在 $m = 30$ 时的 p 值均低于 0.01，可以保证不同模型架构下的置信度。即使数据收集者通过模型微调修改了训练模型 $f()$，数据集推断仍能实现从训练模型中进行数据

取证，数据集推断方法对模型微调攻击具有韧性。

11.6 小结

本章重点讨论数据知识产权保护问题，我们提出了一种模型审计方法，以保护训练数据的知识产权。本章提出了用于数据知识产权的模型审计的严格协议要求，重新审视了从训练好的模型中审计非法数据使用的尝试，并提供了实证结果，表明数据集推断在移除攻击和模糊攻击方面具有韧性，但现有方法在任务不可知的设置下（如使用部分数据）不起作用。我们希望本章阐述的公式能够促进解决更多数据知识产权保护问题。

[1] BROWN T B, MANN B, RYDER N, et al. Language models are few-shot learners[J]. arXiv preprint arXiv:2005. 14165, 2020.

[2] JEON H J, YOUN H C, KO S M, et al. Blockchain and AI meet in the metaverse[C]// FERNÁNDEZ-CARAMÉS T M, FRAGA-LAMAS P. Advances in the Convergence of Blockchain and Artificial Intelligence. Rijeka: IntechOpen, 2021.

[3] COX I, MILLER M, BLOOM J, et al. Digital watermarking and steganography[M]. 2nd ed. San Francisco, CA, USA: Morgan Kaufmann Publishers Inc. , 2007.

[4] UCHIDA Y, NAGAI Y, SAKAZAWA S, et al. Embedding watermarks into deep neural networks[C]//Proceedings of the 2017 ACM on International Conference on Multimedia Retrieval. 2017: 269-277.

[5] FAN L, NG K W, CHAN C S. Rethinking deep neural network ownership verification: Embedding passports to defeat ambiguity attacks[C]//WALLACH H M, LAROCHELLE H, BEYGELZIMER A, et al. Advances in Neural Information Processing Systems (NeurIPS): volume 32. Vancouver, Canada: Curran Associates, Inc. , 2019: 4716-4725.

[6] FAN L, NG K W, CHAN C S, et al. Deepip: Deep neural network intellectual property protection with passports[J]. IEEE Transactions on Pattern Analysis and Machine Intelligence, 2021.

[7] ONG D S, CHAN C S, NG K W, et al. Protecting intellectual property of generative adversarial networks from ambiguity attack[C]//Proceedings of the IEEE/CVF Conference on Computer Vision and Pattern Recognition (CVPR). 2021.

[8] LI Y, ZHU L, JIA X, et al. Defending against model stealing via verifying embedded external features[J]. arXiv preprint arXiv:2112. 03476, 2021.

[9] ADI Y, BAUM C, CISSE M, et al. Turning your weakness into a strength: Watermarking deep neural networks by backdooring[C]//27th USENIX Security Symposium (USENIX). 2018.

[10] ZHANG J, CHEN D, LIAO J, et al. Deep model intellectual property protection via deep watermarking[J]. IEEE Transactions on Pattern Analysis and Machine Intelligence, 2021, 44 (5): 1234-1245.

[11] LIM J H, CHAN C S, NG K W, et al. Protect, show, attend and tell: Empowering image captioning models with ownership protection[J]. Pattern Recognition, 2022, 122: 108285.

[12] CHEN K, GUO S, ZHANG T, et al. Temporal watermarks for deep reinforcement learning models[C]//FRANK DIGNUM A L. Proceedings of the 20th International Conference on Autonomous Agents and MultiAgent Systems. Richland, SC: International Foundation for

Autonomous Agents and Multiagent Systems, 2021: 314-322.

[13] QUAN Y, TENG H, CHEN Y, et al. Watermarking deep neural networks in image processing[J]. IEEE transactions on neural networks and learning systems, 2020, 32(5): 1852-1865.

[14] CAO X, JIA J, GONG N Z. Ipguard: Protecting intellectual property of deep neural networks via fingerprinting the classification boundary[C]//JIANNONG CAO M H A. Proceedings of the 2021 ACM Asia Conference on Computer and Communications Security. New York, NY, USA: Association for Computing Machinery, 2021: 14-25.

[15] LUKAS N, ZHANG Y, KERSCHBAUM F. Deep neural network fingerprinting by conferrable adversarial examples[J]. arXiv preprint arXiv:1912. 00888, 2021.

[16] Chen H, Darvish Rohani B, Koushanfar F. DeepMarks: A Digital Fingerprinting Framework for Deep Neural Networks[J]. arXiv e-prints, 2018: arXiv:1804. 03648.

[17] ZHAO J, HU Q, LIU G, et al. Afa: Adversarial fingerprinting authentication for deep neural networks[J]. Computer Communications, 2020, 150: 488-497.

[18] UCHIDA Y, NAGAI Y, SAKAZAWA S, et al. Embedding watermarks into deep neural networks[C]//BOGDAN IONESCU N S. Proceedings of the 2017 ACM on International Conference on Multimedia Retrieval. New York, NY, USA: Association for Computing Machinery, 2017: 269-277.

[19] DARVISH R B, CHEN H, KOUSHANFAR F. Deepsigns: an end-to-end watermarking framework for ownership protection of deep neural networks[C]//IRIS BAHAR M H. Proceedings of the Twenty-Fourth International Conference on Architectural Support for Programming Languages and Operating Systems. New York, NY, USA: Association for Computing Machinery, 2019: 485-497.

[20] ZHANG J, GU Z, JANG J, et al. Protecting intellectual property of deep neural networks with watermarking[C]//JONG KIM S K, Gail-Joon Ahn. Proceedings of the 2018 on Asia Conference on Computer and Communications Security. New York, NY, USA: Association for Computing Machinery, 2018: 159-172.

[21] ZHU R, ZHANG X, SHI M, et al. Secure neural network watermarking protocol against forging attack[J]. EURASIP Journal on Image and Video Processing, 2020, 2020(1): 1-12.

[22] LI Z, HU C, ZHANG Y, et al. How to prove your model belongs to you: a blind-watermark based framework to protect intellectual property of dnn[J]. ArXiv preprint arXiv:1903. 01743, 2019.

[23] JIA H, CHOQUETTE-CHOO C A, CHANDRASEKARAN V, et al. Entangled watermarks as a defense against model extraction[J]. ArXiv preprint arXiv:2002. 12200, 2020.

[24] LI F, YANG L, WANG S, et al. Leveraging multi-task learning for unambiguous and flexible deep neural network watermarking[J]. AAAI SafeAI Workshop, 2021.

[25] ADI Y, BAUM C, CISSE M, et al. Turning your weakness into a strength: Watermarking deep neural networks by backdooring[J]. ArXiv preprint arXiv:1802. 04633, 2018.

[26] XUE M, ZHANG Y, WANG J, et al. Intellectual property protection for deep learning models: Taxonomy, methods, attacks, and evaluations[J]. IEEE Transactions on Artificial Intelligence, 2021.

[27] GUO S, ZHANG T, QIU H, et al. Fine-tuning is not enough: A simple yet effective watermark removal attack for dnn models[J]. ICML, 2020.

[28] LIU Y, LEE W C, TAO G, et al. Abs: Scanning neural networks for back-doors by artificial brain stimulation[C]//LORENZO CAVALLARO J K. Proceedings of the 2019 ACM SIGSAC Conference on Computer and Communications Security. New York, NY, USA: Association for Computing Machinery, 2019: 1265-1282.

[29] WANG B, YAO Y, SHAN S, et al. Neural cleanse: Identifying and mitigating backdoor attacks in neural networks[C]//2019 IEEE Symposium on Security and Privacy (SP). San Francisco, CA, USA: IEEE, 2019: 707-723.

[30] LIU K, DOLAN-GAVITT B, GARG S. Fine-pruning: Defending against backdooring attacks on deep neural networks[J]. ArXiv preprint arXiv:1805. 12185, 2018.

[31] NAMBA R, SAKUMA J. Robust watermarking of neural network with exponential weighting[C]//STEVEN GALBRAITH W S, Giovanni Russello. Proceedings of the 2019 ACM Asia Conference on Computer and Communications Security. New York, NY, USA: Association for Computing Machinery, 2019: 228-240.

[32] LI F Q, WANG S L, ZHU J. Fostering the robustness of white-box deep neural network watermarks by neuron alignment[J]. ArXiv preprint arXiv:2112. 14108, 2021.

[33] WANG T, KERSCHBAUM F. Riga: Covert and robust white-box watermarking of deep neural networks[C]//JURE LESKOVEC M N, Marko Grobelnik. Proceedings of the Web Conference 2021. New York, NY, USA: Association for Computing Machinery, 2021: 993-1004.

[34] LI F, WANG S, LIEW A W C. Regulating ownership verification for deep neural networks: Scenarios, protocols, and prospects[J]. IJCAI Workshop, 2021.

[35] CHEN J, WANG J, PENG T, et al. Copy, right? a testing framework for copyright protection of deep learning models[C]//2022 IEEE Security and Privacy. San Francisco, CA, USA: IEEE: 1-6.

[36] LI F, WANG S, LIEW A W C. Watermarking protocol for deep neural network ownership regulation in federated learning[J]. ArXiv preprint arXiv:2105. 03167, 2021.

[37] LI T, SAHU A K, TALWALKAR A, et al. Federated learning: Challenges, methods, and future directions[J]. IEEE Signal Processing Magazine, 2020, 37(3): 50-60.

[38] YANG Q, LIU Y, CHEN T, et al. Federated machine learning: Concept and applications[J]. ACM Transactions on Intelligent Systems and Technology (TIST), 2019, 10(2): 1-19.

[39] MAO X, SHEN C, YANG Y B. Image restoration using very deep convolutional encoder-decoder networks with symmetric skip connections[J]. arXiv preprint arXiv:1603. 09056, 2016.

[40] ROMANO Y, ELAD M, MILANFAR P. The little engine that could: Regularization by denoising (red)[J]. SIAM Journal on Imaging Sciences, 2017, 10(4): 1804-1844.

[41] ZHANG K, ZUO W, CHEN Y, et al. Beyond a gaussian denoiser: Residual learning of deep cnn for image denoising[J]. IEEE Transactions on Image Processing, 2017, 26(7): 3142-3155.

[42] QUAN Y, CHEN Y, SHAO Y, et al. Image denoising using complex-valued deep cnn[J]. Pattern Recognition, 2021, 111: 107639.

[43] KIM J, KWON LEE J, MU LEE K. Accurate image super-resolution using very deep convolutional networks[J]. arXiv preprint arXiv:1511. 04587, 2015.

[44] AGUSTSSON E, TIMOFTE R. Ntire 2017 challenge on single image super-resolution: Dataset and study[C]//Proceedings of the IEEE/CVF Conference on Computer Vision and Pattern Recognition (CVPR). Honolulu, HI, USA: IEEE, 2017: 1122-1131.

[45] Tang Y, Gong W, Chen X, et al. Deep inception-residual laplacian pyramid networks for accurate single-image super-resolution[J]. arXiv preprint arXiv:1711. 05431, 2017.

[46] LUGMAYR A, DANELLJAN M, GOOL L V, et al. Srflow: Learning the super-resolution space with normalizing flow[J]. ArXiv preprint arXiv:2006. 14200, 2020.

[47] KUPYN O, BUDZAN V, MYKHAILYCH M, et al. Deblurgan: Blind motion deblurring using conditional adversarial networks[J]. ArXiv preprint arXiv:1711. 07064, 2017.

[48] QUAN Y, WU Z, JI H. Gaussian kernel mixture network for single image defocus deblurring[C]//RANZATO M, BEYGELZIMER A, DAUPHIN Y, et al. Advances in Neural Information Processing Systems: volume 34. Red Hook, NY, USA: Curran Associates, Inc. , 2021: 20812-20824.

[49] MA L, LI X, LIAO J, et al. Deblur-nerf: Neural radiance fields from blurry images[J]. ArXiv preprint arXiv:2111. 14292, 2021.

[50] RUAN L, CHEN B, LI J, et al. Learning to deblur using light field generated and real defocus images[J]. ArXiv preprint arXiv:2204. 00367, 2022.

[51] QUAN Y, DENG S, CHEN Y, et al. Deep learning for seeing through window with raindrops[C]//Proceedings of the IEEE/CVF International Conference on Computer Vision (ICCV). Seoul, Korea: IEEE, 2019: 2463-2471.

[52] HUANG H, YU A, HE R. Memory oriented transfer learning for semi-supervised image derain-

ing[C]//Proceedings of the IEEE/CVF Conference on Computer Vision and Pattern Recognition (CVPR). IEEE.

[53] CHEN C, LI H. Robust representation learning with feedback for single image deraining[J]. ArXiv preprint arXiv:2101. 12463, 2021.

[54] JIANG K, WANG Z, YI P, et al. Rain-free and residue hand-in-hand: A progressive coupled network for real-time image deraining[J]. IEEE Transactions on Image Processing, 2021, 30: 7404-7418.

[55] MERRER E L, PEREZ P, TRÉDAN G. Adversarial frontier stitching for remote neural network watermarking[J]. arXiv preprint arXiv:1711. 01894, 2017.

[56] ADI Y, BAUM C, CISSE M, et al. Turning your weakness into a strength: Watermarking deep neural networks by backdooring[J]. arXiv preprint arXiv:1802. 04633, 2018.

[57] GUO J, POTKONJAK M. Watermarking deep neural networks for embedded systems[C]// Proceedings of the International Conference on Learning Representations (ICLR). Cancun, Mexico: IEEE, 2018: 1-8.

[58] ROUHANI B D, CHEN H, KOUSHANFAR F. Deepsigns: A generic watermarking framework for ip protection of deep learning models[J]. arXiv preprint arXiv:1804. 00750, 2018.

[59] ZHANG K, ZUO W, GU S, et al. Learning deep cnn denoiser prior for image restoration[J]. ArXiv preprint arXiv:1704. 03264, 2017.

[60] YANG X, XU Y, QUAN Y, et al. Image denoising via sequential ensemble learning[J]. IEEE Transactions on Image Processing, 2020, 29: 5038-5049.

[61] QUAN Y, CHEN M, PANG T, et al. Self2self with dropout: Learning self-supervised denoising from single image[C]//Proceedings of the IEEE/CVF Conference on Computer Vision and Pattern Recognition (CVPR). Seattle, WA, USA: IEEE, 2020: 1887-1895.

[62] DONG C, LOY C C, HE K, et al. Learning a deep convolutional network for image super-resolution[C]//Proceedings of the European Conference on Computer Vision (ECCV). Cham: Springer International Publishing, 2014: 184-199.

[63] QUAN Y, YANG J, CHEN Y, et al. Collaborative deep learning for super-resolving blurry text images[J]. IEEE Transactions on Computational Imaging, 2020, 6: 778-790.

[64] WANG S, ZHENG D, ZHAO J, et al. An image quality evaluation method based on digital watermarking[J]. IEEE transactions on circuits and systems for video technology, 2006, 17(1): 98-105.

[65] WANG Z, BOVIK A C, SHEIKH H R, et al. Image quality assessment: from error visibility to structural similarity[J]. IEEE Transactions on Image Processing, 2004, 13(4): 600-612.

[66] DONG W, LI X, ZHANG L, et al. Sparsity-based image denoising via dictionary learning and structural clustering[C]//Proceedings of the IEEE/CVF Conference on Computer Vision and Pattern Recognition (CVPR). Colorado Springs, CO, USA: IEEE, 2011: 457-464.

[67] PEYRÉ G. Manifold models for signals and images[J]. Computer Vision and Image Understanding, 2009, 113(2): 249-260.

[68] XU R, XU Y, QUAN Y. Factorized tensor dictionary learning for visual tensor data completion[J]. IEEE Transactions on Multimedia, 2020, 23: 1225-1238.

[69] GUO Y, WANG H, HU Q, et al. Deep learning for 3d point clouds: A survey[J]. IEEE transactions on pattern analysis and machine intelligence, 2021, 43(12): 4338-4364.

[70] STOKES J M, YANG K, SWANSON K, et al. A deep learning approach to antibiotic discovery[J]. Cell, 2020, 180(4): 688-702.

[71] MINAEE S, BOYKOV Y Y, PORIKLI F, et al. Image segmentation using deep learning: A survey[J]. ArXiv preprint arXiv:2001. 05566, 2020.

[72] TRAMÈR F, ZHANG F, JUELS A, et al. Stealing machine learning models via prediction apis[J]. arXiv preprint arXiv:1609. 02943, 2016.

[73] HINTON G, VINYALS O, DEAN J. Distilling the knowledge in a neural network[J]. ArXiv preprint arXiv:1503. 02531, 2015.

[74] FANG G, SONG J, SHEN C, et al. Data-free adversarial distillation[J]. arXiv preprint

arXiv:1912. 11006, 2019.

[75] PAPERNOT N, MCDANIEL P, GOODFELLOW I, et al. Practical black-box attacks against machine learning[J]. ArXiv preprint arXiv:1602. 02697, 2016.

[76] JAGIELSKI M, CARLINI N, BERTHELOT D, et al. High accuracy and high fidelity extraction of neural networks[J]. arXiv preprint arXiv:1909. 01838, 2019.

[77] CHANDRASEKARAN V, CHAUDHURI K, GIACOMELLI I, et al. Exploring connections between active learning and model extraction[J]. ArXiv preprint arXiv:1811. 02054, 2018.

[78] OREKONDY T, SCHIELE B, FRITZ M. Knockoff nets: Stealing functionality of black-box models[J]. ArXiv preprint arXiv:1812. 02766, 2018.

[79] LEE T, EDWARDS B, MOLLOY I, et al. Defending against neural network model stealing attacks using deceptive perturbations[J]. arXiv preprint arXiv:1806. 00054, 2018.

[80] JIA H, CHOQUETTE-CHOO C A, CHANDRASEKARAN V, et al. Entangled watermarks as a defense against model extraction[J]. arXiv preprint arXiv:2002. 12200, 2020.

[81] KESARWANI M, MUKHOTY B, ARYA V, et al. Model extraction warning in mlaas paradigm[J]. arXiv preprint arXiv:1711. 07221, 2017.

[82] JUUTI M, SZYLLER S, MARCHAL S, et al. Prada: protecting against dnn model stealing attacks[J]. arXiv preprint arXiv:1805. 02628, 2019.

[83] YAN H, LI X, LI H, et al. Monitoring-based differential privacy mechanism against query flooding-based model extraction attack[J]. IEEE Transactions on Dependable and Secure Computing, 2021, 19(4): 2680-2694.

[84] LI Y, ZHANG Z, BAI J, et al. Open-sourced dataset protection via backdoor watermarking[J]. arXiv preprint arXiv:2010. 05821, 2020.

[85] GU T, LIU K, DOLAN-GAVITT B, et al. Badnets: Evaluating backdooring attacks on deep neural networks[J]. IEEE Access, 2019, 7: 47230-47244.

[86] ZHAI T, LI Y, ZHANG Z, et al. Backdoor attack against speaker verification[J]. arXiv preprint arXiv:2010. 11607, 2020.

[87] LI Y, ZHONG H, MA X, et al. Few-shot backdoor attacks on visual object tracking[J]. arXiv preprint arXiv:2201. 13178, 2022.

[88] NGUYEN A, TRAN A. Input-aware dynamic backdoor attack[J]. arXiv preprint arXiv:2010. 08138, 2020.

[89] NGUYEN T A, TRAN A T. Wanet-imperceptible warping-based backdoor attack[J]. arXiv preprint arXiv:2102. 10369, 2021.

[90] LI Y, LI Y, WU B, et al. Invisible backdoor attack with sample-specific triggers[J]. arXiv preprint arXiv:2012. 03816, 2020.

[91] KRIZHEVSKY A, HINTON G, et al. Learning multiple layers of features from tiny images[R]. Citeseer, 2009.

[92] SIMONYAN K, ZISSERMAN A. Very deep convolutional networks for large-scale image recognition[J]. arXiv preprint arXiv:1409. 1556, 2014.

[93] HE K, ZHANG X, REN S, et al. Deep residual learning for image recognition[J]. ArXiv preprint arXiv:1512. 03385, 2015.

[94] LI Y, JIANG Y, LI Z, et al. Backdoor learning: A survey[J]. arXiv preprint arXiv:2007. 08745, 2020.

[95] ZHANG J, CHEN D, LIAO J, et al. Passport-aware normalization for deep model protection[J]. arXiv preprint arXiv:2010. 15824, 2020.

[96] LIU H, WENG Z, ZHU Y. Watermarking deep neural networks with greedy residuals[C]// MARINA MEILA T Z. ICML: volume 139. PMLR, 2021: 6978-6988.

[97] LECUN Y, BOTTOU L, BENGIO Y, et al. Gradient-based learning applied to document recognition[J]. Proceedings of the IEEE, 1998, 86(11): 2278-2324.

[98] DENG J, DONG W, SOCHER R, et al. Imagenet: A large-scale hierarchical image database[C]//KANG S B. CVPR. Miami, FL, USA: IEEE, 2009: 248-255.

[99] JOHNSON J, ALAHI A, FEI-FEI L. Perceptual losses for real-time style transfer and super-

resolution[J]. arXiv preprint arXiv:1603. 08155, 2016.

[100] HUANG X, BELONGIE S. Arbitrary style transfer in real-time with adaptive instance normalization[J]. arXiv preprint arXiv:1703. 06868, 2017.

[101] CHEN X, ZHANG Y, WANG Y, et al. Optical flow distillation: Towards efficient and stable video style transfer[J]. arXiv preprint arXiv:2007. 05146, 2007.

[102] SACHS L. Applied statistics: a handbook of techniques[M]. New York, NY: Springer, 2012.

[103] HOGG R V, MCKEAN J, CRAIG A T. Introduction to mathematical statistics[M]. Pearson Education, 2005.

[104] MCMAHAN B, MOORE E, RAMAGE D, et al. Communication-efficient learning of deep networks from decentralized data[J]. arXiv preprint arXiv:1602. 05629, 2016.

[105] ZHU L, LIU X, LI Y, et al. A fine-grained differentially private federated learning against leakage from gradients[J]. IEEE Internet of Things Journal, 2022, 9(13): 11500-11512.

[106] MAINI P, YAGHINI M, PAPERNOT N. Dataset inference: Ownership resolution in machine learning[J]. arXiv preprint arXiv:2104. 10706, 2021.

[107] ZAGORUYKO S, KOMODAKIS N. Wide residual networks[J]. arXiv preprint arXiv:1605. 07146, 2016.

[108] GEIPING J, FOWL L, HUANG W R, et al. Witches' brew: Industrial scale data poisoning via gradient matching[J]. arXiv preprint arXiv:2009. 02276, 2020.

[109] GEIRHOS R, RUBISCH P, MICHAELIS C, et al. Imagenet-trained cnns are biased towards texture; increasing shape bias improves accuracy and robustness[J]. arXiv preprint arXiv:1811. 12231, 2018.

[110] WANG B, GONG N Z. Stealing hyperparameters in machine learning[J]. arXiv preprint arXiv:1802. 05351, 2018.

[111] JUUTI M, SZYLLER S, DMITRENKO A, et al. Prada: protecting against dnn model stealing attacks[J]. arXiv preprint arXiv:1805. 02628, 2018.

[112] OH S J, AUGUSTIN M, SCHIELE B, et al. Towards reverse-engineering black-box neural networks[J]. arXiv preprint arXiv:1711. 01768, 2017.

[113] HUA W, ZHANG Z, SUH G E. Reverse engineering convolutional neural networks through side-channel information leaks[C]//2018 55th ACM/ESDA/IEEE Design Automation Conference (DAC). New York, NY, USA: Association for Computing Machinery, 2018: 1-6.

[114] YAN M, FLETCHER C, TORRELLAS J. Cache telepathy: Leveraging shared resource attacks to learn dnn architectures[J]. arXiv preprint arXiv:1808. 04761, 2018.

[115] HU X, LIANG L, DENG L, et al. Neural network model extraction attacks in edge devices by hearing architectural hints[J]. arXiv preprint arXiv:1903. 03916, 2019.

[116] HARTUNG F, KUTTER M. Multimedia watermarking techniques[J]. Proceedings of the IEEE, 1999, 87(7): 1079-1107.

[117] NAGAI Y, UCHIDA Y, SAKAZAWA S, et al. Digital watermarking for deep neural networks[J]. International Journal of Multimedia Information Retrieval, 2018, 7(1): 3-16.

[118] CHEN H, ROHANI B D, KOUSHANFAR F. Deepmarks: A digital fingerprinting framework for deep neural networks[J]. arXiv preprint arXiv:1804. 03648, 2018.

[119] LI F Q, WANG S L, LIEW A W C. Regulating ownership verification for deep neural networks: Scenarios, protocols, and prospects[J]. arXiv preprint arXiv:2108. 09065, 2021.

[120] LI Y, ZHU L, JIA X, et al. Defending against model stealing via verifying embedded external features[J]. arXiv preprint arXiv:2112. 03476, 2021.

[121] FAN L, LI B, GU H, et al. Fedipr: Ownership verification for federated deep neural network models[J]. arXiv preprint arXiv:2109. 13236, 2021.

[122] BRADLEY A P. The use of the area under the roc curve in the evaluation of machine learning algorithms[J]. Pattern recognition, 1997, 30(7): 1145-1159.

[123] LE MERRER E, PEREZ P, TRÉDAN G. Adversarial frontier stitching for remote neural network watermarking[J]. Neural Computing and Applications, 2020, 32(13): 9233-9244.

[124] WANG S, CHANG C H. Fingerprinting deep neural networks-a deepfool approach[C]//2021

IEEE International Symposium on Circuits and Systems (ISCAS). Daegu, Korea: IEEE, 2021: 1-5.

[125] HE K, ZHANG X, REN S, et al. Identity mappings in deep residual networks[J]. arXiv preprint arXiv:1603. 05027, 2016.

[126] CHOLLET F, et al. Keras[Z]. 2015.

[127] HAN S, POOL J, TRAN J, et al. Learning both weights and connections for efficient neural network[J]. arXiv preprint arXiv:1506. 02626, 2015.

[128] LI H, KADAV A, DURDANOVIC I, et al. Pruning filters for efficient convnets[J]. arXiv preprint arXiv:1608. 08710, 2016.

[129] SZEGEDY C, ZAREMBA W, SUTSKEVER I, et al. Intriguing properties of neural networks[J]. arXiv preprint arXiv:1312. 6199, 2013.

[130] GOODFELLOW I J, SHLENS J, SZEGEDY C. Explaining and harnessing adversarial examples[J]. arXiv preprint arXiv:1412. 6572, 2014.

[131] KURAKIN A, GOODFELLOW I, BENGIO S. Adversarial examples in the physical world[J]. arXiv preprint arXiv:1607. 02533, 2016.

[132] CARLINI N, WAGNER D. Towards evaluating the robustness of neural networks[J]. arXiv preprint arXiv:1608. 04644, 2016.

[133] KURAKIN A, GOODFELLOW I J, BENGIO S. Adversarial examples in the physical world[J]. arXiv preprint arXiv:1607. 02533, 2016.

[134] XIAO C, LI B, ZHU J Y, et al. Generating adversarial examples with adversarial networks[J]. arXiv preprint arXiv:1801. 02610, 2018.

[135] ATHALYE A, ENGSTROM L, ILYAS A, et al. Synthesizing robust adversarial examples[J]. arXiv preprint arXiv:1707. 07397, 2017.

[136] HENDRYCKS D, ZHAO K, BASART S, et al. Natural adversarial examples[J]. arXiv preprint arXiv:1907. 07174, 2019.

[137] ALZANTOT M, SHARMA Y S, ELGOHARY A, et al. Generating natural language adversarial examples[J]. arXiv preprint arXiv:1804. 07998, 2018.

[138] MA H, CHEN T, HU T K, et al. Undistillable: Making a nasty teacher that cannot teach students[J]. arXiv preprint arXiv:2105. 07381, 2021.

[139] LU J, ISSARANON T, FORSYTH D. Safetynet: Detecting and rejecting adversarial examples robustly[C]//IEEE International Conference on Computer Vision (ICCV). Venice, Italy: IEEE, 2021.

[140] GROSSE K, MANOHARAN P, PAPERNOT N, et al. On the (statistical) detection of adversarial examples[J]. arXiv preprint arXiv:1702. 06280, 2017.

[141] XU W, EVANS D, QI Y. Feature squeezing: Detecting adversarial examples in deep neural networks[J]. arXiv preprint arXiv:1704. 01155, 2017.

[142] TIAN S, YANG G, CAI Y. Detecting adversarial examples through image transformation[J]. arXiv preprint arXiv:2101. 11466, 2021.

[143] ROTH K, KILCHER Y, HOFMANN T. The odds are odd: A statistical test for detecting adversarial examples[J]. arXiv preprint arXiv:1902. 04818, 2019.

[144] PANG T, DU C, DONG Y, et al. Towards robust detection of adversarial examples[J]. arXiv preprint arXiv:1706. 00633, 2017.

[145] LI X, LI F. Adversarial examples detection in deep networks with convolutional filter statistics[J]. arXiv preprint arXiv:1612. 07767, 2016.

[146] CARRARA F, BECARELLI R, CALDELLI R, et al. Adversarial examples detection in features distance spaces[C]//LAURA LEAL-TAIXé S R. Proceedings of the European Conference on Computer Vision (ECCV) Workshops. New York, NY: Springer, Cham, 2019: 313-327.

[147] SONG Y, KIM T, NOWOZIN S, et al. Pixeldefend: Leveraging generative models to understand and defend against adversarial examples[J]. arXiv preprint arXiv:1710. 10766, 2017.

[148] MENG D, CHEN H. Magnet: a two-pronged defense against adversarial examples[J]. arXiv preprint arXiv:1705. 09064, 2017.

[149] FIDEL G, BITTON R, SHABTAI A. When explainability meets adversarial learning: Detecting adversarial examples using shap signatures[J]. arXiv preprint arXiv:1909. 03418, 2020.

[150] YANG P, CHEN J, HSIEH C J, et al. Ml-loo: Detecting adversarial examples with feature attribution[C]//Proceedings of the AAAI Conference on Artificial Intelligence: volume 34. AAAI press, 2020: 6639-6647.

[151] CARLINI N, WAGNER D. Adversarial examples are not easily detected: Bypassing ten detection methods[J]. arXiv preprint arXiv:1705. 07263, 2017.

[152] YASARLA R, SINDAGI V A, PATEL V M. Syn2real transfer learning for image deraining using gaussian processes[J]. arXiv preprint arXiv:2006. 05580, 2020.

[153] JIANG K, WANG Z, YI P, et al. Multi-scale progressive fusion network for single image deraining[C]//Proceedings of the IEEE/CVF conference on computer vision and pattern recognition. Seattle, WA, USA: IEEE, 2020: 8346-8355.

[154] DONG H, PAN J, XIANG L, et al. Multi-scale boosted dehazing network with dense feature fusion[J]. arXiv preprint arXiv:2004. 13388, 2020.

[155] HONG M, XIE Y, LI C, et al. Distilling image dehazing with heterogeneous task imitation[C]// Proceedings of the IEEE/CVF Conference on Computer Vision and Pattern Recognition. Seattle, WA, USA: IEEE, 2020: 3462-3471.

[156] YANG W, CHEN Y, LIU Y, et al. Cascade of multi-scale convolutional neural networks for bone suppression of chest radiographs in gradient domain[J]. Medical Image Analysis, 2017, 35(1): 154-163.

[157] RAZZAK M I, NAZ S, ZAIB A. Deep learning for medical image processing: Overview, challenges and the future[J]. Classification in BioApps, 2018: 323-350.

[158] CHEN D, YUAN L, LIAO J, et al. Stylebank: An explicit representation for neural image style transfer[J]. arXiv preprint arXiv:1703. 09210, 2017.

[159] CHEN D, LIAO J, YUAN L, et al. Coherent online video style transfer[J]. arXiv preprint arXiv:1703. 09211, 2017.

[160] ISOLA P, ZHU J Y, ZHOU T, et al. Image-to-image translation with conditional adversarial networks[J]. CVPR, 2017: 5967-5976.

[161] ZHU J Y, PARK T, ISOLA P, et al. Unpaired image-to-image translation using cycle-consistent adversarial networks[C]//ICCV. Venice, Italy], publisher=IEEE, year=2017: 2223-2232.

[162] WU H, LIU G, YAO Y, et al. Watermarking neural networks with watermarked images[J]. IEEE Transactions on Circuits and Systems for Video Technology, 2020, 31(7): 2591-2601.

[163] RUANAIDH J, DOWLING W, BOLAND F M. Phase watermarking of digital images[C]// ICIP: volume 3. Lausanne, Switzerland: IEEE, 1996: 239-242.

[164] HERNANDEZ J R, AMADO M, PEREZ-GONZALEZ F. Dct-domain watermarking techniques for still images: Detector performance analysis and a new structure[J]. TIP, 2000, 9(1): 55-68.

[165] BARNI M, BARTOLINI F, PIVA A. Improved wavelet-based watermarking through pixel-wise masking[J]. IEEE transactions on image processing, 2001, 10(5): 783-791.

[166] ZHU J, KAPLAN R, JOHNSON J, et al. Hidden: Hiding data with deep networks[J]. arXiv preprint arXiv:1807. 09937, 2018.

[167] TANCIK M, MILDENHALL B, NG R. Stegastamp: Invisible hyperlinks in physical photographs[J]. arXiv preprint arXiv:1904. 05343, 2019.

[168] RONNEBERGER O, FISCHER P, BROX T. U-net: Convolutional networks for biomedical image segmentation. arXiv:1807. 09937, 2015.

[169] FAN Q, YANG J, HUA G, et al. A generic deep architecture for single image reflection removal and image smoothing[C]//IEEE International Conference on Computer Vision (ICCV). Venice, Italy: IEEE, 2017: 3238-3247.

[170] EVERINGHAM M, VAN GOOL L, WILLIAMS C K I, et al. The PASCAL visual object classes (VOC) challenge[J]. International Journal of Computer Vision, 2010, 88(2): 303-338.

[171] ZHANG H, PATEL V M. Density-aware single image de-raining using a multi-stream dense

network[C]//IEEE/CVF Conference on Computer Vision and Pattern Recognition. Salt Lake City, UT, USA: IEEE, 2018: 695-704.

[172] LIN T Y, MAIRE M, BELONGIE S, et al. Microsoft coco: Common objects in context[J]. arXiv preprint arXiv:1405. 0312, 2014.

[173] WANG X, PENG Y, LU L, et al. Chestx-ray8: Hospital-scale chest x-ray database and benchmarks on weakly-supervised classification and localization of common thorax diseases[C]// KOBBELT L, MATAS J, SATO Y. IEEE Conference on Computer Vision and Pattern Recognition (CVPR). Honolulu, HI, USA: IEEE, 2017: 2097-2106.

[174] WANG S Y, WANG O, ZHANG R, et al. Cnn-generated images are surprisingly easy to spot. . . for now[J]. arXiv preprint arXiv:1912. 11035, 2020.

[175] ZHANG J, CHEN D, LIAO J, et al. Model watermarking for image processing networks[J]. arXiv preprint arXiv:2002. 11088, 2020.

[176] ZHU Y, MOTTAGHI R, KOLVE E, et al. Target-driven visual navigation in indoor scenes using deep reinforcement learning[C]//IEEE International Conference on Robotics and Automation (ICRA). Singapore: IEEE, 2017: 3357-3364.

[177] LILLICRAP T P, HUNT J J, PRITZEL A, et al. Continuous control with deep reinforcement learning[J]. arXiv preprint arXiv:1509. 02971, 2015.

[178] MNIH V, KAVUKCUOGLU K, SILVER D, et al. Human-level control through deep reinforcement learning[J]. Nature, 2015, 518(7540): 529-533.

[179] COX I J, KILIAN J, LEIGHTON F T, et al. Secure spread spectrum watermarking for multimedia[J]. IEEE transactions on image processing, 1997, 6(12): 1673-1687.

[180] SZYLLER S, ATLI B G, MARCHAL S, et al. DAWN: Dynamic adversarial watermarking of neural networks[J]. arXiv preprint arXiv:1906. 00830, 2019.

[181] CHEN X, WANG W, BENDER C, et al. REFIT: A unified watermark removal framework for deep learning systems with limited data[J]. arXiv preprint arXiv:1911. 07205, 2019.

[182] AIKEN W, KIM H, WOO S. Neural network laundering: Removing black-box backdoor watermarks from deep neural networks[J]. arXiv preprint arXiv:2004. 11368, 2020.

[183] GUO S, ZHANG T, QIU H, et al. The hidden vulnerability of watermarking for deep neural networks[J]. arXiv preprint arXiv:2009. 08697, 2020.

[184] LUO B, LIU D, WU H N, et al. Policy gradient adaptive dynamic programming for data-based optimal control[J]. IEEE Transactions on Cybernetics, 2016, 47(10): 3341-3354.

[185] VAMVOUDAKIS K G, LEWIS F L, HUDAS G R. Multi-agent differential graphical games: Online adaptive learning solution for synchronization with optimality[J]. Automatica, 2019, 48 (8): 1598-1611.

[186] ZHANG H, JIANG H, LUO C, et al. Discrete-time nonzero-sum games for multiplayer using policy-iteration-based adaptive dynamic programming algorithms[J]. IEEE Transactions on Cybernetics, 2016, 47(10): 3331-3340.

[187] ZHANG H, SU H, ZHANG K, et al. Event-triggered adaptive dynamic programming for non-zero-sum games of unknown nonlinear systems via generalized fuzzy hyperbolic models[J]. IEEE Transactions on Fuzzy Systems, 2019, 27(11): 2202-2214.

[188] TESAURO G. Temporal difference learning and td-gammon[J]. Communications of the ACM, 1995, 38(3): 58-68.

[189] NG A Y, COATES A, DIEL M, et al. Autonomous inverted helicopter flight via reinforcement learning[C]//Ang M H, Khatib OExperimental Robotics IX. Berlin, Heidelberg: Springer, 2006: 363-372.

[190] WILLIAMS R J. Simple statistical gradient-following algorithms for connectionist reinforcement learning[J]. Machine Learning, 1992, 8(3-4): 229-256.

[191] SCHULMAN J, WOLSKI F, DHARIWAL P, et al. Proximal policy optimization algorithms[J]. arXiv preprint arXiv:1707. 06347, 2017.

[192] WANG Z, BAPST V, HEESS N, et al. Sample efficient actor-critic with experience replay[J]. arXiv preprint arXiv:1611. 01224, 2016.

[193] WU Y, MANSIMOV E, GROSSE R B, et al. Scalable trust-region method for deep reinforcement learning using kronecker-factored approximation[C]//31st Conference on Neural Information Processing Systems (NeurIPS). Long Beach, CA, USA, 2017: 5279-5288.

[194] ROUHANI B D, CHEN H, KOUSHANFAR F. Deepsigns: An end-to-end watermarking framework for protecting the ownership of deep neural networks[C]//24th ACM International Conference on Architectural Support for Programming Languages and Operating Systems (ASPLOS). Providence, RI, USA: ACM, 2019: 485-497.

[195] LE MERRER E, PEREZ P, TRÉDAN G. Adversarial frontier stitching for remote neural network watermarking[J]. Neural Computing and Applications, 2020, 32: 9233-9244.

[196] HUANG S, PAPERNOT N, GOODFELLOW I, et al. Adversarial attacks on neural network policies[J]. arXiv preprint arXiv:1702. 02284, 2017.

[197] Safe, multi-agent, reinforcement learning for autonomous driving[EB/OL]. 2020.

[198] Learning to drive in a day[EB/OL]. 2018.

[199] HAARNOJA T, PONG V, ZHOU A, et al. Composable deep reinforcement learning for robotic manipulation[C]//IEEE International Conference on Robotics and Automation (ICRA). Brisbane, Australia: IEEE, 2018: 6244-6251.

[200] LEVINE S, FINN C, DARRELL T, et al. End-to-end training of deep visuomotor policies[J]. Journal of Machine Learning Research, 2016, 17(39): 1-40.

[201] SUN J, ZHANG T, XIE X, et al. Stealthy and efficient adversarial attacks against deep reinforcement learning[J]. arXiv preprint arXiv:2005. 07099, 2020.

[202] RUSSO A, PROUTIERE A. Optimal attacks on reinforcement learning policies[J]. arXiv preprint arXiv:1907. 13548, 2019.

[203] PATTANAIK A, TANG Z, LIU S, et al. Robust deep reinforcement learning with adversarial attacks[C]//17th International Conference on Autonomous Agents and Multi-Agent Systems (AAMAS). Stockholm, Sweden: IFAAMAS, 2018: 2040-2042.

[204] KIOURTI P, WARDEGA K, JHA S, et al. TrojDRL: Trojan attacks on deep reinforcement learning agents[J]. arXiv preprint arXiv:1903. 06638, 2019.

[205] WANG Y, SARKAR E, MANIATAKOS M, et al. Stop-and-Go: Exploring backdoor attacks on deep reinforcement learning-based traffic congestion control systems[J]. arXiv preprint arXiv:2003. 07859, 2020.

[206] BEHZADAN V, HSU W. Sequential triggers for watermarking of deep reinforcement learning policies[J]. arXiv preprint arXiv:1906. 01126, 2019.

[207] SUTTON R S. Learning to predict by the methods of temporal differences[J]. Machine Learning, 1988, 3(1): 9-44.

[208] KULLBACK S, LEIBLER R A. On information and sufficiency[J]. Annals of Mathematical Statistics, 1951, 22(1): 79-86.

[209] GUPTA S, AGRAWAL A, GOPALAKRISHNAN K, et al. Deep learning with limited numerical precision[C]//32nd International Conference on Machine Learning (ICML). Lille, France, 2015: 1737-1746.

[210] HAN S, MAO H, DALLY W J. Deep compression: Compressing deep neural networks with pruning, trained quantization and huffman coding[J]. arXiv preprint arXiv:1510. 00149, 2015.

[211] CASSANDRA A R. A survey of pomdp applications[C]//AAAI Fall Symposium on Planning with Partially Observable Markov Decision Processes: volume 1724. AAAI Press, 1998: 1-10.

[212] UCHIDA Y, NAGAI Y, SAKAZAWA S, et al. Embedding watermarks into deep neural networks[C]//17th ACM International Conference on Multimedia Retrieval (ICMR). Bucharest, Romania: ACM, 2017: 269-277.

[213] CHEN H, ROUHANI B D, FU C, et al. Deepmarks: A secure fingerprinting framework for digital rights management of deep learning models[C]//2019 ACM International Conference on Multimedia Retrieval (ICMR). Ottawa, ON, Canada: ACM, 2019: 105-113.

[214] HOCHREITER S, SCHMIDHUBER J. Long short-term memory[J]. Neural Computation, 1997, 9(8): 1735-1780.

[215] VINYALS O, TOSHEV A, BENGIO S, et al. Show and tell: A neural image caption genera-tor[C]//28th IEEE Conference on Computer Vision and Pattern Recognition (CVPR). Boston, MA, USA: IEEE, 2015: 3156-3164.

[216] MAO J, XU W, YANG Y, et al. Deep captioning with multimodal recurrent neural networks (m-rnn)[C]//3rd International Conference on Learning Representations (ICLR). San Diego, CA, USA, 2015.

[217] DONAHUE J, HENDRICKS L A, GUADARRAMA S, et al. Long-term recurrent convolu-tional networks for visual recognition and description[C]//28th IEEE Conference on Computer Vision and Pattern Recognition (CVPR). Boston, MA, USA: IEEE, 2015: 2625-2634.

[218] KARPATHY A, FEI-FEI L. Deep visual-semantic alignments for generating image descrip-tions[C]//28th IEEE Conference on Computer Vision and Pattern Recognition (CVPR). Boston, MA, USA: IEEE, 2015: 3128-3137.

[219] XU K, BA J, KIROS R, et al. Show, attend and tell: Neural image caption generation with vi-sual attention[C]//32nd International Conference on Machine Learning (ICML). Lille, France: PMLR, 2015: 2048-2057.

[220] LIM J H, CHAN C S. Mask captioning network[C]//26th IEEE International Conference on Image Processing (ICIP). Taipei, Taiwan: IEEE, 2019: 1-5.

[221] HERDADE S, KAPPELER A, BOAKYE K, et al. Image captioning: Transforming objects into words[C]//33rd Conference on Neural Information Processing Systems (NeurIPS). Vancouver, Canada: Curran Associates, Inc. , 2019: 11135-11145.

[222] LI G, ZHU L, LIU P, et al. Entangled transformer for image captioning[C]//17th IEEE/CVF International Conference on Computer Vision (ICCV). Seoul, Korea: IEEE, 2019: 8928-8937.

[223] CORNIA M, STEFANINI M, BARALDI L, et al. Meshed-memory transformer for image captioning[C]//33rd IEEE/CVF Conference on Computer Vision and Pattern Recognition (CVPR). Virtual Conference: IEEE, 2020: 10578-10587.

[224] LUO Y, JI J, SUN X, et al. Dual-level collaborative transformer for image captioning[C]// 35th AAAI Conference on Artificial Intelligence (AAAI): volume 35. Virtual Conference: AAAI Press, 2021: 2286-2293.

[225] VASWANI A, SHAZEER N, PARMAR N, et al. Attention is all you need[C]//GUYON I, VON LUXBURG U, BENGIO S, et al. Advances in Neural Information Processing Systems. Long Beach, CA, USA: Curran Associates, Inc. , 2017: 5998-6008.

[226] ANDERSON P, HE X, BUEHLER C, et al. Bottom-up and top-down attention for image captioning and visual question answering[C]//31st IEEE/CVF Conference on Computer Vision and Pattern Recognition (CVPR). Salt Lake City, UT, USA: IEEE, 2018: 6077-6086.

[227] BERNARDI R, CAKICI R, ELLIOTT D, et al. Automatic description generation from images: A survey of models, datasets, and evaluation measures[J]. Journal of Artificial Intelligence Research, 2016, 55: 409-442.

[228] RENNIE S J, MARCHERET E, MROUEH Y, et al. Self-critical sequence training for image captioning[C]//30th IEEE Conference on Computer Vision and Pattern Recognition (CVPR). Honolulu, HI, USA: IEEE, 2017: 7008-7024.

[229] DING S, QU S, XI Y, et al. Image caption generation with high-level image features[J]. Pattern Recognition Letters, 2019, 123: 89-95.

[230] HE X, SHI B, BAI X, et al. Image caption generation with part of speech guidance[J]. Pattern Recognition Letters, 2019, 119: 229-237.

[231] XIAO X, WANG L, DING K, et al. Dense semantic embedding network for image captioning[J]. Pattern Recognition, 2019, 90: 285-296.

[232] WANG J, WANG W, WANG L, et al. Learning visual relationship and context-aware attention for image captioning[J]. Pattern Recognition, 2020, 98: 107075.

[233] JI J, DU Z, ZHANG X. Divergent-convergent attention for image captioning[J]. Pattern Recog-nition, 2021: 107928.

[234] CHO K, VAN MERRIËNBOER B, GULCEHRE C, et al. Learning phrase representations

using RNN encoder–decoder for statistical machine translation[C]//14th Conference on Empirical Methods in Natural Language Processing (EMNLP). Doha, Qatar, 2014: 1724-1734.

[235] YOUNG P, LAI A, HODOSH M, et al. From image descriptions to visual denotations: New similarity metrics for semantic inference over event descriptions[J]. Transactions of the Association for Computational Linguistics, 2014, 2: 67-78.

[236] PAPINENI K, ROUKOS S, WARD T, et al. BLEU: A method for automatic evaluation of machine translation[C]//40th Annual Meeting of the Association for Computational Linguistics (ACL). Philadelphia, PA, USA: Association for Computational Linguistics, 2002: 311-318.

[237] VEDANTAM R, ZITNICK C L, PARIKH D. CIDEr: Consensus-based image description evaluation[C]//28th IEEE Conference on Computer Vision and Pattern Recognition (CVPR). Boston, MA, USA: IEEE, 2015: 4566-4575.

[238] BANERJEE S, LAVIE A. METEOR: An automatic metric for MT evaluation with improved correlation with human judgments[C]//ACL Workshop on Intrinsic and Extrinsic Evaluation Measures for Machine Translation and/or Summarization. Ann Arbor, MI, USA: Association for Computational Linguistics, 2005: 65-72.

[239] ANDERSON P, FERNANDO B, JOHNSON M, et al. SPICE: Semantic propositional image caption evaluation[C]//14th European Conference on Computer Vision (ECCV). Amsterdam, Netherlands: Springer, 2016: 382-398.

[240] LIN C Y. ROUGE: A package for automatic evaluation of summaries[C]//Text Summarization Branches Out at the Association for Computational Linguistics. Barcelona, Spain: Association for Computational Linguistics, 2004: 74-81.

[241] KINGA D, BA J. A method for stochastic optimization[C]//3rd International Conference on Learning Representations (ICLR). San Diego, CA, USA, 2015.

[242] UCHIDA Y, NAGAI Y, SAKAZAWA S, et al. Embedding watermarks into deep neural networks[C]//17th ACM International Conference on Multimedia Retrieval (ICMR). Taipei, Taiwan: ACM, 2017: 269-277.

[243] ROUHANI B D, CHEN H, KOUSHANFAR F. Deepsigns: A generic watermarking framework for ip protection of deep learning models[J]. arXiv preprint arXiv:1804. 00750, 2018.

[244] CHEN H, ROUHANI B D, FU C, et al. Deepmarks: A secure fingerprinting framework for digital rights management of deep learning models[C]//2019 ACM International Conference on Multimedia Retrieval (ICMR). Ottawa, ON, Canada: ACM, 2019: 105-113.

[245] ADI Y, BAUM C, CISSE M, et al. Turning your weakness into a strength: Watermarking deep neural networks by backdooring[C]//27th USENIX Security Symposium (USENIX Security). Baltimore, MD, USA: USENIX Association, 2018: 1615-1631.

[246] ZHANG J, GU Z, JANG J, et al. Protecting intellectual property of deep neural networks with watermarking[C]//2018 ACM Asia Conference on Computer and Communications Security (ASIACCS). Incheon, South Korea: ACM, 2018: 159-172.

[247] LE MERRER E, PÉREZ P, TRÉDAN G. Adversarial frontier stitching for remote neural network watermarking[J]. arXiv preprint arXiv:1711. 01894, 2017.

[248] GUO J, POTKONJAK M. Watermarking deep neural networks for embedded systems[C]// 2018 ACM/IEEE International Conference on Computer-Aided Design (ICCAD). San Diego, CA, USA: ACM, 2018: 1-8.

[249] FAN L, NG K W, CHAN C S. Rethinking deep neural network ownership verification: Embedding passports to defeat ambiguity attacks[C]//33rd Conference on Neural Information Processing Systems (NeurIPS). Vancouver, Canada: Curran Associates, Inc. , 2019: 4714-4723.

[250] ONG D S, CHAN C S, NG K W, et al. Protecting intellectual property of generative adversarial networks from ambiguity attack[C]//2021 IEEE/CVF Conference on Computer Vision and Pattern Recognition (CVPR). Nashville, TN, USA: IEEE, 2021.

[251] ZHANG J, CHEN D, LIAO J, et al. Passport-aware normalization for deep model protection[C]//34th Conference on Neural Information Processing Systems (NeurIPS). Virtual Conference: Curran Associates, Inc. , 2020.

[252] HOCHREITER S, SCHMIDHUBER J. Long short-term memory[J]. Neural Computation, 1997, 9(8): 1735-1780.

[253] CHO K, VAN MERRIËNBOER B, GULCEHRE C, et al. Learning phrase representations using RNN encoder–decoder for statistical machine translation[C]//2014 Conference on Empirical Methods in Natural Language Processing (EMNLP). Doha, Qatar: Association for Computational Linguistics, 2014: 1724-1734.

[254] KRAUSE B, LU L, MURRAY I, et al. Multiplicative LSTM for sequence modelling[J]. arXiv preprint arXiv:1609. 07959, 2016.

[255] SCHUSTER M, PALIWAL K K. Bidirectional recurrent neural networks[J]. IEEE Transactions on Signal Processing, 1997, 45(11): 2673-2681.

[256] LI X, ROTH D. Learning question classifiers[C]//19th International Conference on Computational Linguistics (COLING). Taipei, Taiwan: Association for Computational Linguistics, 2002: 1-7.

[257] BOJAR O, BUCK C, FEDERMANN C, et al. Findings of the 2014 workshop on statistical machine translation[C]//9th Workshop on Statistical Machine Translation (WMT). Baltimore, MD, USA: Association for Computational Linguistics, 2014: 12-58.

[258] BOENISCH F. A survey on model watermarking neural networks[J]. arXiv preprint arXiv:2009. 12153, 2020.

[259] LE Q V, JAITLY N, HINTON G E. A simple way to initialize recurrent networks of rectified linear units[J]. arXiv preprint arXiv:1504. 00941, 2015.

[260] ZHOU P, QI Z, ZHENG S, et al. Text classification improved by integrating bidirectional LSTM with two-dimensional max pooling[J]. arXiv preprint arXiv:1611. 06639, 2016.

[261] PAPINENI K, ROUKOS S, WARD T, et al. Bleu: A method for automatic evaluation of machine translation[C]//40th Annual Meeting of the Association for Computational Linguistics (ACL). Philadelphia, PA, USA: Association for Computational Linguistics, 2002: 311-318.

[262] KINGMA D P, BA J. Adam: A method for stochastic optimization[J]. arXiv preprint arXiv:1412. 6980, 2014.

[263] DE BOER M. Ai as a target and tool: An attacker's perspective on ml[EB/OL]. 2020[December 9, 2020].

[264] FRABONI Y, VIDAL R, LORENZI M. Free-rider attacks on model aggregation in federated learning[C]//International Conference on Artificial Intelligence and Statistics. PMLR, 2021: 1846-1854.

[265] MCMAHAN B, MOORE E, RAMAGE D, et al. Communication-Efficient Learning of Deep Networks from Decentralized Data[C/OL]//SINGH A, ZHU J. Proceedings of Machine Learning Research: volume 54   Proceedings of the 20th International Conference on Artificial Intelligence and Statistics. Fort Lauderdale, FL, USA: PMLR, 2017: 1273-1282.

[266] Darvish Rouhani B, Chen H, Koushanfar F. DeepSigns: A Generic Watermarking Framework for IP Protection of Deep Learning Models[J]. arXiv e-prints, 2018: arXiv:1804. 00750.

[267] KAIROUZ P, MCMAHAN H B, AVENT B, et al. Advances and open problems in federated learning[J/OL]. Foundations and Trendső in Machine Learning, 2019, abs/1912. 04977.

[268] ZHU L, LIU Z, HAN S. Deep leakage from gradients[C/OL]//WALLACH H M, LAROCHELLE H, BEYGELZIMER A, et al. NeurIPS. 2019: 14747-14756.

[269] LUO X, WU Y, XIAO X, et al. Feature inference attack on model predictions in vertical federated learning[J]. arXiv preprint arXiv:2021. 00023, 2020.

[270] PHONG L T, AONO Y, HAYASHI T, et al. Privacy-preserving deep learning via additively homomorphic encryption[J/OL]. IEEE Transactions on Information Forensics and Security, 2018, 13(5): 1333-1345. DOI: 10.1109/TIFS.2017.2787987.

[271] ABADI M, CHU A, GOODFELLOW I, et al. Deep learning with differential privacy[C]// Proceedings of the 2016 ACM SIGSAC Conference on Computer and Communications Security. 2016: 308-318.

[272] RYFFEL T, POINTCHEVAL D, BACH F R. ARIANN: low-interaction privacy-preserving

deep learning via function secret sharing[J/OL]. CoRR, 2020, abs/2006. 04593. https://arxiv. org/abs/2006.04593.

[273] SHOKRI R, SHMATIKOV V. Privacy-preserving deep learning[C]//Proceedings of the 22nd ACM SIGSAC conference on computer and communications security. 2015: 1310-1321.

[274] ZHANG J, GU Z, JANG J, et al. Protecting intellectual property of deep neural networks with watermarking[C]//Proceedings of the 2018 on Asia Conference on Computer and Communications Security (ASIACCS). 2018: 159-172.

[275] ZHANG J, CHEN D, LIAO J, et al. Passport-aware normalization for deep model protection[C/OL]//LAROCHELLE H, RANZATO M, HADSELL R, et al. Advances in Neural Information Processing Systems: volume 33. Curran Associates, Inc. , 2020: 22619-22628.

[276] ATLI B G, XIA Y, MARCHAL S, et al. Waffle: Watermarking in federated learning[J]. arXiv preprint arXiv:2008. 07298, 2020.

[277] WEI K, LI J, DING M, et al. Federated learning with differential privacy: Algorithms and performance analysis[J]. IEEE Transactions on Information Forensics and Security, 2020, 15: 3454-3469.

[278] ALLEN-ZHU Z, LI Y, SONG Z. A convergence theory for deep learning via overparameterization[J]. CoRR, 2018, abs/1811. 03962.

[279] ZHANG C, BENGIO S, HARDT M, et al. Understanding deep learning requires rethinking generalization[C]//ICLR. OpenReview. net, 2017.

[280] SHOKRI R, STRONATI M, SONG C, et al. Membership inference attacks against machine learning models[C]//2017 IEEE Symposium on Security and Privacy (SP). 2017: 3-18.

[281] RAHMAN M A, RAHMAN T, LAGANIÈRE R, et al. Membership inference attack against differentially private deep learning model. [J]. Trans. Data Priv. , 2018, 11(1): 61-79.

[282] MAINI P, YAGHINI M, PAPERNOT N. Dataset inference: Ownership resolution in machine learning[C]//International Conference on Learning Representations. 2020.

[283] REZAEI S, LIU X. On the difficulty of membership inference attacks[C]//Proceedings of the IEEE/CVF Conference on Computer Vision and Pattern Recognition. 2021: 7892-7900.

[284] SALEM A, ZHANG Y, HUMBERT M, et al. Ml-leaks: Model and data independent membership inference attacks and defenses on machine learning models[J]. arXiv preprint arXiv:1806. 01246, 2018.

[285] SONG L, MITTAL P. Systematic evaluation of privacy risks of machine learning models[C]// 30th USENIX Security Symposium (USENIX Security 21). 2021: 2615-2632.

[286] SABLAYROLLES A, DOUZE M, SCHMID C, et al. White-box vs black-box: Bayes optimal strategies for membership inference[C]//International Conference on Machine Learning. PMLR, 2019: 5558-5567.

[287] HU S, YU T, GUO C, et al. A new defense against adversarial images: Turning a weakness into a strength[J]. Advances in Neural Information Processing Systems, 2019, 32.

[288] BRENDEL W, RAUBER J, BETHGE M. Decision-based adversarial attacks: Reliable attacks against black-box machine learning models[J]. arXiv preprint arXiv:1712. 04248, 2017.

[289] CHEN J, JORDAN M I, WAINWRIGHT M J. Hopskipjumpattack: A query-efficient decision-based attack[C]//2020 ieee symposium on security and privacy (sp). IEEE, 2020: 1277-1294.